KB154836

기능사를 위한

배우기 쉬운 **제과·제빵**

이론과 실기

C O N F E C T I O N E R Y   A N D   B A K E R Y

기능사를 위한

배우기 쉬운 **제과·제빵**

이론과 실기

백재은 · 주나미 · 정희선 · 정현아 지음

교문사

머리말

오늘날 세계인들은 식생활 문화를 공유하고 있다. 국경을 넘나드는 빈번한 이동이나 정보통신 및 방송의 활성화 등으로 이러한 문화 특히 식생활 문화의 공유가 심화되고 있다. 식생활 문화 중 특히 빵과 과자는 동서양을 막론하고 후식이나 식사대용으로 널리 애용되는 음식이다.

이 책은 제과 기능사 및 제빵 기능사 준비에 필요한 내용을 담았을 뿐만 아니라 유럽풍 제과·제빵을 추가해서 맛과 멋을 함께 추구하고 있다.

제1부에서는 제과 기능사 및 제빵 기능사 필기시험과 관련된 내용을 담았다. 재료 과학, 제과 이론, 제빵 이론, 영양학, 위생학 및 생산 관리에 관한 내용이다.

제2부에서는 제과 기능사 및 제빵 기능사 실기시험 품목을 담았다. 물론 최근에 추가된 품목을 모두 수록하였다. 제과 기능사 실기 품목 26개, 제빵 기능사 실기 품목 25개 모두를 다루었으며, 특히 제조 공정 사진을 상세하게 수록하였다. 기능사 실기시험 과목을 기본으로 하였지만 여기에 더하여 유럽풍 제과·제빵 32개 품목을 추가하였다. 제과 기능사와 제빵 기능사의 기본을 익힌 후 쉽고 맛있게 활용할 수 있도록 쿠키류, 파이와 타르트, 과자류, 빵류를 소개하였다. 시험 준비를 하면서 나아가 제과·제빵에 재미를 붙일 수 있었으면 하는 바람으로 작업을 하였다.

부록에서는 제과용 및 제빵용 기기와 기구류를 소개하였다.

책 한 권으로 제과 기능사와 제빵 기능사 준비를 함께할 수 있도록 하면서 나아가 맛있고 고급스러운 유럽풍 제과·제빵 공정을 수록하여 재미있게 실습하고 응용력을 키울 수 있도록 하였으므로 본서가 독자에게 유익하게 활용될 수 있길 바란다.

마지막으로 이 책이 출간될 수 있도록 지원해주신 교문사 류제동 회장님을 비롯한 관계 전문가분들께 감사드린다.

2018년 7월

저자 일동

차례

제과 · 제빵 기능사 시험 안내

1. 제과 · 제빵 기능사란?

제과·제빵 기능사는 설탕, 달걀, 밀가루 반죽 등으로 생크림 케이크, 파운드 케이크 등을 제조하거나 장식하는 제과 기능사와 여러 가지 곡식 가루와 설탕, 우유 등의 부재료를 사용해 식빵, 소보로빵 등을 만드는 제빵 기능사로 분리한다.

제과·제빵 기능사는 한국기술자격검정원(http://t.q-net.or.kr)에서 필기 및 실기시험에 응시하고 남녀노소, 학력, 연령, 경력 제한이 없으며, 시험은 4지선다형 객관식 필기시험과 제과·제빵 실기시험으로 치러진다. 제과·제빵 기능사의 필기시험 과목은 제과·제빵 제조 이론, 재료 과학, 영양학, 식품위생학의 총 4과목이며 실기는 제과·제빵 제조 작업으로 치른다.

2. 제과 · 제빵 기능사 응시방법

- **직무분야** : 식품가공
- **중직무분야** : 제과·제빵
- **검정 방법** : 필기 및 실기시험

- **시험과목**

과목	내용
필기시험	1. 제조 이론(제과·제빵) 2. 재료 과학 3. 식품위생학 4. 영양학
실기시험	제과 실기 및 제빵 실기

제과·제빵 기능 검정 방법이 변경되어 종전보다 간편하게 되었다. 종전에는 제과 기능사와 제빵 기능사 필기 및 실기시험이 완전히 분리되어 있었다. 즉, 제과 기능사 자격증을 취득하기 위해서는 제과 기능사 필기시험에 합격한 후 제과 기능사 실기시험을, 제빵 기능사 자격증을 취득하기 위해서는 제빵 기능사 필기시험 합격 후 제빵 기능사 실기시험을 별도로 치러야 했다.

그러나 1999년부터 수검법이 바뀌어 제과나 제빵 기능사 둘 중 어느 한 종목의 자격을 취득한 후 다른 한 종목의 자격을 또 취득하고자 할 때 그 종목의 필기시험은 면제되고 실기시험만 응시하면 된다.

3. 제과 · 제빵 기능사 시험 내용

필기시험	시험과목	① 제조 이론(제과 · 제빵) ② 재료 과학 ③ 식품위생학 ④ 영양학 **– 총 60문제(전 과목 혼합)**
	준비물	신분증(주민등록증 또는 학생증 등), 수험표, 계산기, 컴퓨터 사인펜
실기시험	제과 기능사	찹쌀도넛, 멥쌀 스펀지 케이크(공립법), 초코머핀(초코컵케이크), 버터 스펀지 케이크(별립법), 마카롱 쿠키, 젤리 롤 케이크, 소프트 롤 케이크(별립법), 버터 스펀지 케이크(공립법), 마드레느, 쇼트 브레드 쿠키, 슈, 브라우니, 과일케이크, 파운드 케이크, 다쿠와즈, 타르트, 사과파이, 퍼프 페이스트리, 시퐁 케이크(시퐁법), 밤과자, 마데라 (컵)케이크, 버터 쿠키, 치즈 케이크, 호두파이, 초코 롤, 흑미쌀 롤 케이크 **– 총 26가지 품목**
	제빵 기능사	빵도넛, 소시지빵, 식빵(비상 스트레이트법), 단팥빵(비상 스트레이트법), 브리오슈, 그리시니, 밤식빵, 베이글, 스위트 롤, 우유식빵, 블란서빵(프랑스빵), 단과자빵(트위스트형), 단과자빵(크림빵), 풀먼식빵, 단과자빵(소보로빵), 더치빵, 호밀빵, 버터톱식빵, 옥수수식빵, 데니시 페이스트리, 모카빵, 버터 롤, 쌀식빵, 통밀빵, 페이스트리식빵 **– 총 25가지 품목**

4. 필기시험 출제 기준

주요 항목	세부항목	세세항목
1. 식품의 변질	1) 미생물에 의한 변질	• 미생물의 종류 및 특성 • 미생물에 의한 식품의 오염 • 소독과 살균 • 교차오염
	2) 변질의 개념	• 변질, 부패, 산패 등의 특징 • 변질 억제
2. 식품과 감염병	1) 감염병의 개요	• 감염병 발생 조건 • 감염병 발생 과정 • 법정 감염병
	2) 경구감염병	• 경구감염병의 특징 및 발생양상 • 경구감염병의 예방대책
	3) 인수공통감염병	• 중요한 인수공통감염병의 특징 • 인수공통감염병 예방대책
	4) 식품과 기생충병	• 기생충의 특징 및 예방대책
	5) 위생동물	• 위생동물의 식품 위해성
3. 식중독	1) 식중독의 종류, 특성 및 예방방법	• 세균성 식중독 • 자연독 식중독 • 화학성 식중독 • 곰팡이 독소 • 알레르기 식중독
4. 식품첨가물	1) 식품의 첨가물	• 식품첨가물의 의의 및 조건 • 식품첨가물의 사용기준
5. 식품위생	1) 식품위생관련법규	• 식품위생법관련법규
	2) 식품위생관리	• HACCP, 제조물책임법 등의 개념 및 의의
	3) 포장 및 용기위생	• 포장재별 특성과 위생
	4) 제품 저장유통	• 실온·냉장 저장하기 • 냉동 저장하기 • 제품 유통하기
6. 탄수화물	1) 탄수화물의 분류	• 탄수화물의 분류
	2) 탄수화물의 영양	• 탄수화물의 영양적 기능 • 탄수화물의 소화, 흡수, 대사
	3) 탄수화물 급원 식품	• 탄수화물의 급원 식품 및 특성

주요 항목	세부항목	세세항목
7. 지방질	1) 지방질의 분류	• 지방질의 분류
	2) 지방질의 영양	• 지방질의 영양적 기능 • 지방질의 소화, 흡수, 대사
	3) 지방질의 급원 식품	• 지방질의 급원식품 및 특성
8. 단백질	1) 단백질의 분류	• 단백질의 분류
	2) 단백질의 영양	• 단백질의 영양적 기능 • 단백질의 소화, 흡수, 대사
	3) 단백질 급원 식품	• 단백질의 급원 식품 및 특성
9. 무기질, 비타민, 물	1) 무기질	• 무기질의 종류 및 기능 • 무기질의 급원 식품 및 특성
	2) 비타민	• 비타민의 종류 및 기능 • 비타민의 급원 식품 및 특성
	3) 물	• 물의 영양적 기능
10. 영양과 건강	1) 질병과 영양	• 식생활과 질병(과잉증, 결핍증 등) • 영양섭취기준 • 특이식관리(식사요법 등)
	2) 에너지 대사	• 기초대사량, 활동대사량 등 에너지 대사
11. 기초과학	1) 탄수화물의 재료적 특성	• 탄수화물의 종류와 특징
	2) 지방질의 재료적 특성	• 지방질의 특징 • 제과·제빵용 유지의 특징
	3) 단백질의 재료적 특성	• 단백질의 종류와 특징
	4) 효소	• 효소의 성질 • 제빵에 관계하는 효소
12. 제과·제빵 재료일반	1) 밀가루 및 가루제품	• 밀알의 구조 및 특성 • 제분 • 밀가루의 성분(수분, 단백질 등) • 밀가루의 표백과 숙성 • 밀가루 저장과 프리믹스 • 기타 가루
	2) 감미제	• 제품별 특성 • 제과·제빵에서의 기능

주요 항목	세부항목	세세항목
12. 제과·제빵 재료일반	3) 유지와 유지제품	• 제품별 특성 • 제과·제빵에서의 기능
	4) 우유와 유제품	• 우유와 유제품의 특징 • 제과·제빵에서의 기능
	5) 달걀과 달걀제품	• 달걀과 달걀제품의 특징 • 제과·제빵에서의 기능
	6) 이스트 및 기타 팽창제	• 이스트 및 기타 팽창제의 특징 • 제과·제빵에서의 기능
	7) 물	• 물의 경도 • 제과·제빵에서의 기능
	8) 초콜릿	• 초콜릿의 일반적 특징 • 초콜릿 제조방법 및 템퍼링 • 제과·제빵에서의 기능 • 초콜릿의 보관방법과 결점(블룸) • 코코아
	9) 과실류 및 주류	• 과실류 및 주류의 특징 • 제과·제빵에서의 기능
	10) 기타	• 유화제, 향료, 향신료, 안정제 등의 첨가물
	11) 품질관리용 기구 및 기계	• 품질관리용 기구 및 기계
13. 제과 이론	1) 배합표 작성과 배합률 조정	• 배합표 작성과 배합률 조정
	2) 재료의 계량	• 재료의 계량
	3) 반죽과 믹싱	• 반죽과 믹싱
	4) 반죽온도의 조절	• 반죽온도의 조절
	5) 반죽비중 조절	• 반죽비중 조절
	6) 팬닝(반죽 채우기)	• 팬닝(반죽 채우기)
	7) 성형	• 성형
	8) 굽기	• 굽기
	9) 튀김(frying)	• 튀김
	10) 찜(steaming)	• 찜
	11) 장식(decoration) 및 포장	• 장식 및 포장
	12) 제품평가 및 관리	• 제품평가 및 관리

주요 항목	세부항목	세세항목
13. 제과 이론	13) 공장설비 관련 사항	• 공장설비 관련 사항
	14) 생산관리	• 구매, 판매, 재고, 노무관리 • 원가 관리 • 신제품개발
	15) 제과 기계	• 제과 기계 관리 및 사용법
	16) 제품의 특징	• 제품의 전형적 특성 및 형태
14. 제빵 이론	1) 배합표 작성과 배합률 조정	• 배합표 작성과 배합률 조정
	2) 재료의 계량	• 재료의 계량
	3) 반죽과 믹싱	• 반죽과 믹싱
	4) 반죽온도의 조절	• 반죽온도의 조절
	5) 1차 발효	• 1차 발효
	6) 성형(분할, 둥글리기, 중간 발효, 정형 등)	• 성형(분할, 둥글리기, 중간 발효, 정형 등)
	7) 팬닝(반죽 채우기)	• 팬닝(반죽 채우기)
	8) 2차 발효	• 2차 발효
	9) 굽기	• 굽기
	10) 냉각 및 포장	• 냉각 및 포장
	11) 냉동반죽	• 냉동반죽 • 냉동보관 • 해동생산
	12) 제품의 특징	• 제품의 전형적인 특성 및 형태
	13) 제품평가 및 관리	• 제품평가 및 관리 • 빵의 노화
	14) 제빵 기계	• 제빵 기계 관리 및 사용법

5. 실기시험 출제 기준

• 제과 작업

주요 항목	세부항목	세세항목
1. 과자류 제품 재료 혼합	1) 재료 계량하기	• 최종제품 규격서에 따라 배합표를 점검할 수 있다. • 제품별 배합표에 따라 재료를 준비할 수 있다. • 제품별 배합표에 따라 재료를 계량할 수 있다. • 제품별 배합표에 따라 정확한 계량 여부를 확인할 수 있다.
	2) 반죽형 반죽하기	• 반죽형 반죽 제조 시 제품별로 배합표에 따라 재료를 확인할 수 있다. • 반죽형 반죽 제조 시 재료의 특성에 따라 전처리를 할 수 있다. • 반죽형 반죽 제조 시 작업지시서에 따라 해당제품의 반죽을 할 수 있다. • 반죽형 반죽 제조 시 작업지시서에 따라 반죽온도, 재료온도, 비중 등을 확인할 수 있다.
	3) 거품형 반죽하기	• 거품형 반죽 제조 시 제품별로 배합표에 따라 재료를 확인할 수 있다. • 거품형 반죽 제조 시 재료의 특성에 따라 전처리를 할 수 있다. • 거품형 반죽 제조 시 작업지시서에 따라 해당제품의 반죽을 할 수 있다. • 거품형 반죽 제조 시 작업지시서에 따라 반죽온도, 재료온도, 비중 등을 확인할 수 있다.
	4) 퍼프 페이스트리 반죽하기	• 퍼프 페이스트리 반죽 제조 시 제품별로 배합표에 따라 재료를 확인할 수 있다. • 퍼프 페이스트리 반죽 제조 시 작업지시서에 따라 전처리를 할 수 있다. • 퍼프 페이스트리 반죽 제조 시 작업지시서에 따라 반죽을 할 수 있다. • 퍼프 페이스트리 반죽 제조 시 작업지시서에 따른 작업장온도, 유지온도, 반죽온도 등을 체크할 수 있다.
	5) 충전물 제조하기	• 충전물 제조 시 작업지시서에 따라 재료를 확인할 수 있다. • 충전물 제조 시 재료의 특성에 따라 전처리를 할 수 있다. • 충전물 제조 시 작업지시서에 따라 해당제품의 충전물을 만들 수 있다. • 충전물 제조 시 작업지시서의 규격에 따라 충전물의 품질을 점검할 수 있다.
	6) 다양한 반죽하기	• 다양한 제품 반죽 시 제품별로 배합표에 따라 재료를 확인할 수 있다. • 다양한 제품 반죽 시 작업지시서에 따라 전처리를 할 수 있다. • 다양한 제품 반죽 시 작업지시서에 따라 반죽을 할 수 있다. • 다양한 제품 반죽 시 작업지시서의 규격에 따른 해당제품 반죽의 품질을 점검할 수 있다.
2. 과자류 제품 반죽 정형	1) 분할 팬닝하기	• 분할 팬닝 시 제품에 따른 팬, 종이 등 필요기구를 사전에 준비할 수 있다. • 분할 팬닝 시 작업지시서의 분할방법에 따라 반죽 양을 조절할 수 있다. • 분할 팬닝 시 작업지시서에 따라 해당제품의 분할 팬닝을 할 수 있다. • 분할 팬닝 시 작업지시서에 따른 적정 여부를 확인할 수 있다.

주요 항목	세부항목	세세항목
2. 과자류 제품 반죽 정형	2) 쿠키류 성형하기	• 쿠키류 성형 시 작업지시서에 따라 정형에 필요한 기구, 설비를 준비할 수 있다. • 쿠키류 성형 시 작업지시서에 따라 정형방법을 결정할 수 있다. • 쿠키류 성형 시 제품의 특성에 따라 분할하여 정형할 수 있다. • 쿠키류 성형 시 작업지시서의 규격여부에 따라 정형 결과를 확인할 수 있다.
	3) 퍼프 페이스트리 성형하기	• 퍼프 페이스트리 성형 시 작업지시서에 따라 정형에 필요한 기구, 설비를 준비할 수 있다. • 퍼프 페이스트리 성형 시 작업지시서에 따라 반죽 상태에 따른 정형방법을 결정할 수 있다. • 퍼프 페이스트리 성형 시 제품의 특성에 따라 분할하여 모양잡기를 할 수 있다. • 퍼프 페이스트리 성형 시 작업지시서의 규격 여부에 따라 정형결과를 확인할 수 있다.
	4) 다양한 성형하기	• 다양한 제품 성형 시 작업지시서에 따라 정형에 필요한 기구, 설비를 준비할 수 있다. • 다양한 제품 성형 시 작업지시서에 따라 정형방법을 결정할 수 있다. • 다양한 제품 성형 시 제품의 특성에 따라 분할, 정형할 수 있다. • 다양한 제품 성형 시 작업지시서의 규격 여부에 따라 정형결과를 확인할 수 있다.
3. 과자류 제품 반죽 익힘	1) 반죽 굽기	• 굽기 시 작업지시서에 따라 오븐의 종류를 선택할 수 있다. • 굽기 시 작업지시서에 따라 오븐 온도, 시간, 습도 등을 설정할 수 있다. • 굽기 시 제품 특성에 따라 오븐 온도, 시간, 습도 등에 대한 굽기 관리를 할 수 있다. • 굽기 완료 시 작업지시서에 따라 적합하게 구워졌는지 확인할 수 있다.
	2) 반죽 튀기기	• 튀기기 시 작업지시서에 따라 튀김류의 품질, 온도, 양 등을 맞출 수 있다. • 튀기기 시 작업지시서에 따라 양면이 고른 색상을 갖고 익도록 튀길 수 있다. • 튀기기 시 제품 특성에 따라 제품이 서로 붙거나 기름을 지나치게 흡수되지 않도록 튀김관리를 할 수 있다. • 튀김 완료 시 작업지시서에 따라 적합하게 튀겨졌는지 확인할 수 있다.
	3) 반죽 찌기	• 찌기 시 작업지시서에 따라 찜기의 종류를 선택할 수 있다. • 찌기 시 작업지시서에 따라 스팀 온도, 시간, 압력 등을 설정할 수 있다. • 찌기 시 제품 특성에 따라 스팀 온도, 시간, 압력 등에 대한 찌기관리를 할 수 있다. • 찌기완료 시 작업지시서에 따라 적합하게 익었는지 확인할 수 있다.
4. 과자류 제품 포장	1) 과자류 제품 냉각하기	• 제품 냉각 시 작업지시서에 따라 냉각방법을 선택할 수 있다. • 제품 냉각 시 작업지시서에 따라 냉각환경을 설정할 수 있다. • 제품 냉각 시 설정된 냉각환경에 따라 냉각할 수 있다. • 제품 냉각 시 작업지시서에 따라 적합하게 냉각되었는지 확인할 수 있다.
	2) 과자류 제품 장식하기	• 제품 장식 시 제품의 특성에 따라 장식물, 장식방법을 선택할 수 있다. • 제품 장식 시 장식방법에 따라 장식조건을 설정할 수 있다. • 제품 장식 시 설정된 장식조건에 따라 장식할 수 있다. • 제품 장식 시 제품의 특성에 적합하게 장식되었는지 확인할 수 있다.

주요 항목	세부항목	세세항목
4. 과자류 제품 포장	3) 과자류 제품 포장하기	• 제품 포장 시 제품의 특성에 따라 포장방법을 선택할 수 있다. • 제품 포장 시 포장방법에 따라 포장재를 결정할 수 있다. • 제품 포장 시 선택된 포장방법에 따라 포장할 수 있다. • 제품 포장 시 제품의 특성에 적합하게 포장되었는지 확인할 수 있다. • 제품 포장 시 제품의 유통기한, 생산일자를 표기할 수 있다.
5. 과자류 제품 위생안전 관리	1) 개인위생안전 관리하기	• 식품위생법에 준해서 개인위생안전 관리 지침서를 만들 수 있다. • 식품위생법에 준한 위생복, 안전화, 복장, 개인건강, 개인위생 등을 관리할 수 있다. • 식품위생법에 준한 개인위생으로 발생하는 교차오염 등을 관리할 수 있다. • 식중독의 발생 요인과 증상 및 대처방법에 따라 개인위생에 대하여 점검·관리할 수 있다.
	2) 환경 위생안전 관리하기	• 작업환경 위생안전 관리 시 식품위생법규에 따라 작업환경 위생안전관리 지침서를 작성할 수 있다. • 작업환경 위생안전 관리 시 지침서에 따라 작업장주변 정리 정돈 및 소독 등을 관리 점검할 수 있다. • 작업환경 위생안전 관리 시 지침서에 따라 제품을 제조하는 작업장 및 매장의 온·습도관리를 통하여 미생물 오염원인, 안전위해요소 등을 제거할 수 있다. • 작업환경 위생안전 관리 시 지침서에 따라 방충, 방서, 안전 관리를 할 수 있다. • 작업환경 위생안전 관리 시 지침서에 따라 작업장 주변 환경을 점검 관리할 수 있다.
	3) 기기 안전 관리 하기	• 기기 관리 시 내부안전규정에 따라 기기관리 지침서를 작성할 수 있다. • 기기 관리 시 지침서에 따라 기자재관리를 할 수 있다. • 기기 관리 시 지침서에 따라 소도구관리를 할 수 있다. • 기기 관리 시 지침서에 따라 설비관리를 할 수 있다.

• 제빵 작업

주요 항목	세부항목	세세항목
1. 빵류 제품 재료 혼합	1) 재료 계량하기	• 재료 계량 준비 시 생산량에 따라 배합표를 조정할 수 있다. • 재료 계량 시 제품에 따라 배합표를 기준으로 재료를 정확하게 계량할 수 있다. • 재료 계량 시 제품에 따라 사용재료를 기준으로 재료의 손실을 최소화할 수 있다. • 재료 계량 준비, 계량 시 제품에 따라 사용재료를 전처리할 수 있다.
	2) 스트레이트법 혼합하기	• 스트레이트법 반죽 준비 시 지침서에 따라 사용수(水)의 온도를 계산할 수 있다. • 스트레이트법 반죽 시 제품 특성에 따라 반죽기의 속도를 조절할 수 있다. • 스트레이트법 반죽 시 제품 특성에 따라 반죽온도를 조절할 수 있다. • 스트레이트법 반죽 완료 시 제품 특성에 따라 혼합정도의 적절성을 점검할 수 있다.

주요 항목	세부항목	세세항목
1. 빵류 제품 재료 혼합	3) 스펀지법 혼합하기	• 스펀지법 반죽 준비 시 지침서에 따라 사용수(水)의 온도를 계산할 수 있다. • 스펀지법 반죽 시 제품 특성에 따라 반죽기의 속도를 조절할 수 있다. • 스펀지법 반죽 시 제품 특성에 따라 스펀지의 발효상태를 확인할 수 있다. • 스펀지법 반죽 시 제품 특성에 따라 반죽온도를 조절할 수 있다. • 스펀지법 반죽 완료 시 제품 특성에 따라 혼합 정도의 적절성을 점검할 수 있다.
	4) 다양한 혼합하기	• 다양한 혼합 시 각종 제빵법에 따라 반죽할 수 있다. • 다양한 혼합 시 작업환경에 반죽온도로 계산하여 혼합할 수 있다. • 다양한 혼합 시 제품 특성에 따라 반죽온도를 조절할 수 있다. • 다양한 혼합 시 제품 특성에 따라 스펀지의 발효상태를 확인할 수 있다. • 다양한 혼합 완료 시 제품 특성에 따라 혼합 정도의 적절성을 점검할 수 있다.
2. 빵류 제품 반죽 정형	1) 반죽 분할 둥글리기	• 반죽 분할 시 제품 기준중량을 기반으로 계량하여 분할할 수 있다. • 반죽 분할 시 제품 특성을 기준으로 신속, 정확하게 분할할 수 있다. • 반죽 둥글리기 시 반죽크기에 따라 둥글리기 할 수 있다. • 반죽 둥글리기 시 실내온도와 반죽상태를 고려하여 둥글리기 할 수 있다.
	2) 중간 발효하기	• 중간 발효 시 제품 특성을 기준으로 실온 또는 발효실에서 발효할 수 있다. • 중간 발효 시 반죽 크기에 따라 반죽의 간격을 유지하여 중간 발효할 수 있다. • 중간 발효 시 반죽이 마르지 않도록 비닐 또는 젖은 헝겊으로 덮어 관리할 수 있다. • 중간 발효 시 제품 특성에 따라 중간 발효시간을 조절할 수 있다.
	3) 반죽 성형 팬닝하기	• 성형 작업 시 밀대를 이용하여 가스빼기를 할 수 있다. • 손으로 성형 시 제품의 특성에 따라 말기, 꼬기, 접기, 비비기를 할 수 있다. • 성형 작업 시 충전물과 토핑물을 이용하여 싸기, 바르기, 짜기, 넣기를 할 수 있다. • 팬닝 작업 시 비용적을 계산하여 적정량을 팬닝할 수 있다. • 팬닝 작업 시 발효율과 사용할 팬을 고려하여 적당한 간격으로 팬닝할 수 있다.
3. 빵류 제품 반죽 익힘	1) 반죽 굽기	• 굽기 시 빵의 특성에 따라 발효 상태, 충전물, 반죽물성에 적합한 시간과 온도를 결정할 수 있다. • 반죽을 오븐에 넣을 시 팽창 상태를 기준으로 충격을 최소화하여 굽기를 할 수 있다. • 굽기 시 온도편차를 고려하여 팬의 위치를 바꾸어 골고루 구워낼 수 있다. • 굽기 시 반죽의 발효 상태와 토핑물의 종류를 고려하여 구워낼 수 있다.
	2) 반죽 튀기기	• 튀기기 시 반죽 표피의 수분량을 고려하여 건조시켜 튀겨낼 수 있다. • 튀기기 시 반죽의 발효상태를 고려하여 튀김온도와 시간, 투입시점을 조절할 수 있다. • 튀기기 시 제품의 품질을 고려하여 튀김 기름의 신선도를 확인할 수 있다. • 튀기기 시 제품 특성에 따라 모양과 색상을 균일하게 튀겨낼 수 있다.
	3) 다양한 익히기	• 다양한 익히기 시 제품 특성에 따라 익히는 방법을 결정할 수 있다. • 찌기 시 제품 특성에 따라 찌기온도와 시간을 조절할 수 있다. • 찌기 시 제품의 크기와 생산량에 따라 찜통의 용량을 조절할 수 있다. • 데치기 시 발효상태와 생산량에 따라 온도와 용기의 용량을 조절하여 • 생산할 수 있다.

주요 항목	세부항목	세세항목
4. 빵류 제품 마무리	1) 빵류 제품 충전하기	• 충전물 선택 시 영양성분을 고려하여 맛과 영양을 극대화할 수 있다. • 충전물 생산 시 제품의 특성을 고려하여 충전물을 생산할 수 있다. • 충전물 사용 시 제품과 재료의 특성을 고려하여 충전물을 사용, 관리할 수 있다. • 충전물 사용 완료 시 정확한 비율과 사용량을 기반으로 완제품을 만들 수 있다.
	2) 빵류 제품 토핑하기	• 토핑물 선택 시 영양성분을 고려하여 맛과 영양을 극대화할 수 있다. • 토핑물 생산 시 제품의 특성을 고려하여 토핑물을 생산할 수 있다. • 토핑물 사용 시 제품과 재료의 특성을 고려하여 토핑물을 사용, 관리할 수 있다. • 토핑물 사용 완료 시 정확한 비율과 사용량을 기반으로 완제품을 만들 수 있다.
	3) 빵류 제품 냉각포장하기	• 포장, 진열 시 제품 특성과 포장재, 진열대를 고려하여 제품의 신선도를 유지, 관리할 수 있다. • 포장, 진열 시 제품 특성과 포장재, 진열대를 고려하여 제품을 위생적으로 유지, 관리할 수 있다. • 진열관리 시 제품 특성에 따라 제품을 더욱 돋보이게 진열할 수 있다. • 제품을 진열관리 시 판매시간 및 매출 추이를 기반으로 재고 관리를 할 수 있다.
5. 빵류제품 위생안전관리	1) 개인위생안전 관리하기	• 식품위생법에 준해서 개인위생안전관리 지침서를 만들 수 있다. • 식품위생법에 준한 위생복, 복장, 개인 건강, 개인위생 등을 관리할 수 있다. • 식품위생법에 준한 개인위생으로 발생하는 교차오염 등을 관리할 수 있다. • 식중독의 발생 요인과 증상 및 대처방법에 따라 개인위생에 대하여 점검 관리할 수 있다.
	2) 환경 위생안전 관리하기	• 작업환경 위생안전관리 시 식품위생법규에 따라 작업환경 위생안전관리 지침서를 작성할 수 있다. • 작업환경 위생안전관리 시 지침서에 따라 작업장주변 정리·정돈 및 소독 등을 관리·점검할 수 있다. • 작업환경 위생안전관리 시 지침서에 따라 제품을 제조하는 작업장 및 매장의 온·습도관리를 통하여 미생물 오염원인, 안전위해요소 등을 제거할 수 있다. • 작업환경 위생안전관리 시 지침서에 따라 방충, 방서, 안전 관리를 할 수 있다. • 작업환경 위생안전관리 시 지침서에 따라 작업장 주변 환경을 점검 관리할 수 있다.
	3) 기기 안전 관리 하기	• 기기관리 시 내부안전규정에 따라 기기 관리 지침서를 작성할 수 있다. • 기기관리 시 지침서에 따라 기자재 관리를 할 수 있다. • 기기관리 시 지침서에 따라 소도구 관리를 할 수 있다. • 기기관리 시 지침서에 따라 설비 관리를 할 수 있다.

6. 실기시험 준비 및 유의사항

순서	항목	내용
1	실기시험 일시 숙지	시험 1주일 전 지역 접수 공단에 공고 혹은 ARS로 확인
2	시험 장소 답사	시험 전 시험 장소, 위치, 교통편을 확인하여 당일 지각하지 않도록 한다.
3	시험장에 30분 전 도착	입실 시간보다 30분 정도 먼저 도착하여 준비한다.
4	준비물 (시험 전날 가방에 챙겨 놓기)	실비 납입 영수증, 수검표, 주민등록증(운전면허증), 흰색 실습복(상하), 모자, 스카프, 앞치마, 운동화, 온도계, 계산기(공학용은 사용 불가), 검정 볼펜, 머리·손톱 짧게, 매니큐어·화장·귀걸이·반지 착용 금지
5	배합표 작성	뒷면에 한 번 작성한 후 답란에 기재 ① %, g 등으로 표기 ② 발효 손실 계산 ③ 데니시 페이스트리(전체 배합량에 대한 충전 유지량) ④ 블란서빵(프랑스빵)
6	공정 순서 확인, 숙지	배합표 작성 후 채점 시간 중
7	물 계량 방법	수돗물로 먼저 계량 후 믹싱 전 물 온도 계산(더운물, 찬물, 얼음)
8	재료 계량 시	① 저울 영점 확인, 재료 계량수 확인, 계량 종이, 스테인리스 그릇 준비 ② 다른 수검자가 몰려 있지 않은 재료, 가까운 재료부터 계량 ③ 지급된 배합표에 재료 계량 후 계량 확인 표시 ④ 용기의 무게를 확인한 후, 재료 무게를 환산하여 저울추 올리기 ⑤ 재료에 대한 무게가 생각보다 많다고 판단 시 저울추 확인
9	재료량에 알맞은 기구 준비	① 계량종이 : 이스트, 이스트 푸드, 소금, 쇼트닝, 분유, 마가린, 땅콩 버터, 분말, 향료 등 미량 재료 ② 큰 플라스틱 통 : 강력 밀가루 ③ 스테인리스 그릇(대·중·소) : 중력분, 설탕, 보리, 호밀, 옥수숫가루, 달걀, 물 ④ 작은 용기 : 술, 식초, 액체 향료
10	물엿 계량	설탕을 스테인리스 그릇에 계량한 후 설탕 가운데를 움푹 패이도록 한 다음 손에 찬물을 묻혀 물엿을 계량한다. 이때 물엿이 흘러 용기에 묻지 않도록 주의한다.
11	액체 재료	물, 식초, 달걀, 술, 향료는 같이 섞어 믹서에 투입한다.
13	믹싱 시 유지 투입	슈-유지는 클린업 단계 후 조금씩 나누어 투입(유지가 섞일 때까지 저속 믹싱)
14	믹싱 완료 2~3분 전	반죽 온도를 확인하여 믹싱 볼에 물(찬물, 더운물)을 받쳐 희망 반죽 온도 맞추기
15	스위트 롤	반죽은 밀기 쉽도록 비닐로 감싸서 덧가루를 많이 뿌리고 사각 팬에 놓아 발효시킨다.
16	1차 발효 확인	손가락으로 눌러 보아 시간보다 상태로 확인(반죽 온도가 높으면 짧게, 낮으면 길게)

순서	항목	내용
17	1차 발효 중	스크레이퍼, 플라스틱 주걱, 밀대, 덧가루, 앙금주걱, 팬 준비(철판에는 기름칠을 해둠) 앙금(치대기), 소보로 제조
18	더치빵	분할 5분 전 '토핑' 만들기
19	정형	분할 전후 수량 확인, 충분한 중간 발효, 신속한 정형, 간격 잘 맞춘 팬닝, 노른자물 칠하기
20	둥글리기	블란서빵(프랑스빵), 더치빵의 둥글리기는 타원형으로 한다.
21	2차 발효 중	오븐 온도 조절하기
22	굽기	① 철판에 굽기를 할 경우 : 굽기 전에 오븐 랙을 넣는다. ② 굽기 시간 절반 경과 후 밑색 확인 ③ 윗색이 강할 경우 • 윗불을 줄인다. • 종이를 덮는다. • 공기창(댐퍼)을 연다. • 오븐 문을 절반 연다. ④ 밑색이 강할 경우 • 밑불을 줄인다. • 차가운 철판 1~2장을 뒤집어 깐다.
23	진열	제품 진열 시 색이 고르게 착색된 것을 앞으로 하여 뒤로 진열
24	정리·정돈	믹서, 작업대, 사용 그릇, 도구 등은 깨끗이 닦아 정리·정돈해 놓는다.
25	감독관에 확인	각 공정이 끝날 때마다 재확인한 후, 감독관에게 확인을 받는다.
26	마찰계수	마찰계수를 제시하지 않을 경우 식빵 15, 단과자빵 10으로 계산한다. 겨울에는 5를 더 높인다.
27	덧가루	덧가루는 되도록 사용하지 않거나 적게 사용할 것
28	노른자물 칠하기	노른자물 칠은 팬닝 후와 굽기 후에 꼭 할 것
29	오븐 사용	동시에 같이 굽기 할 시험자끼리 짝을 맞추어 사용할 것
30	감독관에게 질문	감독관에게 되도록 필요한 질문 외에는 말을 하지 말 것
31	감독관의 예상 질문	실기 품목에 대한 감독관의 예상 질문을 미리 숙지할 것
32	작업장 퇴실 시	실기 품목에 대한 감독관의 예상 질문을 미리 숙지할 것(퇴실 시에도 실기 품목에 대한 질문이 있을 수 있음을 유의함)
33	등번호를 받은 후	외부로 전화하지 말 것(퇴장 조치 당함)

7. 기능장 자격

- 동일 직무 분야에서 11년 이상 실무에 종사한 자
- 응시하고자 하는 직무 분야의 산업기사 또는 기능사의 자격을 취득한 후 기능 대학법에 의하여 설립된 기능 대학의 기능장 과정을 이수한 자 또는 그 이수 예정자
- 산업기사의 자격을 취득한 후 동일 직무 분야에서 6년 이상 실무에 종사한 자
- 동일 직무 분야의 기능사 자격을 취득 후 동일 직무 분야에서 8년(필기 접수 전까지 : 군복무 제외) 이상 실무에 종사한 자
- 외국에서 동일한 등급 및 종목에 해당하는 자격을 취득한 자

들어가며...

음식의 역사는 인류의 생존과 더불어 시작되었으며, 최초로 곡식을 재배한 것으로 알려진 사람들은 지금의 이스라엘 북부의 카밀산 주위에 살았던 나트피아 사람들이었다. 그들은 1만 3,000년 전부터 밀과 보리를 재배했으며 부싯돌, 낫을 사용해 추수를 했다고 한다.

야생 밀은 이란과 카스피해 지방에서부터 재배되어 티그리스 강과 유프라테스 강 연안에 발달한 메소포타미아 문명에 전래되었고 고대 이집트에서는 대량 생산과 제분이 발달되었는데 이 시대의 이집트의 제분은 인력에 의해 밀을 부수는 형식의 원시적인 방법이었다.

B.C. 6000~7000년경에는 평원의 야생 소맥을 거칠게 타서 물로 반죽한 음식을 먹었는데 이것은 현재의 과자의 형태를 갖추고 있었으며 문명의 중심이 이집트로 옮겨가게 되면서 우연한 기회

에 야생 효모가 혼입되어 부풀은 빵을 만들게 되었는데, 이는 가루를 반죽하여 둥글게 한 후 그대로 하루를 방치해 둔 결과 공기 속의 이스트균에 의해 발효가 일어나서 반죽이 부풀어 올랐고 부풀어 오른 반죽을 구웠더니 향기가 좋고 말랑말랑한 빵이 되었던 것이다.

이러한 빵은 B.C. 2700년경에 이집트로부터 아시리아, 바빌로니아를 거쳐 그리스로 보급되었으며 이집트 사람들은 이 시기에 최초로 누룩을 저장해 두었다가 빵 반죽에 넣어 빵을 부풀게 했다고 전해진다. 누룩반죽은 우연히 발견되었을 것이며, 빵을 구우려고 만들어 놓은 밀가루 반죽에 공기 중의 효모가 들어가서 누룩반죽이 되었을 것으로 추측된다.

현재 우리가 빵이라고 부르는 발효 빵은 4,000년 전 이집트를 위시해서 각지에서 발견된 것이다. 이집트의 유적에서 발견된 빵이나 벽화를 보면 세모꼴이나 원형의 빵, 동물이나 물고기 모양의 빵 등 종류가 많아 고대 이집트 사람들의 표현력이 풍부하였음을 짐작할 수 있으며, 그 종류는 20여 가지나 되었다. 그들은 이 빵을 대단히 즐겨 먹었으며 비밀로 간직하여 다른 민족에게는 전해주지 않아서 주변 사람들은 이집트 사람들은 빵을 먹고 사는 사람들이라 불렀을 정도였다고 한다.

| 돌 위에 꿇어 앉아 제분하는 모습 |
자료 : Food in history

그리스로 보급된 후 직업적인 제품으로 전환되기 시작한 것은 지금부터 3,700년 전이며 B.C. 200년경에 로마에는 빵 산업조합이 조직되었다는 기록이 있다.

이집트에서 이루어진 밀의 제분법은 현대 로마 제분법의 원형으로서 하녀가 돌 위에 꿇어앉아 엎드려 양팔의 힘으로 밀을 누르는 원시적인 방법이었다. 과자를 굽는 방법 또한 처음에는 뜨겁게 달구어진 돌 위에다 구웠으나 점차 개량되어 화덕을 사용하게 되었다.

이 밖에도 이집트인들은 처음으로 빵 굽는 솥(오븐)을 개발했다. 이 솥은 찰흙으로 만들어졌고, 밥그릇을 엎은 모양인데, 속은 두 군데로 구분되어 있었다. 아래로부터 불을 때면 그 열이 가마의 벽에 흡수되고 내부의 온도가 올라 마침내 일정한 온도가 유지된다. 이때 윗부분에 빵 반죽을 놓고 빵이 완전히 구워질 때까지 뚜껑을 닫아둔다.

고대 그리스 시대에 접어들면서 제과기술은 현저하게 발전하고 그 종류도 이집트의 것보다 훨

| 고대의 오븐 형태 |
자료 : Histoire de la Gastronomie en France

씬 다양해졌다. 또 그리스인에 의해 페이스트리(pastry) 부분의 몇 가지 원형이 시작되었고, 향료를 가미한 빵과 과자가 만들어졌다. 로마제국 이전, 이미 그들은 80~90종에 이르는 빵과 과자를 만들어 냈다.

고대 로마 시대의 빵과 과자의 역사는 종교의 역사라 할 수 있다. 그리스에서 크게 발전한 과자와 빵이 로마에 전해지기까지 많은 시간이 소요되었지만 로마 제국에 계승된 후 과자는 경제력과 종교의식을 바탕으로 눈부시게 발전, 보급되었다. 이들은 제빵 기술을 더욱 발전시켰고, 결이 좋은 가루를 생산하는 대규모적인 제분기를 처음으로 고안했다. 그중 몇 개가 폼페이 유적에서 발굴되었는데 구조는 원추대 같은 큰 돌 두 개를 준비하고 하나를 거꾸로 엎어 두 돌을 겹치고 윗돌을 고정시킨 다음 아랫돌을 많은 노예와 말, 노새의 무리가 끌어 회전시키는 것이었다.

현재의 과자의 원형이 될 만한 제품들이 이 당시에 만들어졌으며 기술적으로 밀가루를 체에 쳐서 공기를 함유하게 하는 중요한 작업이 이루어지고 있었는데, 과일을 넣은 과자, 치즈를 넣은 과자, 꽈배기과자, 건과자, 튀김과자가 그런 방법으로 만들어졌다. 또한 현재의 아이스크림의 기초인 셔벗(sherbet)의 원형도 로마의 더운 지리적 조건에서는 필연적으로 생겨나게 된 것으로, 사람들은 차가운 음료뿐만 아니라 응고시키는 방법을 생각해 낸 것이다.

4세기 말 로마 제국의 분열과 함께 유럽의 역사는 혼란을 맞이하였다. 게르만 민족의 이동과 기독교 군의 유럽 북상 그리고 십자군이 동방원정에 나서는 등 많은 우여곡절을 겪었다. 이와 발맞추어 과자 역시 여러 곳으로 전파되고 변화되어갔다. 중세 로마 시대에서 중세기에 이르면서 문화 경제의 발전과 함께 판매를 기초로 하는 전문적인 제과·제빵이 시작되었다. 중세기에 이르러 이탈리아, 영국, 독일, 프랑스 등지에서 일어난 문예부흥과 더불어 과자도 대중화되어 기호품으로서 과자를 생산하는 전문점과 전문 업자가 늘어나 다양해지게 되었다. 또한 과자는 단순히 먹는 것이 아니라 보고 즐기는 대상으로까지 발전하여 장식과자의 등장과 제조기술이 향상되었다.

중세 말부터 과자는 이탈리아 과자, 독일 과자, 영국 과자, 스위스 과자, 프랑스 과자, 동유럽 과자, 북유럽 과자 등으로 불리게 되었다. 빵 및 과자 제법은 로마로부터 오스트리아(빈)을 거쳐 독일로 들어가 북상하여 게르만 민족에게 전파되었으며, 한편으로는 유럽 서쪽의 프랑스로 들어갔다.

중세기에 이르러 유럽의 문예부흥과 더불어 과자도 대중화되어 주식인 빵과 구분되는 기호품으로서의 과자를 파는 전문점과 전문 직업인이 늘어나게 되었으며 과자와 빵류가 정착되기 시작한 것이 16~17세기였다.

유럽의 과자는 155년대 신대륙 발견 이후 커피, 코코아, 설탕 등이 도입되면서 품종과 기법이 크게 발달하였다. 중세 유럽에서는 오스트리아 빈의 제과 기술이 최고였는데 오늘날 고급 과자의 명칭에 '빈'이라는 문자가 쓰이는 것은 이 때문이다. 빈의 제과 기술은 루이 16세와 함부르크가의 결혼에 의해 1770년 이후 파리에 전해졌으며, 이탈리아는 과자 선진국이라 할 정도로 제품이 다양해졌다. 16세기 카트린 드 메디스가 앙리 2세와, 결혼하면서 이탈리아의 식문화가 프랑스로 옮겨왔다. 근세에는 프랑스가 유럽에서 지리적으로 문화예술의 중심지가 되면서 제과 기술에 큰 발전을 이룩하였다. 이는 당대 유명한 제과장 겸 요리장인 '앙투안 카렘(Antoine Careme)'과 '그리모드 드 라 레니에르(Grimod de la Regniere)'와 같은 제과인의 업적이라고 할 수 있으며, 이후 '쥘 쿠페(Gules Couffe)'의 장식기술과 '피에르 라 캉(Pierre La Cam)'의 출현 등은 근대 프랑스의 제과 기술을 완성 단계에 올려놓았다.

스위스에서는 몇 세기 동안 빵 업자가 여러 나라를 돌아다니면서 익힌 기술로 오늘날의 스위스 과자를 만들었고, 오스트리아에서는 독자적인 제품을 만들어 중세부터 그 이름이 알려졌다.

우리나라에는 쌀과 찹쌀을 주재료로 한 한과가 꿀이나 엿과 같은 감미 재료와 결합하여 전통적으로 만들어 온 강정, 산자 등의 유과류와 유밀과, 다식, 엿강정 등이 있다. 빵은 구한 말 선교사들에 의해 본질적으로 소개되었고 가마에 숯불을 피운 다음 시루에 얹고 그 위에 빵 반죽을 올려놓고 다시 오이자배기로 뚜껑을 덮어 빵을 구워내었다. 약 100여 년 전인 1880년에 정동구락부에서 빵을 면포(麵包), 중국말로 빵이라는 뜻으로 불렀고, 카스텔라는 백설과 같이 희다하여 '설고'라 했는데 처음으로 이것을 선보인 것을 시작으로 고급 과자류를 수입·판매하였다.

1893년 크리스마스에는 선교사들 사이에 선물로 빵을 교환하였다고 하며 그 후에 점차로 서울의 상류층 인사들 사이에서도 연말연시에 빵이 선물로 교환되었다고 전해지는데, 이것이 오늘날에는 크리스마스 케이크로 발전된 것 같다.

즉, 우리나라 베이커리의 역사는 처음으로 빵, 과자가 전래된 때로부터 1910년 한일합방까지를 태동기라 볼 수 있으며, 그 후 1945년 광복까지의 일정 시대를 유년기로 보는 시각이 대부분이다. 유년기였던 일제 말기에는 통제경제로 모든 물자는 배급을 통해서만 입수할 수 있었기 때문에 베이커리의 주원료인 밀가루가 품귀하여 빵, 과자점의 폐업이 속출하기도 했다. 제과 기술은 기술의 공개를 꺼리던 때이긴 하였지만 일본 기술자들이 징용되어 인력이 부족하게 되자 한국인이 그 기술을 전수받게 되었다.

제2차 세계대전이 끝난 1945년부터 제2차 5개년 경제계획이 끝난 1971년까지를 소년기라 한다면 이 시기에는 전에 비해 판매구조에 특징이 생기게 되었다. 1945년 8·15 이전에는 도·소매에 확실한 구분이 있었으나 소년기에는 자가 제조, 자가 판매라는 형태로 바뀌었다. 1971년까지 제2차 5개년 경제개발계획에 힘입어 자가 제조, 자체판매의 형식을 갖춘 과자점의 수가 늘고, 대량 생산업체인 삼립식품, 서울식품, 콘티식품, 샤니 케이크 등의 회사가 1968년부터 1972년에 걸쳐 차례로 설립되어 제과·제빵 산업의 발전에 기폭제가 되었다.

그 후 우리나라 사람과 일본인들이 빵, 과자를 제조해서 파는 과자점이 서울, 부산, 대구, 광주 등 대도시에 생겨났고 1945년 이후에 본격적으로 발전하였다. 일본인에 의한 빵 제조업소가 국내에서 생산·판매를 하였으나, 제과 기술이 제대로 전수되지 못하고 제빵·제과 재료면에서도 어려운 상황이 계속되었다. 그러나 1970년대 초의 적극적인 분식장려정책에 의해 급속한 빵류의 소비증가로 양산업체를 갖추어 오늘날에 이르게 되었다.

1953년 제일제당이 국산 설탕을 제조하기 시작하면서 비로소 제분업이 점차 발달하여 비교적 양질의 재료를 사용하게 되었고, 베이커리 업계는 비약적인 성장을 거듭하게 되었다. 또한 이 해에 식량 부족으로 미국의 잉여 농산물에 의존하게 되었는데 이때 도입된 농산물이 주종이 소맥이었다. 이 당시까지 쌀 위주의 식생활이 밀·밀가루 제품과 병행되는 계기가 마련되었는데 이때 식습관이 밥 대신에 빵으로 대체되어 식사 내용에 많은 변화가 있었다. 빵이 주식으로 대체되면서 제과점이 많이 생겨 도넛, 케이크, 단 음식이 소개되고 아이스크림, 아이스케이크가 선을 보였다.

제3차 5개년 계획이 시작되었던 1972년부터 현재까지는 베이커리의 성년기라 볼 수 있다. 식량

자급률이 떨어진 상태에서 국제 시장가격이 저렴한 밀을 수입하여 적극적인 분식장려정책을 펴 나간 정부의 시책에 힘입어 면류는 물론 빵류의 급속한 증가로 1968년에는 삼립식품을 비롯한 양산 체제 기업이 속출하였으며, 뉴욕제과, 고려당, 태극당 등도 경영에 현대화를 기하기 시작하였다.

1972년 정부의 분식장려정책과 더불어 경제 수준의 향상으로 식품으로서의 빵, 과자의 지위가 높아져 대량 생산업체의 발전 속도가 가속화되었으며 뉴욕제과, 고려당, 독일빵집 등 유명제과점도 프랜차이즈 체제를 갖추게 되었다. 1973년에는 베이커리 기술교육의 산실인 '한국제과고등기술학교'가 개교하게 되었고 호텔의 베이커리(bakery)의 등장으로 인하여 한국의 베이커리의 수준은 세계와 어깨를 견줄 수 있을 정도의 수준으로 급진전하게 되었다. 1980년대에 들어서는 호텔에서도 제과점을 설립하여 시중에 판매·진출하기 시작했고 외국의 패스트푸드(fast food)도 활발하게 상륙하는 성년기를 맞게 되었으며, 현대에 이르기까지 계속적인 발전을 거듭하고 있다.

제과 · 제빵 이론

재료 과학

제과 이론

제빵 이론

영양학

식품위생학

생산 관리

CHAPTER 1

재료 과학

기초 과학

제과 · 제빵 재료 일반

기초 과학

1. 탄수화물의 재료적 특성

탄소(C), 수소(H), 산소(O)의 3원소로 구성된 유기화합물로 지방, 단백질과 함께 3대 영양소이며, 생물체에 꼭 필요한 화합물이다.

전분의 호화

전분 입자는 40℃에서 팽윤하기 시작하여 50~65℃에 다다르면서 유동성이 크게 떨어진다.

---

2. 지방질의 재료적 특성

탄소(C), 수소(H), 산소(O)의 3원소로 구성된 유기화합물로 유지라고도 하며, 물에 녹지 않으나 지용성 용매에 녹는다.

지방의 산화

지방이 대기 중 산소와 반응해 산패되는 것을 말하며, 지방의 산화를 가속시키는 요소에는 산소, 지방산의 불포화도, 금속(구리, 철, 동 등), 자외선, 온도, 생물학적 촉매(효소) 등이 있다.

---

3. 단백질의 재료적 특성

탄소(C), 수소(H), 산소(O), 질소(N) 등의 원소로 구성되어 있으며, 수백~수천 개의 아미노산의 결합을 통해 단백질이 구성된다.

1) 단백질의 응고성

① 반죽은 온도 74℃에서 굳기 시작하여 반고형질의 구조를 형성하며 마지막 단계까지 천천히 계속된다.

② 단백질 열변성은 60~70℃에서 시작하여 물과의 결합력을 잃고, 단백질과 분리된 물은 단백질에서 전분으로 옮아가서 전분의 호화를 돕는다.

2) 단백질의 등전점과 용해성

① 단백질의 종류에 따라 특정 pH에서 산성과 알칼리성 분해 경향이 똑같이 돼 이동이 일어나지 않는데 그때의 pH를 등전점이라고 한다.

② 단백질의 종류에 따라 용매에 대한 용해도가 달라지고, 용매의 pH에 따라 용해도가 다르다.

3) 변성

열, 산, 알칼리, 자외선, 중금속, 염류 등에 의해 단백질의 구조가 변화한다.

4. 효소

효소는 영양소는 아니나 단백질로 이루어진 생물학적 촉매로서 생체의 분해와 합성에 중요한 역할을 하며 온도, 수분, pH 등의 영향을 받는다.

① **아밀라아제**(amylaase) : 전분 분해 효소로 발효성 당의 생산으로 가스 생산을 증가시켜 빵의 부피와 가스 보유력을 증대시키며 보존성을 향상시킨다.

② **프로테아제**(protease) : 단백질 분해 효소로 반죽의 신장성 및 기계적 내성을 향상시키고 완제품의 가공과 조직을 개선할 뿐만 아니라 혼합시간을 단축시킨다.

제과·제빵 재료 일반

1. 밀가루 및 가루 제품

1) 밀가루

(1) 기능

밀은 크게 배유(83%), 껍질(14%), 배아(2~3%)의 세 부분으로 구성되어 있으며 이를 제분해 밀가루를 얻는다. 밀가루는 빵, 쿠키, 비스킷, 크래커 등의 주재료로서 반죽에 미치는 영향이 큰 재료 중 하나이다.

(2) 종류

① **고급 케이크용** : 박력분

- 연질소맥으로 제분
- 단백질 : 7~9%
- 회분 : 0.4% 이하
- 염소 표백은 백색으로 pH 5.2 근처

② **쿠키, 케이크, 도넛용** : 중력분 또는 박력분

③ **파이용** : 강력분 또는 중력분

2) 가루 제품

(1) 호밀가루

주로 독일, 폴란드, 북유럽 등에서 재배하며 호밀빵의 주원료로 사용한다. 호밀은 비타민 B_1이 풍부하며 당질 70%, 단백질 11%, 섬유소 1%가 함유되어 있어 영양가가 우수하고, 펜토산의 함량이 높아 반죽을 끈적거리게 하고 글루텐 형성을 방해한다.

(2) 옥수숫가루

글루텐을 형성하는 능력이 좋지 못해 주로 밀가루와 섞어 사용하며, 익힌 옥수숫가루나 찰옥수숫가루는 반죽 내상이 엉키므로 과자, 빵 제품에 적합하지 않다.

(3) 감자 가루

향료제, 노화지연제, 이스트의 성장을 촉진시키는 영양제로 사용된다.

(4) 면실분

단백질이 높은 생물가를 가지고 있으며, 광물질과 비타민이 풍부해 영양 강화 재료로 사용된다. 밀가루 대비 5% 이하로 사용해야 한다.

(5) 대두분

밀가루에 부족한 필수 아미노산인 라이신의 함량이 높아 밀가루 영양소의 보강을 위해 사용된다. 밀 단백질에 비해 신장성이 결여되어 있어 대두 단백질의 첨가량이 많게 되면 글루텐과 전분을 약하게 한다.

(6) 보릿가루

주 단백질인 호르데인은 글루텐 형성 능력이 떨어지므로 같은 부피의 빵을 만들기 위해서 분할 무게를 증가시켜야 한다. 특유의 구수한 맛과 건강식으로 빵류에 주로 사용된다.

2. 감미제

1) 기능

① **감미** : 단맛을 낸다.

② **껍질 색** : 캐러멜 반응과 메일라드 반응을 통해 껍질 색을 진하게 한다.

③ **수분 보유력** : 노화를 지연시키고 신선도를 오래 유지해 보존기간을 늘린다.

④ **천연향** : 꿀, 당밀, 단풍당 등 감미제의 종류에 따라 독특한 향을 낸다.

⑤ **단백질 연화 작용** : 밀가루 단백질을 부드럽게 해 제품의 조직 및 기공 속을 연하게 한다.

2) 종류

① **설탕(자당, sucrose)** : 사탕수수 또는 사탕무의 즙액으로 만든 2당류이다.

② **포도당(dextrose)** : 전분을 가수분해하여 만든 단당류로 감미도는 75이다.

③ **유당(젖당, lactose)** : 우유 중의 당이며, 2당류로 설탕에 비해 감미도와 용해도가 낮고 유산균에 의해 유산이 생성된다.

④ **물엿(corn syrup)** : 전분의 분해산물인 덱스트린, 맥아당, 포도당 등이 물과 혼합되어 있는 제품으로 점성 및 보습성이 뛰어나 제품의 조직을 부드럽게 하는 목적으로 사용된다.

⑤ **맥아시럽(malt syrup)** : 주로 보리를 발아시켜 만든 시럽으로 제품 내부의 수분 함량을 증가시키고 향을 부가하기 위해 사용된다.

⑥ **전화당 시럽** : 설탕을 가수분해하여 만든 포도당과 과당이 50%씩 함유된 시럽으로 설탕에 비해 감미도가 높고 수분 보유력이 좋아 보습이 필요한 제품에 사용된다.

⑦ **과당** : 포도당을 이성화시켜 분리한 단당류이다.

3. 유지 및 유지 제품

1) 기능

① **크림성** : 유지가 믹싱 중 공기를 포집하여 크림이 되는 성질을 말한다.

② **쇼트닝성** : 빵, 과자 등의 제품을 부드럽게 하는 성질을 말한다.

③ **안정성** : 지방의 산화와 산패를 억제하는 성질로, 쿠키와 같이 저장성이 긴 제품에 사용할 때 중요한 특성이다.

④ **신장성** : 파이나 페이스트리 제조 시 반죽을 밀어 늘어나는 성질을 말한다.

⑤ **가소성** : 파이나 페이스트리 제조 시 유지가 고체 형태를 유지하는 성질을 말한다.

2) 종류

① **버터** : 우유지방이 80% 이상인 가소성 제품으로 유중수적형이다.

② **마가린** : 지방이 80% 이상인 가소성 제품으로 식물성 유지를 경화시켜 만든 유중수적형이며, 버터 대용품으로 개발되었다.

③ **쇼트닝** : 지방이 100%인 가소성 제품으로 라드의 대용품으로 사용되며, 유지에 수소를 첨가해 만든 경화유이다.

④ **튀김 기름** : 실온에서 액체 상태인 제품으로 식용유나 팜유를 주로 사용한다.

⑤ **변형된 유지 제품**

- 유화 쇼트닝 : 쇼트닝 + 쇼트닝 무게의 6~8% 유화제
- 파이용 마가린 : 가소성 범위가 넓어 퍼프나 데니시 페이스트리에 적당한 마가린
- 샐러드유 : 동화(winterizing) 과정을 거친 식용유

4. 우유 및 유제품

1) 기능

① **제품의 구성재료** : 우유 단백질이 변성

② **껍질 색** : 유당에 의해 캐러멜화가 일어나 껍질 색을 좋게 한다.

③ **향** : 이스트에 의해 생성된 향을 착향시켜 풍미를 좋게 한다.

④ **수분 보유제** : 보수력이 있어 촉촉함을 지속시킨다.

⑤ **감미 및 영양 강화**

⑥ **완충제** : 글루텐을 강화시켜 반죽의 내구성을 높이고 오버 믹싱의 위험을 감소시키는 역할을 한다(※ 제빵에 있어서는 완충제 역할).

2) 종류

① **시유** : 마시기 위해 살균, 균질화시킨 액상 우유로 수분은 88% 전후이다.

② **탈지우유** : 우유에서 지방(버터 제조용)을 제거한 것이다.

③ **농축우유(연유)** : 우유의 수분을 증발시켜 고형질 함량을 높인 우유(가당과 무가당)로 수분을 27%까지 낮춘 제품이다.

④ **크림** : 우유의 유지방을 분리한 후 농축해서 만든 크림이다.

⑤ **전지분유** : 우유를 건조시켜 분말로 만든 것이다.

⑥ **탈지분유** : 우유에서 지방을 제거한(탈지우유) 후 수분을 건조시킨 것으로 완충제 역할을 한다.

⑦ **발효유** : 젖산균으로 발효시켜 만든 제품으로 요구르트가 대표적이다.

5. 달걀 및 달걀 제품

1) 기능

① **구조 형성** : 달걀 단백질이 밀가루 단백질을 보완하는 역할을 한다.

② **수분 공급** : 전란은 수분이 75%를 차지한다.

③ **결합제** : 전분의 1/4 정도의 능력이 있으며, 대표적인 예로는 커스터드 크림이 있다.

④ **기포제** : 흰자의 단백질에 의해 일어나는 성질로 믹싱 중 공기를 혼입해 굽기 중 팽창시키며 대표적인 예로는 스펀지 케이크, 머랭 등이 있다.

⑤ **유화제** : 달걀노른자의 레시틴이 유화제로 작용하며, 대표적인 식품으로는 마요네즈, 아이스크림, 버터 케이크 등이 있다.

2) 종류

① **물리적 상태**

- 생달걀
- 냉동 달걀
- 분말 달걀(전란 분말, 노른자 분말, 흰자 분말)

② **부위별 구성**

- 전란 : 수분 75%, 고형질 25%

- 노른자 : 수분 50%, 고형질 50%
- 흰자 : 수분 88%, 고형질 12%
- 강화란 : 전란 + 노른자

6. 팽창제

1) 기능

제품의 퍼짐 정도나 크기를 조절하고 적당한 부피를 만들어 내며 부드러운 속을 얻기 위해 사용한다.

2) 종류

① **천연 팽창제** : 이스트가 대표적이며 주로 빵에 사용되고 가스 발생이 많다. 부피 팽창, 연화작용 및 향을 개선하기 위해 사용된다.

② **화학적 팽창제** : 베이킹파우더, 탄산수소나트륨, 암모늄 계열의 팽창제 등이 있으며 사용하기에 간편하나 팽창력이 약하고 뒷맛이 좋지 않은 단점이 있다.

7. 물

1) 기능

① 제품의 식감을 조절한다.

② 반죽의 농도를 조절한다.

③ 밀 단백질은 물을 흡수해 글루텐을 형성한다.

④ 증기압을 형성하여 팽창에 도움을 준다.

2) 종류

① **산도에 따라** : 산성, 중성, 알칼리성

② **경도에 따라** : 연수, 아경수, 경수

8. 초콜릿

① **카카오 매스**(cacao mass) : 비터 초콜릿이라고도 하며, 카카오 원두를 잘게 부순 것으로 특유의 쓴맛이 살아 있다.

② **코코아**(cocoa) : 초콜릿의 원료인 카카오 페이스트를 압착한 후 카카오 기름을 제거하고 분쇄한 것이다.

③ **카카오 버터**(cacao butter) : 카카오 매스에서 분리한 지방으로 초콜릿의 풍미를 결정하는 가장 중요한 원료이다.

9. 주류

1) 기능

풍미 증가, 살균, 미생물 증식 억제 등의 효과가 있다.

2) 종류

① **발효주** : 포도주, 맥주, 청주

② **증류주** : 위스키(whisky), 브랜디(brandy), 럼(rum)

③ **혼성주** : 쿠앵트로(cointreau), 커피 리큐르(coffee liqueur), 마라스키노(체리술, maraschino)

10. 향료 및 향신료

1) 기능

① 맛과 향미를 풍부하게 개선하기 위해 소량 첨가하여 사용한다.

② 독특한 향을 줌으로써 제품을 차별화시키고 보존성을 높인다.

2) 종류

① 향료는 제조 방법에 따라 천연 향료, 합성 향료, 조합 향료로 나뉜다.

② 향신료에는 바닐라, 계피, 너트메그, 정향, 올스파이스, 카다몬, 박하, 오레가노, 생강 등이 있다.

CHAPTER 2

제과 이론

제과 제품의 분류

과자를 분류하는 여러 기준 중 가장 많이 사용되는 분류 기준에는 팽창 형태, 가공 형태, 반죽 특성 등이 있다.

1. 팽창 형태에 따른 분류

과자 제품을 분류하는 가장 일반적인 방법이다.

1) 화학 팽창(chemically leavened)에 의한 것

(1) 제조 방법

베이킹파우더, 소다(중조, 탄산수소나트륨), 이스파타(암모늄 계열의 팽창제) 등과 같은 화학 팽창제를 사용하여 화학적으로 반죽을 팽창시킨 제품이다.

(2) 제품

레이어 케이크, 파운드 케이크, 케이크 도넛, 케이크 머핀, 반죽형 쿠키, 반죽형 케이크, 과일 케이크, 와플, 비스킷, 팬 케이크 등이 있다(반죽형 제품).

2) 물리 팽창(air leavened)에 의한 것

(1) 제조 방법

믹싱 중의 공기 포집에 의한 팽창, 즉 달걀의 신장성과 블렌딩 공집성을 이용하여 반죽 속에 공기를 형성시켜 오븐에서 열을 가해 팽창시킨 제품이다.

(2) 제품

스펀지 케이크, 엔젤 푸드 케이크, 시퐁 케이크, 롤 케이크, 오믈렛, 카스텔라, 거품형 케이크, 거품형 쿠키, 머랭 등이 있다(거품형 제품).

3) 유지에 의한 것

(1) 제조 방법

밀가루 반죽에 유지를 접어 넣거나 잘게 잘라 뭉쳐서 얇은 유지층을 형성시켜, 굽는 동안 유지층 사이에서 유지가 녹아 발생하는 증기압에 의해 들뜨게 해 팽창시킨 제품이다.

(2) 제품

퍼프 페이스트리, 파이 등이 있다.

4) 복합형 팽창(combination leavened)에 의한 것

(1) 제조 방법

두 가지 이상의 기본 팽창 형태를 적절히 병용한 제품으로 '이스트 팽창 + 물리 팽창', '이스트 팽창 + 화학 팽창', '화학 팽창 + 물리 팽창', '베이킹파우더 + 이스트 팽창' 등으로 부피와 속 결을 조절한다.

(2) 제품

반죽형 케이크, 반죽형 쿠키 등이 있다.

5) 무팽창(not leavened)에 의한 것

(1) 제조 방법

반죽 자체에 아무런 팽창 작용을 주지 않고, 반죽 과정 시 들어간 물의 수증기압의 영향을 받아 조금 팽창시킨 제품이다.

(2) 제품

파이, 쇼트 페이스트(타르트의 껍질 반죽), 쿠키(비스킷) 등이 있다.

생물학적 팽창(이스트 팽창, yeast leavened)

발효 공정 시 이스트를 사용하여 이산화탄소 가스가 반죽의 부피를 팽창시키도록 하여 만든 제품으로 커피 케이크, 롤 케이크, 데니시 페이스트리, 식빵류, 과자빵류, 프랑스빵류 등이 있다.

---

2. 가공 형태에 따른 분류

1) 케이크류

케이크는 밀가루, 달걀, 유지에 우유나 물을 넣고 화학 팽창제(베이킹파우더)에 의하여 부피를 형성시킨 제품이다.

① **양과자류** : 반죽형, 거품형, 시퐁형의 서구식 과자로 파운드 케이크, 롤 케이크 등이 있다.
② **생과자류** : 수분 함량이 높은(30% 이상) 일본식 과자로 화과자 등이 있다.
③ **건과자류** : 수분 함량이 낮은(5% 이하) 제품으로 비스킷, 쿠키, 크래커 등이 있다.
④ **냉과자류** : 한천, 젤라틴, 생크림 등을 사용하여 차게 식히거나 굳힌 상태에서 먹는 제품으로 젤리, 블라망제, 푸딩, 무스, 바바루아, 샤베트, 아이스크림 등이 있다.
⑤ **페이스트리류** : 밀가루에 유지를 넣어 혼합하거나 밀가루 반죽에 유지를 감싸 넣은 후 형태를 만들어 구운 제품으로 타르트, 퍼프 페이스트리, 파이 등이 있다.

2) 데커레이션 케이크

스펀지를 이용한 기본 케이크에 각종 장식을 하여 맛과 시각적 효과를 높인 제품으로, 먹을 수 있는 재료를 사용해야 한다.

3) 공예 과자

예술적 기교를 가미하여 미적 효과를 살린 제품으로, 먹을 수 없는 재료의 사용이 가능하다.

4) 초콜릿 과자

배합에 초콜릿을 이용한 정형 제품과 녹인 초콜릿을 제품에 샌드 또는 코팅한 제품이 있다.

5) 캔디

설탕을 주재료로 하여 만든 사탕류 제품으로, 설탕 과자 등이 있다.

3. 반죽 특성에 따른 분류

1) 반죽형 반죽(batter type)

제과에 기본적인 재료인 밀가루, 달걀, 우유에 상당량의 유지와 화학 팽창제를 사용하여 팽창시킨 제품이다. 머핀, 마데라 컵케이크, 레이어 케이크, 파운드 케이크, 과일 케이크, 마드레느, 바움쿠엔 등이 있다.

(1) 크림법(creaming method)

① 반죽형 반죽의 대표적인 방법으로 가장 기본적이고 안정적인 제법이다.

② 유지와 설탕을 섞어 가벼운 크림 상태로 만든 다음, 달걀과 우유 같은 액체 재료를 소량씩 넣고 부드러운 크림화 상태로 만든 후, 건조 재료(밀가루, 베이킹파우더 등)를 체에 쳐서 가볍게 섞는 방법이다.

③ 밀가루와 물을 가볍게 섞어 글루텐이 형성되지 않도록 해야 한다.

④ 스크래핑(볼 옆면을 긁는 것, scraping)을 자주 해야 한다.

⑤ 유지 함량이 많고, 부피를 우선으로 하는 부피가 큰 제품에 적합하다.

(2) 블렌딩법(blending method)

① 유지에 의해 밀가루가 피복되도록 유지와 밀가루를 섞은 다음(밀가루가 물에 닿기 전에 유지와 결합하여 글루텐 형성 방지), 건조 재료와 액체 재료 일부를 섞은 후, 나머지 액체 재료를 모두 넣고 골고루 섞는 방법이다.

② 플라워 배터법(flour batter method) 또는 플라워 쇼트닝법(flour shortening method)이라고도 한다.

③ 글루텐이 만들어지지 않으므로, 유연감을 우선으로 하는 제품에 적합하다.

(3) 1단계법(단단계법, single stage method)

① 모든 재료를 한꺼번에 넣고 반죽하는 방법으로, 크림화와 거품 올리기 중 공기 혼입이 적어질 우려가 있으므로 유화제와 화학 팽창제가 필요하다.

② 대량 생산에 많이 사용되며 기계 성능이 좋은 경우에도 많이 이용되고(에어 믹서 등), 노동력과 시간이 절약된다.

(4) 설탕 및 물 첨가법(sugar & water method)

① 설탕과 물을 2 : 1 비율로 섞어 액당을 만들어 넣는 방법으로, 계량이 편리하고 질 좋은 제품을 생산할 수 있다.

② 액당 사용으로 공기 혼입이 양호하고 껍질 색이 균일하며, 속결이 부드럽고 일정한 규격의 제품을 얻을 수 있으며, 설탕 입자가 없으므로 반죽 도중 긁어낼 필요가 없다.

③ 대규모 생산 회사에서 많이 이용하지만 저장탱크, 이송 파이프, 계량장치 등 최초 시설비가 높은 단점이 있다.

(5) 연속법(continuous mixing method)

① 대규모 생산 시스템이며, 믹서－반죽탱크－균질기－반죽분할기 등으로 연속 생산하는 방법이다.

② 많은 양의 반죽을 한꺼번에 계속적으로 제조할 수 있으며, 대량 생산 공장에서 주로 이용한다.

2) 거품형 반죽(foam type)

달걀의 블렌딩성(달걀 단백질의 신장성) 및 유화성과 열에 대한 응고성(달걀 단백질의 변성)을 이용하여 팽창시킨 제품으로, 원칙적으로 유지를 함유하지 않는다. 달걀흰자와 설탕을 믹싱하여 만드는 머랭과 전란을 믹싱해 다른 재료와 섞는 스펀지 반죽의 두 가지 종류가 있으며, 달걀흰자가 최종 부피를 이루는 역할을 한다. 달걀이 밀가루보다 많이 사용되며 저율 배합에서는 팽창제를 소량 사용하는데, 달걀 사용량이 많아 다소 완제품의 질감이 질기며 반죽의 비중이 낮고 식감은 가볍다. 스펀지 케이크, 엔젤 푸드 케이크, 카스텔라, 롤 케이크, 머랭, 마카롱, 다쿠와즈 등이 있다.

(1) 공립법(sponge or foam method)

① 전란을 섞은 다음 설탕을 함께 넣어 거품 낸 후 가루 재료를 섞는 방법으로, 차가운 믹싱 방법과 더운 믹싱 방법이 있다.

- 차가운 믹싱 방법(cold mixing method) : 중탕하지 않고 달걀과 설탕을 아이보리색이 날 때까지 거품 내는 방법으로, 화학 팽창제를 사용한다.
- 더운 믹싱 방법(hot mixing method) : 달걀과 설탕을 중탕하여 37~43℃까지 데운 다음 고속으로 거품 낸 후 체에 친 가루 재료를 거품이 죽지 않도록 가볍게 섞는 방법이다. '가온믹싱법'이라고도 하며 설탕 용해도가 좋아 기포성과 껍질 색이 양호하다.

② 달걀 단백질의 공기 포집과 변성을 이용하는 방법으로, 가장 보편적으로 사용한다.

(2) 별립법(two stage foam method)

① 스펀지의 변형된 방법으로, 달걀흰자와 노른자를 나누어서 각각에 설탕을 넣고 따로 거품을 낸 후 그 밖의 재료와 섞는 방법이다.

② 달걀을 분리할 때 흰자에 노른자가 절대 혼입되지 않도록 주의해야 한다.

③ 공립법에 비해 부피가 크고 부드러우며, 기포가 단단해서 짤주머니로 짜서 굽는 제품에 적합한 방법이다.

(3) 머랭법(maringue method)

① 기본 설탕과 흰자 비율은 1 : 2이며, 달걀흰자에 설탕을 넣고 중간 피크의 머랭을 만드는 방법이다.

② 종류에는 냉제 머랭, 온제 머랭, 이탈리안 머랭, 스위스 머랭 등이 있으며 동물, 꽃, 인형 등 여러 가지 모양을 만들거나 샌드용 크림으로 사용한다.

(4) 제누아즈법(genoise method)

① 스펀지 케이크 반죽에 유지(20~30%)를 녹여서 넣어 만드는 방법으로, 이탈리아의 제노아라는 지명에서 유래되었다.

② 달걀의 풍미에 버터가 더해져 감칠맛이 난다.

(5) 1단계법(단단계법, single stage method)

① 모든 재료를 한번에 넣고 유화제를 사용하여 거품을 내는 방법으로 올인법(all in method)이라고도 한다.

② 기계 성능이 좋아야 한다.

3) 시퐁형 반죽(chiffon type)

달걀의 흰자와 노른자를 분리하여 별립법과는 달리 제조한다. 달걀노른자와 흰자를 분리시켜 흰자로는 머랭을 만들고 노른자는 공기를 포집하지 않고(거품을 내지 않고) 섞어서 화학 팽창제를 사용하여 팽창시킨 제품이다. 기공과 조직은 거품형 반죽에 가깝게 되고, 화학 팽창제와 식용유의 사용으로 팽창이 크고 탄력이 있으며, 비단같이 부드러운 식감의 제품이다. 시퐁 케이크, 시퐁 파이 등이 있다.

***** 시퐁형 반죽의 제조 방법**

❶ 달걀노른자와 식용유를 섞은 다음, 체에 친 밀가루 등의 가루 재료를 혼합한다.
❷ 물을 조금씩 넣으면서 매끄러운 상태로 만든다.
❸ 따로 달걀흰자에 설탕을 조금씩 넣으면서 머랭을 만든 뒤에 ❷의 반죽과 섞는다.

제과 제법의 기본 공정

***** 제과의 기본 제조 공정**

❶ 반죽법 결정 제품의 성격에 맞는 반죽 방법 결정
❷ 배합표 작성 과자 반죽은 고형물질과 수분의 균형으로 배합 결정
❸ 재료 계량 미리 작성한 배합표에 따라 재료의 무게를 정확히 계량
❹ 반죽 만들기 적정 온도, 비중, pH를 고려하여 반죽
❺ 정형 및 팬닝 과자의 모양을 만듦
❻ 굽기 또는 튀기기 과자의 제조 성격에 따라 굽거나 튀기기
❼ 마무리 제품의 맛과 시각적 맛 고려
❽ 포장 유통과정에서 제품의 가치 및 상태 보호

---

1. 반죽법 결정

만들고자 하는 제품의 특성을 미리 알고 생산할 제품의 수량, 기계 설비, 노동력, 판매 형태, 소비자의 기호 등 제반 여건에 따라 적절한 반죽법을 결정한다.

2. 배합표 작성

완제품의 특성을 고려하여 재료의 양적 및 질적 균형을 맞추는 일로, 반죽에 따라 가장 이상적인 제품이 나올 수 있는 배합표를 작성한다. 배합률과 밀가루 사용량을 알면 나머지 재료의 무게를 알 수 있다.

1) 배합표

재료의 구성과 그에 따른 재료의 비율이나 무게를 숫자로 표시한 것으로 '레시피(recipe)'라고도 하며, 반죽의 구조력과 수분의 균형을 잘 맞춰야 한다.

(1) 베이커스 퍼센트(baker's percent)

밀가루의 양을 100%로 환산하여 기준으로 삼고, 나머지 각 재료가 차지하는 양을 %로 나타낸 것이다.

(2) 트루 퍼센트(true percent)

배합표에 작성되어 있는 모든 재료의 합을 100%로 나타낸 것이다.

2) 배합량 계산법

① 각 재료의 무게(g) = 밀가루 무게(g) × 각 재료의 비율(%)

② 밀가루 무게(g) = 밀가루 비율(%) − 총 반죽 무게(g)/총 배합률(%)

③ 총 반죽 무게(g) = 총 배합률(%) − 밀가루 무게(g)/밀가루 비율(%)

3) 고율 배합 및 저율 배합

(1) 고율 배합(high ratio)

① 유지와 물을 유화시켜 주는 유화제를 사용하거나 전분의 호화 온도를 낮추어 굽기 과정 중에 오븐 안에서 안정을 빠르게 하여 수축과 손실을 감소시키는 염소 표백 밀가루를 사용한다.

② 저온에서 장시간 굽는 방법으로 오버베이킹(over baking)을 선택한다.

③ 밀가루보다 설탕의 사용량이 많고, 수분이 설탕 양보다 많은 배합이다.

④ 많은 설탕을 녹일만한 양의 물을 사용하여 수분이 제품에 많이 남게 되므로 촉촉한 상태를 오랫동안 유지시키는 보습 효과가 높아 신선도와 부드러움을 지속시킬 수 있다.

⑤ 저장성이 길다.

(2) 저율 배합(low ratio)

① 밀가루보다 설탕의 사용량이 적거나 동일하며, 수분이 밀가루 양보다 적은 배합이다.

② 고온에서 단시간 굽는 방법으로 언더베이킹(under baking)을 선택한다.

*** 고율 배합과 저율 배합의 비교

비교 항목	고율 배합	저율 배합
반죽 속 공기 혼입 정도	많음	적음
반죽의 비중	낮음	높음
화학 팽창제 사용량	줄임	늘림
굽기 온도	저온 장시간	고온 단시간

(3) 배합에 따른 조절 공식 비교

고율 배합	저율 배합
설탕 > 밀가루	설탕 ≤ 밀가루
전체 액체(달걀 + 우유) > 밀가루	전체 액체(달걀 + 우유) ≤ 밀가루
전체 액체 > 설탕	전체 액체 = 설탕
달걀 ≥ 유지	달걀 ≥ 유지

3. 재료 계량

미리 작성한 배합표에 따라 재료의 무게를 정확히, 빠짐없이, 신속히, 깨끗이 계량해야 하며 정리 정돈을 잘 해야 한다.

4. 반죽 만들기

1) 반죽 온도 조절

반죽 온도는 23~24℃가 적당하며, 제품 특성에 맞게 사용하는 물의 온도로 맞춘다.

(1) 반죽 온도가 제품에 미치는 영향

① 높은 반죽 온도(27℃ 이상)

- 반죽 내 공기가 온도가 높은 유지에 의해 용해되어 기공이 열리고 커지며 조직이 거칠어지고 노화가 가속되기 쉽다.
- 베이킹파우더는 높은 온도에서 가스가 빨리 발생해 반죽 밖으로 빠져나가기 때문에 조직의 질감이 부드럽다.

② 낮은 반죽 온도(18℃ 이하)

- 유지의 일부가 굳어 반죽이 공기를 포함하기 어렵기 때문에 비중이 높아지며, 기공이 서로 밀착되어 조직이 조밀하고 부피가 작아지며 식감이 나빠진다.
- 반죽 온도가 낮으면 같은 증기압(vapor pressure)을 발달시키는 데 더 많은 굽기 시간을 요구하게 되는데, 일정한 온도에서 구울 때 위 껍질이 먼저 형성되고 증기압에 의한 팽창작용이 격렬해지면 표면이 터지고 흉하게 되므로 반죽 온도를 적절하게 조절해 주어야 한다.

(2) 반죽 온도 계산법

① 마찰 계수 = (결과 반죽 온도 × 6) − (실내 온도 + 밀가루 온도 + 설탕 온도 + 유지 온도 + 달걀 온도 + 수돗물 온도)

- 마찰 계수(friction factor)는 반죽을 하는 동안 마찰에 의해 상승하는 온도이다.
- 결과 반죽 온도는 마찰 계수를 고려하지 않은 상태에서의 반죽 혼합 후 온도를 나타낸다.
- 숫자 6은 마찰 계수에 영향을 미치는 요소들, 즉 실내 온도, 밀가루 온도, 설탕 온도, 유지 온도, 달걀 온도, 수돗물 온도를 나타낸다.

② 사용할 물 온도 = (희망 반죽 온도 × 6) − (밀가루 온도 + 달걀 온도 + 설탕 온도 + 유지 온도 + 실내 온도 + 마찰 계수)

- 희망하는 반죽 온도를 맞추기 위함이다.

③ 얼음 사용량(g) = [물 사용량 × (수돗물 온도 − 사용할 물 온도)]/(80 + 수돗물 온도)

- 계산한 사용수 온도가 수돗물 온도보다 높을 때는 데워서 사용해야 하지만, 낮을 경우에는 사용수에 적정량의 얼음을 넣는다.
- 숫자 80은 섭씨일 때 물 1g이 얼음 1g으로 되는 데 필요한 열량 계수이다.

(3) 각 제품의 적정 온도

① **반죽형 케이크** : 20~24℃(유지의 적정 품온 : 18~25℃)

② **거품형 케이크** : 23~24℃

2) 반죽 pH 조절

(1) pH의 정의

① 용액의 수소 이온 농도를 나타내며 범위는 pH 1~14로 표시한다.

② pH 7인 중성을 기점으로 하여 수치가 작아지면 산성, 수치가 커지면 알칼리성을 의미한다.

③ pH 1의 차이는 수소 이온 농도의 10배 차이로, 계산할 때 pH의 수치가 1 상승할 때마다 10배를 희석해야 한다.

(2) 반죽 pH가 제품에 미치는 영향

① **산성**

- 제품에 따라 알맞은 산도가 있으나, 적정 산도를 넘어서 산성에 가까우면 기공이 너무 곱고 껍질 색이 연하며, 연한 향과 톡 쏘는 신맛이 난다.

- 제품의 부피가 작아 빈약하다.

② **알칼리성**

- 적정 pH 범위를 벗어나 알칼리성에 가까우면 기공이 거칠고 전체적으로 껍질 색과 속 색이 어두우며 강한 향과 소다맛 또는 비누맛이 난다.
- 정상 제품보다 부피가 크다.

(3) 반죽의 pH 조절법

① pH는 초콜릿과 코코아 케이크 반죽에서 향과 색에 중요한 영향을 준다.

② pH를 낮추고자 할 때는 산성인 주석산, 사과산, 구연산 등을 사용한다.

③ pH를 높이고자 할 때는 알칼리성인 중조 등을 사용한다.

④ 향 및 색을 연하게 할 때는 산성으로 조절한다.

⑤ 향 및 색을 진하게 할 때는 알칼리성으로 조절한다.

*** **재료별 pH**

❶ 박력분 pH 5~6
❷ 달걀흰자 pH 8.8~9
❸ 베이킹파우더 pH 6.5~7.5
❹ 증류수 pH 7

---

(4) 각 제품의 적정 pH

① **파운드 케이크** : pH 6.6~7.1

② **레이어 케이크** : 옐로 레이어 케이크 pH 7.2~7.6, 화이트 레이어 케이크 pH 7.4~7.8

③ **스펀지 케이크** : pH 7.3~7.6

④ **엔젤 푸드 케이크** : pH 5.2~6

⑤ **데블스 푸드 케이크** : pH 8.5~9.2

⑥ **초콜릿 케이크** : pH 7.8~8.8

⑦ **기타** : 유지를 많이 함유한 케이크의 유상액(emulsion)은 대개 산성에서 안정하고 pH 5.2~

5.8에서는 유지와 물의 분리가 일어나지 않지만 pH 6.7~8.3 범위에서는 유상액이 파괴되기 시작한다. 쇼트닝 대신 버터를 사용하여 케이크나 크림을 만드는 경우에도 pH 4.8에서 가장 안정적이다. 과일 케이크는 산성에서 과일의 분산이 균일하게 일어난다.

3) 반죽 비중(specific gravity)

(1) 비중의 정의

① 부피가 같은 물의 무게에 대한 반죽의 무게를 나타낸 수치로, 반죽 내 공기 함유량을 알아보기 위한 방법이다.

② 비중 = (반죽 무게 − 컵 무게)/(물 무게 − 컵 무게)

※ 컵 무게를 빼고 순수한 반죽 무게와 물 무게만 계산함

---

③ 수치가 낮은 것은 비중이 낮다는 것을 나타내며 반죽에 많은 공기가 함유되어 있음을 의미한다. 수치가 높을수록 비중이 높다는 것을 나타내며 반죽에 공기가 적게 함유되어 있음을 의미한다.

(2) 반죽 비중이 제품에 미치는 영향

① 과자의 특성에 따라 적정한 비중은 다르지만 제품별로 일정한 비중을 맞추어 줄 필요가 있다. 같은 무게의 반죽을 구울 때 비중이 높으면 부피가 작아지고 비중이 낮으면 부피가 커지기 때문에 특히 포장용 제품인 경우에는 비중을 일정하게 하지 않으면 포장을 할 수 없게 되거나 부적당하게 된다.

② 제품의 외부적 특성인 부피에만 영향을 주는 것이 아니라 내부적 특성인 기공과 조직에도 결정적인 영향을 미친다.

- 낮은 반죽 비중 : 반죽이 가볍고 제품의 부피가 크다. 또한 내부 기공도 크고 조직이 거칠며, 힘이 약하여 주저앉는다.
- 높은 반죽 비중 : 반죽이 무겁고 제품의 부피가 작다. 또한 내부 기공이 작고 조밀하며 조직이 묵직하고, 식감이 부드럽지 못하다.

(3) 반죽 비중 측정법

비중은 보통 비중 컵을 사용하여 측정한다.

(4) 각 제품의 적정 비중

① **반죽형 케이크** : 0.8±0.05

② **거품형 케이크** : 0.5±0.05

5. 정형 및 팬닝

과자의 모양을 만드는 방법으로, 제품에 따른 형태나 크기 등 상품 가치를 고려하여 반죽의 특성에 맞게 일정한 형상을 임의적으로 만든다.

1) 정형

① **짜기** : 반죽을 짤주머니에 채워 모양깍지를 이용하여 일정한 크기와 모양으로 철판에 짜는 방법이다.

② **찍기** : 반죽을 알맞은 두께로 밀어 펴서 형틀을 이용하여 원하는 모양과 크기로 찍어 내는 방법으로, 두께가 얇으면 타기 쉬우므로 0.8~1cm의 두께가 적당하다.

③ **절단하기** : 반죽을 원형 또는 사각형으로 만든 후 냉동하여 절단하는 방법이다.

④ **접어 밀기** : 반죽을 밀어 유지를 얹어 감싼 뒤 밀어 펴고 접는 일을 되풀이하는 방법으로, 페이스트리류를 만들 때 사용한다.

2) 팬닝

일정한 모양을 갖춘 틀에 적정량의 반죽을 채워 넣고 구워서 형태를 만드는 방법으로, 적정량의 반죽을 분할하여 굽는 것이 중요하다. 틀 용적에 맞게 반죽 무게를 구하는 공식은 '반죽 = 틀 부피/비용적'으로, 비용적(반죽 1g당 굽는 데 필요한 팬의 부피)을 알고 팬의 부피를 계산한 후 팬닝을 해야 알맞은 제품을 얻을 수 있다.

(1) 틀 부피 계산법

① 옆면이 똑바른 원형틀(cm^3) = 바닥 넓이 × 높이

= 반지름(r) × 반지름(r) × 3.14 × 높이(h)

② 옆면이 경사진 원형틀(cm^3) = $[(r + r')/2] \times 2 \times 3.14 \times h$

= 평균 반지름 × 평균 반지름 × 3.14 × 높이

③ 옆면이 경사지고 중앙에 관이 있는 원형틀(cm^3) = 전체 둥근틀 부피 − 관이 차지한 부피

= 평균 가로 길이 × 평균 세로 길이 × 높이

- 바깥 팬의 용적(cm^3) : 안 치수로 측정 = 평균 반지름 × 평균 반지름 × 3.14 × 높이
- 안쪽 팬의 용적(cm^3) : 바깥 치수로 측정 = 평균 반지름 × 평균 반지름 × 3.14 × 높이
- 실제 용적(cm^3) : 바깥 틀의 용적 − 안쪽 틀의 용적

④ 옆면이 똑바른 사각틀(cm^3) = 가로 × 세로 × 높이

⑤ 옆면이 경사진 사각틀(cm^3) = 평균 가로 길이 × 평균 세로 길이 × 높이

- 평균 가로 길이(cm) = (가로 + 가로) ÷ 2
- 평균 세로 길이(cm) = (세로 + 세로) ÷ 2

(2) 각 제품의 비용적

① **파운드 케이크** : 2.4cm^3/g

② **레이어 케이크** : 2.96cm^3/g

③ **스펀지 케이크** : 5.08cm^3/g

④ **엔젤 푸드 케이크** : 4.71cm^3/g

(3) 각 제품의 적정 틀 높이

① 제품의 반죽 양 = 용적 ÷ 비용적

② **틀의 양을 계산하지 않을 경우**

- 거품형 반죽 : 50~60%
- 반죽형 반죽 : 70~80%
- 푸딩 : 95%

6. 굽기, 튀기기, 찌기

1) 굽기

고율 배합의 반죽일수록, 많은 양의 반죽일수록 낮은 온도에서 오랫동안 구워야 하며, 저율 배합의 반죽일수록, 소량 반죽일수록 높은 온도에서 빨리 구워야 한다.

(1) 부적당한 굽기가 제품에 미치는 영향

① **오버 베이킹**(over baking) : 낮은 온도에서 오래 구우면 윗면이 평평하고 조직이 부드러우나 수분의 손실이 크다.

② **언더 베이킹**(under baking) : 온도가 높으면 중심 부분이 갈라지고 조직이 거칠며, 속은 설익어 주저앉기 쉽다.

(2) 굽기 손실률 측정법

굽기 손실률 = [(오븐에 넣기 전 무게 − 오븐에서 꺼낸 후 무게)/오븐에 넣기 전 무게] × 100

2) 튀기기

(1) 튀김 기름의 온도

튀김 기름의 표준 온도는 185~195℃(평균 180℃)로, 너무 낮으면 많이 부풀어 껍질이 거칠고 기름이 많이 흡수된다.

(2) 튀김 기름의 4대 적

온도(열), 수분(물), 공기(산소), 이물질로서 튀김 기름의 산화를 가속시켜 산패가 일어난다.

(3) 튀김 기름이 갖춰야 할 조건

산패취가 없어야 하고, 저장 중 안정성이 높아야 하며, 발연점이 높고, 가수분해가 잘 일어나지 않아야 한다.

*** 발연 현상

219℃ 이상 온도가 올라가면 푸른 연기가 나는 현상이다(발연점이 높은 튀김 기름을 사용해야 함).

*** 황화(회화) 현상

기름이 도넛 설탕을 녹이는 현상이다(튀김 온도가 낮아서 기름 흡수가 많아졌을 때).

*** 발한 현상

수분이 도넛 설탕을 녹이는 현상이다(튀김 온도가 높아서 수분이 많이 남아 있을 때). 발한 현상을 방지하기 위해 설탕 사용량을 늘리고 도넛을 40℃ 전으로 식혀 뿌려주며, 튀기는 시간을 늘려 수분을 줄이고 점착력이 좋은 기름으로 튀기며, 도넛의 수분 함량을 20~25%로 한다.

*** 도넛의 문제점과 원인

도넛에 기름이 많은 경우	도넛의 부피가 작은 경우
설탕, 유지, 팽창제의 사용량이 많음	반죽 온도가 낮음
지친 반죽이나 어린 반죽을 사용함	튀기는 시간이 짧음
튀김 온도가 낮음	성형 중량이 미달임
튀기는 시간이 길	강력분을 사용함
묽은 반죽을 사용함	반죽 후 튀김 시간 전까지 과도한 시간이 경과됨

3) 찌기

찜은 수증기로 인해 움직이면서 열이 전달되는 대류 현상으로, 찜을 할 때 찜기의 내부 온도는 100℃를 넘지 않는 97℃ 정도로 하며, 찌는 중탕 제품으로는 치즈 케이크, 푸딩 등이 있다.

7. 마무리

제품의 맛과 멋을 돋우고 윤기를 주며 보관 중 표면이 마르지 않도록 씌우는 장식물을 이용하며, 장식물의 종류로는 아이싱, 퐁당, 머랭, 글레이즈, 젤리, 스트로이젤, 크림류 등이 있다.

1) 아이싱(icing)

(1) 정의

물, 설탕, 유지, 식용 색소를 이용하여 표면을 덮거나 피복하여 모양을 내는 장식이다.

(2) 형태에 따른 분류

① 단순 아이싱

- 분당, 물, 물엿, 향료, 식용 색소를 섞고(소량의 지방이 첨가되는 경우도 있음), 43℃로 중탕해 되직한 페이스트 상태의 반죽으로 만든 것이다.
- 작업 중 굳어진 아이싱은 43℃ 정도로 가온 중탕하거나 설탕 시럽을 넣어 연하게 한다(물 첨가는 부적당함).
- 단순 아이싱에 코코아 또는 초콜릿을 첨가하여 사용하기도 한다.
- 쓰고 남은 아이싱은 표면에 물을 뿌려 굳지 않도록 보관한다.

② 크림 아이싱

- 유지, 분당, 분유, 달걀, 물, 소금, 향료, 안정제 등의 재료를 전부 또는 일부를 사용해서 만드는 것으로 배합이 다양하며 장식용, 충전용, 토핑용으로 사용한다.
- 유지에 설탕과 달걀을 넣는 크림법과 시럽(114~118℃)을 가미한 달걀흰자를 거품 내어 유지와 섞는 방법이 있다.
- 마시멜로 아이싱 : 달걀흰자를 거품 내면서 113~114℃로 끓인 설탕 시럽을 투입하여 만든다.
- 퍼지 아이싱 : 설탕, 버터, 초콜릿, 우유를 주재료로 크림화시켜 만든다.

③ 조합형 아이싱

- 단순 아이싱과 크림 아이싱을 함께 섞어 만드는 것이다.
- 달걀흰자와 퐁당을 43℃로 가온하여 단단한 거품을 올리고 유지와 분당을 섞어가며 가벼운 크림을 만든다.
- 아이싱에 초콜릿을 첨가할 때는 초콜릿이 용액 상태가 되어야 전체에 골고루 섞인다.

(3) 아이싱의 끈적거림 방지법

① **수분** : 아이싱에 최소의 액체를 사용한다. 수분이 마르기 전에는 끈적거리고, 수분이 많을수록 잘 마르지 않는다.

② **시럽** : 설탕에 물을 넣고 끓여 식힌 시럽을 소량 첨가한다.

③ **가열** : 35~43℃로 가온하여 되기를 조절하여 사용한다.

④ **안정제** : 젤라틴, 식물성 검, 한천 등을 사용한다.

⑤ **흡수제** : 전분이나 밀가루와 같은 흡수제를 사용한다.

(4) 아이싱 보관법 및 재사용법

① 신선한 곳에 뚜껑을 덮어 둔다.

② 바로 사용하지 않으면 시간이 흐를수록 부드러움이 없어지므로 35~43℃로 중탕하여 매끈해질 때까지 믹서로 풀어 윤기를 되살린다.

③ 사용하고 남은 아이싱은 초콜릿을 더해 사용한다.

2) 퐁당(fondant)

설탕에 물을 넣고 끓인 뒤 고운 입자로 결정화시켜 만든 것으로, 설탕 100에 대하여 물 30을 넣고 114~118℃로 끓인 다음 냉각시켜 교반하여(고온에서 교반하는 경우 조직이 거칠어질 수 있으므로 주의) 다시 유백색 상태로 재결정화시킨 것으로 38~44℃로 식혀서 사용한다. 끓이는 과정 중 용기 내벽에 튀어 붙는 시럽을 물로 씻어준다(결정 입자 생성 방지). 수분 보유력을 높이기 위해 물엿, 전화당 시럽을 첨가한다.

3) 머랭(meringue)

달걀흰자를 거품 내어 만든 것으로, 강한 불에 구워 착색하는 제품을 만드는 데 알맞다.

(1) 냉제 머랭

제과에서 가장 기본이 되는 머랭으로, 달걀흰자와 설탕 비율을 1 : 2로 하여 18~24℃의 실온에서 거품을 올리며, 거품 안정을 위해 소금 0.3%와 주석산 0.5%를 넣기도 한다.

(2) 온제 머랭

달걀흰자와 설탕 비율을 1 : 2로 섞어 43℃로 데운 후 거품을 내다 안정되면 분당(20%)을 넣어 만든 것으로 공예 과자, 세공품 등을 만들 때 사용한다.

(3) 스위스 머랭

달걀흰자와 설탕의 비율을 1 : 1.8로 하여, 일부는 온제 머랭 방법(달걀흰자 1/3과 설탕 2/3를 43℃로 데우고 거품 내면서 레몬즙을 첨가함)으로 머랭을 만들고, 나머지는 일반 머랭 방법(달걀흰자 2/3와 설탕 1/3)으로 머랭을 만든 후 섞는다. 이 머랭을 구웠을 때는 표면에 광택이 난다.

(4) 이탈리안 머랭

달걀흰자를 거품 내면서 뜨겁게 끓인 시럽(설탕 100에 물 30을 넣고 114~118℃로 끓임)을 부어 만든 것으로, 부피가 크고 결이 거칠다. 달걀흰자의 일부가 열에 응고하여 기포가 매우 안정되며 강한 불에 구워 착색하는 제품, 무스나 크림 등 굽지 않는 제품을 만들 때 사용한다.

4) 커스터드 크림(custard cream)

달걀, 설탕, 전분 등을 섞은 크림에 80℃로 끓인 우유를 넣고 풀 같은 호화 상태로 만든 것으로, 달걀이 주 농후제인 크림이다.

5) 디플로메이트 크림(diplomate cream)

우유 1L로 만든 커스터드 크림에 무가당 생크림 1L로 거품을 낸 휘핑 크림을 혼합해 만든 것이다.

6) 가나슈 크림(ganache cream)

일반적으로 초콜릿과 우유나 생크림을 1 : 1로 끓여 부드러운 가나슈로 만든 것이다.

7) 버터 크림(butter cream)

① 유지를 크림화시킨 후 설탕, 분당, 퐁당, 시럽, 우유 등을 넣어 만든 것으로 수백 종의 다양한 크림이 있다.

- 단순 버터 크림 : 유지와 분당을 크림화하여 가볍고 부드럽게 만든 것이다.
- 머랭 타입 버터 크림 : 유지와 머랭으로 가볍게 만든 것이다.
- 프렌치 버터 크림 : 끓인 시럽에 달걀노른자를 혼합하여 가볍게 만든 것이다.
- 퐁당 타입 버터 크림 : 유지와 퐁당을 같은 양으로 혼합하여 만든 것이다.

② 유지의 유화성이 중요하다.

8) 휘핑 크림(whipping cream)

유지방이 40% 이상인 생크림, 설탕, 양주를 휘핑하여 만든 것으로, 4~6℃에서 거품을 내며 11~12℃ 이상의 온도에서 오버런되지 않도록 한다(낮은 온도에서의 오버런이 좋음). 생크림의 보관이나 작업 온도는 3~7℃가 적당하다.

*** **오버런(over run)**
어떤 물질에 공기를 포함시켰을 때 나타나는 양적 팽창을 수치화한 것으로, 오버런이 100%라는 것은 체적이 두 배로 증가된 것을 의미한다.

오버런(%) = [(휘핑 전 크림의 일정 용량의 무게 − 휘핑 후 크림의 일정 용량의 무게)/
휘핑 후 크림의 일정 용량의 무게] × 100

---

9) 글레이즈(glaze)

과자류 표면에 광택을 내거나 표면이 마르지 않도록 하기 위한 것으로 젤라틴, 젤리, 시럽, 초콜릿, 미로와 등이 있다.

8. 제품 평가 및 포장

1) 제품 평가 기준

(1) 외부적 특성

① **부피** : 비용적과 비교하여 모양이 알맞게 부풀어야 한다.

② **껍질 색** : 식욕을 돋우는 색상으로 부위별 색상이 균일하고 반점과 줄무늬가 없어야 한다.

③ **껍질의 특성** : 얇으면서 부드러운 껍질이 좋다.

④ **형태의 균형** : 움푹 들어가거나 찌그러진 곳 없이 좌우전후 대칭이 균형 잡혀야 한다.

(2) 내부적 특성

① **기공** : 기공막이 얇고 크기가 일정하며 고른 조직이 좋다.

② **속색** : 밝은 빛을 띠고 윤기가 있어야 한다.

③ **향** : 신선하고 달콤하며 고유의 향, 천연적인 향이 좋다.

④ **맛** : 제품마다 각기 다른 특성의 맛을 잘 살려야 한다.

2) 포장

(1) 포장의 정의 및 목적

제품의 유통 과정에서 제품의 가치 및 상태를 보호하기 위해 담는 것으로, 주요 목적은 유통 및 저장 과정에서 발생할 수 있는 변질 및 변색 등의 품질 변화를 방지하는 것이며, 상품의 수명을 연장하고 위생적 안전을 고려하는 데 있다. 이처럼 제품 내용의 품질 보호도 중요하지만 기호성이 강한 식품이므로 소비자의 구매 욕구를 충족시켜야 하는 기능도 중요하다.

(2) 포장 용기 선택 시 고려사항

① 취급이 용이해야 한다.

② 상품의 가치를 높여야 한다.

③ 유통기간 중 노화를 방지하여 제품의 수명을 연장해야 한다.

④ 방수성이 있고 통기성이 없어야 한다.

⑤ 단가가 낮고 포장에 의해 제품이 변형되지 않아야 한다.

⑥ 포장지에 유해 물질이 없어야 한다.

⑦ 포장 온도는 35~40℃가 적합하며, 수분 함량은 38%이어야 한다.

⑧ 공기의 자외선 투과율, 내약품성, 내산성, 내열성, 투명성, 신축성 등을 고려해야 한다.

제과 제품별 제법

1. 파운드 케이크

파운드 케이크(pound cake)는 밀가루, 설탕, 유지, 달걀을 각각 1파운드(453.592g)씩 같은 양으로 배합하여 만든 것으로 영국에서 유래되었다.

| 파운드 케이크 |

1) 기본 배합률

재료명	비율(%)
밀가루	100
설탕	100
유지	100
달걀	100
소금	1

2) 사용 재료의 특성

(1) 밀가루

① 부드러운 조직감을 만들고자 할 때는 박력분을, 과일 파운드와 같이 조직감을 강하게 할 때

는 중력분이나 박력분을 혼합해 사용한다.

② 보릿가루(볶은 것), 메옥수숫가루 등도 혼합 가능하다(찰옥수숫가루는 케이크 내상을 너무 차지게 하는 경향이 있어 부적당).

(2) 달걀

① 전란은 옐로 파운드 케이크를, 달걀흰자는 화이트 파운드 케이크를 만들 때 사용한다.

② 가급적 신선한 달걀을 사용하며, 냉동 달걀은 적정 온도로 해동 후 사용한다.

③ 파운드 케이크 제조 시 달걀은 거품 내는 과정에서 공기를 품는 능력이 있으므로 화학 팽창제 사용량을 반대로 줄여준다.

(3) 설탕

① 껍질 색을 발달시키고 감미를 주며 수분 보유력이 있어 제품의 신선함을 오래 유지시킨다.

② 설탕 이외에 포도당, 물엿, 액당, 꿀, 전화당, 이성화당도 사용 가능하다.

③ 과일 파운드에서는 설탕량을 감소시키는데, 이는 본연의 과일 맛을 회복시키기 위한 것이다.

(4) 유지

① 유화쇼트닝, 버터, 마가린을 단독 또는 혼합하여 사용하는데, 풍미를 강조하려면 버터를 사용하고 유화성을 살리려면 유화쇼트닝을 사용한다.

② 다량의 유지와 액체 재료의 혼합을 위해 크리밍성과 유화성이 좋은 유지를 사용해야 한다.

(5) 충전물

① **과실류** : 파인애플, 무화과, 체리, 블루베리, 오렌지 필, 레몬 필, 사과 절임 등

② **견과류** : 아몬드, 호두, 개암, 잣, 피칸, 코코넛, 밤 등

③ **건과류** : 건포도, 건대추, 건자두, 건살구 등

- 전처리의 목적 : 마른 과일에 수분을 공급하여 씹을 때의 조직감을 개선하고, 건조 과일에 본연의 과일 풍미가 되살아나도록 하며, 제품 내부와 건조 과일 간의 수분 이동을 최소화하여 부위별로 일어나는 노화를 방지하기 위해서이다.

- 전처리 방법 : 건조 과일 무게의 12%의 물로 27℃에서 4시간 동안 밀폐된 비닐 봉지에 담아 정치하거나, 시간이 없을 때는 건조 과일이 잠길 만한 물에 10분간 정치했다가 가볍게 배수한 후 사용한다.

***** 재료의 상호 관계**

❶ 설탕 사용량이 일정하면 전체 수분량(달걀 + 우유)도 일정하다.
❷ 유지 사용량을 늘리면 달걀은 유지와 같은 양 또는 유지의 1.1배만큼 증가시켜 사용한다.
❸ 달걀의 역할은 공기 포집이기 때문에 달걀의 사용량을 늘리면 베이킹파우더의 양은 줄인다.
❹ 유제품에 소금이 포함되어 있으므로 소금량을 늘릴 경우 이를 감안한다.

---

3) 제조 공정

(1) 믹싱

① 크림법, 블렌딩법, 1단계법, 설탕 및 물첨가법이 모두 이용될 수 있으며 주로 크림법을 사용하는데, 대량 생산으로 제조하는 경우에는 1단계법으로도 만든다.

② **크림법**

- 버터에 설탕과 소금을 넣고 믹싱하여 크림을 만든다.
- 달걀을 서서히 투입하면서 부드러운 크림을 만든다.
- 밀가루를 넣고 나머지 물을 첨가하여 균일한 반죽을 만든다(반죽 온도 20~24℃, 반죽 비중 0.75 ± 0.05).

(2) 팬닝

① 틀의 안쪽에 종이를 깔고 틀 높이의 70% 정도까지 채운다(반죽량은 1g당 2.4cm³의 비용적이 표준).

② 종이는 무독성 식품용을 사용한다.

(3) 굽기

① 분할량이 큰 제품은 170~180℃, 평철판 제품은 180~190℃ 온도에서 40~50분간 굽는다.

② 윗면을 자연스럽게 터트려 굽거나 터지지 않게 하려면 굽기 전에 증기를 분무해야 한다.

③ 오븐에서 껍질이 형성될 때 체리, 복숭아, 사과조림, 호두 등 장식물을 얹고 껍질이 두꺼워지는 것을 막기 위해 다른 팬을 덮고 굽는다(철판으로 뚜껑을 덮을 경우 높은 온도로, 뚜껑을 덮지 않을 경우 낮은 온도로 굽기).

④ 구운 후 뜨거울 때 터진 부분에 노른자(+설탕) 칠(또는 녹인 버터 칠)을 하여, 광택과 착색으로 시각적 효과를 내며, 껍질이 마르지 않게 하여 보존기간 및 맛을 개선할 수 있다.

*** 윗면이 터지는 이유

❶ 반죽에 수분이 불충분한 경우
❷ 반죽의 설탕이 용해되지 않고 남아 있는 경우
❸ 틀에 넣은 후 바로 굽지 않고 오븐에 들어갈 때까지 장시간 방치하여 껍질이 말라 있는 경우
❹ 오븐 온도가 높아 껍질 형성이 빠른 경우

---

4) 응용 제품

(1) 마블 파운드 케이크

초콜릿과 코코아를 첨가하여 코코아 반죽으로 만든 후 나머지 흰 반죽과 섞어 두 가지 색을 낸 대리석 무늬의 파운드 케이크이다.

(2) 과일 파운드 케이크

반죽량에 25~50%의 과일을 첨가하여 만든 파운드 케이크로, 과일은 건조 과일이나 시럽에 담근 과일을 사용하며(시럽에 담근 과일은 사용 전에 물을 충분히 뺀 뒤 사용), 과일에 밀가루를 묻혀 사용하면 과일이 가라앉는 것을 방지할 수 있다.

2. 레이어 케이크

레이어 케이크(layer cake)는 반죽형 반죽 과자의 대표적인 제품으로 버터 케이크라고도 하며, 설탕 사용량이 밀가루 사용량보다 많은 고배합 제품이다. 우리나라에서 케이크의 기본이 스펀지라면 미국에서 가장 기본이 되는 케이크는 레이어로 옐로 레이어 케이크(yellow layer cake), 화이트 레이어 케이크(white layer cake) 등이 있다.

| 옐로 레이어 케이크 |

1) 재료 사용 범위

재료명	공식	
	옐로 레이어 케이크	화이트 레이어 케이크
설탕	110~140%	110~160%
유지	30~70%	30~70%
달걀	전란 = 유지 × 1.1(유지의 110% 사용)	달걀흰자 = 유지 × 1.43(유지의 143% 사용)
우유	설탕 + 25 − 전란	설탕 + 30 − 달걀흰자

2) 제조 공정

(1) 믹싱

① 반죽형 반죽을 만들 수 있는 제법 모두를 이용할 수 있으나 크림법을 주로 사용한다.

② **크림법**

- 유지, 설탕, 소금, 유화제(중탕한 초콜릿)를 넣고 풀어준다.
- 달걀을 소량씩 서서히 넣고 부드러운 크림을 만든다.
- 건조 재료(밀가루, 분유, 베이킹파우더, 향료, 코코아 등)를 체에 쳐 저속으로 혼합하면서 물을 첨가하여 반죽을 마친다.

③ **반죽 온도** : 22~24℃

④ **반죽 비중** : 0.8±0.05

(2) 팬닝

틀의 55~60% 정도 반죽을 채운다.

(3) 굽기

180~200℃에서 25~35분간 굽는데, 속이 완전히 익고 껍질 색은 황금 갈색이 되어야 굽기가 완료된 상태이다.

3. 스펀지 케이크

스펀지 케이크(sponge cake)는 거품형 반죽 과자의 대표적인 제품, 즉 달걀의 블렌딩성을 이용해 만든 것으로, 거품 낸 달걀이 공기를 포함하고 이 기포가 열을 받아 팽창하여 스펀지 상태(해면 조직)로 부푼다.

| 버터 스펀지 케이크 |

1) 기본 배합률

밀가루, 달걀, 설탕, 소금은 필수 재료이며 분유, 물, 우유, 베이킹파우더 등은 부수적인 재료이다.

(1) 기본 배합률

재료명	비율(%)
밀가루	100
설탕	166
달걀	166
소금	2

(2) 배합률 조절 공식

① 달걀 1% 감소 시 밀가루는 0.75%, 물은 0.25% 증가하고, 팽창제는 0.03% 감소한다.

② 밀가루 1% 증가 시 설탕과 우유는 0.75~1%씩, 소금은 0.03%, 베이킹파우더는 0.015~0.03% 증가한다.

2) 사용 재료의 특성

(1) 밀가루

① 부드러운 제품을 만들고자 할 경우에는 연질소맥으로 제분한 저회분(0.29~0.33%), 저단백질(5.5~7.5%)의 박력분을 사용한다.

② 박력분 이외의 밀가루(중력분)를 사용할 때는 12% 이하의 전분을 섞어 사용할 수 있다(전분에는 단백질이 없어 글루텐을 형성하지 않기 때문).

③ 밀가루는 부피를 결정하고 제품의 구조를 형성한다.

(2) 설탕

① 설탕(자당)은 사탕수수, 사탕무가 원료로 가장 보편적이다.

② 설탕 대신 물엿이나 포도당을 고형질 기준으로 설탕의 20~25% 대치할 수 있다(분산되기 어려운 결점이 있으니 유의).

③ 꿀, 전화당 시럽은 향 및 수분 보유력이 크다.

④ 감미를 제공하고, 달걀의 기포 안정, 노화 방지, 반죽에 점성을 주며 윤기가 난다.

(3) 달걀

① 스펀지 케이크의 부피를 결정짓는 재료이며, 고형질이 높은 달걀을 사용해야 공기 포집이 잘 된다(달걀흰자의 역할).

② 가급적 신선한 달걀을 사용한다(기포성이 좋을 것).

③ 달걀노른자에 레시틴이라는 유화제 성분이 있어 유화작용을 하며 제품의 질을 높여준다.

④ 밀가루의 50% 이상이 되면(150~200%) 물이나 팽창제를 첨가하지 않아도 반죽이 충분한 수분과 팽창 효과를 갖는다.

⑤ **배합률에서 달걀을 감소시킬 필요가 있을 때**

- 수분 감소를 감안하여 물을 추가하는 경우
- 양질의 유화제를 사용하는 경우

(4) 소금

① 설탕의 보조 역할로, 전체적인 맛을 내는 데 필수적이며 방부 역할을 한다.

② 양이 많지 않도록 유의한다.

*** **재료의 상호 관계**

❶ 설탕을 줄이면 수분을 줄여야 한다.
❷ 수분을 줄이려면 달걀을 줄인다.
❸ 달걀을 줄이면 구조가 약해진다.
❹ 수분과 고형질의 균형을 맞추어야 한다.

---

3) 제조 공정

(1) 믹싱

① 공립법, 별립법, 1단계법 중 선택한다.

② **덥게 하는 방법(중탕법 = 고배합)**

- 달걀, 설탕, 소금을 43℃로 예열시킨 후 거품을 올린다.
- 밀가루를 넣고 균일하게 혼합한다.
- 설탕이 모두 녹고, 거품 올리기가 용이하다(카스텔라).
- 껍질 색을 개선한다.

③ **일반 방법(저배합)**

- 달걀, 설탕, 소금을 실온에서 거품을 올린 후 밀가루를 넣고 균일하게 혼합한다.
- 믹서의 기능이 좋은 경우, 베이킹파우더 사용 배합률에 적용한다(에어 믹서와 같은 1단계법).
- 반죽 온도 : 일반법은 22~24℃

(2) 팬닝

① 원형틀(데커레이션 케이크에 적당), 평철판(각종 양과자, 젤리 롤 케이크에 적당)에 틀 용적의 50~60% 정도 반죽을 채운다.

② 틀에 넣은 후 즉시 오븐에서 구워야 하는데, 오븐에 넣기 전 불안정한 기포를 빼기 위해 충격을 준다.

(3) 굽기

① **반죽의 양이 많거나 높은 경우** : 180~190℃

② **반죽의 양이 적거나 얇은 반죽의 경우** : 204~213℃

③ 구운 후 바로 오븐에서 꺼내어 틀에서 빼지 않으면 스펀지 케이크가 수축하여 쭈글거리는데, 수축하는 이유는 틀에 닿은 부분과 케이크 속 부분의 식는 속도가 다르기 때문이다.

4) 응용 제품

(1) 카스텔라

장시간 굽는 카스텔라는 건조되는 것을 방지하고 완제품의 높이를 만들기 위해 나무틀을 사용한다. 굽기 과정에서 젓가락으로 휘젓기를 하여 반죽 온도와 기공, 내상들을 균일하게 하고 껍질 표면을 매끈하게 하며 굽는 시간을 단축시킬 수 있다.

(2) 멥쌀 스펀지 케이크

밀가루가 전혀 들어가지 않은 건식 쌀가루를 이용한 공립법 스펀지 케이크이다. 달걀을 풀고 거품을 낸 다음 멥쌀 가루와 베이킹파우더 체에 친 것을 넣고 가볍게 혼합한 후, 60% 팬닝하여 170~175℃에서 25분간 굽는다.

4. 엔젤 푸드 케이크

엔젤 푸드 케이크(angel food cake)는 거품형 반죽 케이크의 하나로, 달걀의 거품을 이용한다는 측면에서 스펀지 케이크와 유사한데 단지 달걀흰자를 이용하는 점이 다르다. 기공과 조직도 스펀지 케이크와 대체로 같다. 기본형은 달걀흰자가 주성분이므로 흰색의 속결이 마치 천사처럼 깨끗하다고 하여 붙여진 이름으로 외양이나 속 색이 쌀로 만든 백설기 떡과 흡사하다.

| 엔젤 푸드 케이크 |

1) 기본 배합률

(1) 기본 배합률

재료명	비율(true%)
밀가루	15~18
달걀흰자	40~50
설탕	30~42
주석산	0.5~0.625
소금	0.375~0.5

(2) 배합률 조절 공식

① **1단계** : 달걀흰자 사용량을 결정한다.

② **2단계** : 밀가루 사용량을 결정한다.

③ **3단계** : 주석산과 소금은 합이 1%를 넘지 않게 한다.

④ **4단계** : 설탕의 사용량을 결정한다.

- 설탕 = 100 − (달걀흰자 + 밀가루 + 1)
- 분당 = 설탕 × 2/3 = 입상형 설탕, 설탕 × 1/3

*** true%로 배합표를 작성하는 이유

❶ 달걀흰자와 밀가루 사용량을 범위에서 교차 선택해야 한다.

❷ 주석산과 소금 사용량도 범위에서 교차 선택해야 한다.

❸ 밀가루, 달걀흰자, 주석산, 소금 사용량을 먼저 선택한 뒤 전체 비율 100%에서 뺀 나머지 비율을 설탕량으로 사용한다.

2) 사용 재료의 특성

(1) 밀가루

① 표백이 잘되고 저회분(0.29~0.33%), 저단백질(5.5~7.5%), 연질소맥인 특급 박력분을 사용한다.

② 박력분이 없는 경우 전분을 30% 이하 사용 가능하다.

(2) 달걀흰자

① 기름기 또는 달걀노른자가 섞이지 않아야 한다.

② 고형질 함량이 높은 것을 사용한다.

(3) 산작용제(주로 주석산 사용)

① 달걀흰자의 알칼리성에 대한 중화 역할로, 튼튼하고 안정된 거품을 만든다.

② 달걀 또는 반죽의 산도를 높임으로써 등전점에 가깝도록 해 달걀흰자의 힘을 강하게 하여, 단단한 머랭이 형성된다.

③ pH가 낮아지면 거품의 색상은 밝은 흰색이 된다.

④ 당밀, 과일즙과 같은 산성 재료를 사용하면 주석산 사용량을 줄여야 한다.

⑤ 머랭과 함께 주석산을 섞는 산 전처리법과 밀가루와 함께 주석산을 섞는 산 후처리법을 사용한다.

(4) 설탕

① 감미를 주는 엔젤 푸드 케이크의 유일한 연화제이다.

② 달걀흰자로 거품을 낼 때 한 번, 밀가루를 넣을 때 한 번 더 섞는다.

③ 설탕을 달걀흰자에 넣을 때는 정백당(전체 설탕량의 60~70%, 2/3)을, 밀가루와 함께 넣을 때

에는 분당(전체의 1/3)을 사용한다.

④ 달걀흰자에 설탕이 과량 들어가면 거품이 과다하게 일어나 공기 융합이 불완전하고, 설탕이 소량이면 거품에 힘이 없다.

(5) 소금

① 다른 재료와 어울려 맛과 향이 나게 한다.

② 달걀흰자를 강하게 만든다.

(6) 기타

① **오렌지를 껍질째 갈은 것 10% 사용** : 흰자 10% 감소

② **레몬을 껍질째 갈은 것 5% 사용** : 주석산 불필요

③ **당밀 10% 사용** : 설탕 6%, 흰자 4% 감소

④ 견과류(호두, 개암, 피칸 등) : 반죽 = 1 : 9

3) 제조 공정

(1) 믹싱

① 산 사전 처리법

- 달걀흰자, 소금, 주석산으로 젖은 피크의 머랭을 만든다.
- 전체 설탕의 2/3를 2~3회 나누어 투입하면서 중간 피크의 머랭을 만든다.
- 밀가루와 분당을 체에 쳐 넣고 고루 혼합한다.
- 기름기가 없는 틀에 물칠을 하고 팬에 넣는다.
- 튼튼한 제품, 탄력 있는 제품이 생성된다.

② 산 사후 처리법

- 산 사전 처리법과 동일하며, 주석산을 건조 재료와 함께 체에 쳐 혼합한다.
- 유연한 제품, 부드러운 기공과 조직이 형성된다.
- 반죽 온도 : 21~26℃(최적 반죽 온도 : 24℃)

*** 거품의 상태

❶ 1단계(젖은 피크, wet peak) 달걀흰자의 거품이 많지 않고 수분이 많아서 흐르는 정도
❷ 2단계(중간 피크, medium peak) 더욱 휘저어 거품기에 묻혀 치켜들면 휘는 정도
❸ 3단계(건조 피크, dry peak) 물기가 없는 완전한 거품체로, 끝이 표족하게 서는 정도

(2) 팬닝

① 짤주머니 또는 주입기를 사용하여 틀 용적의 60~70% 정도 반죽을 채운다.

② 이형제로 물을 분무한다(기름칠을 해서는 안 됨).

(3) 굽기(제품 크기에 따라 다름)

① 204~219℃에서 30~35분간 굽는데 언더 베이킹, 오버 베이킹이 되지 않도록 한다.

② 오븐에서 꺼내면 뒤집어 놓은 후 틀 채로 냉각한다.

③ 케이크를 틀에서 꺼낼 때 겉껍질은 팬에 붙고 속만 빠지므로, 틀은 즉시 물에 담가 씻는다.

5. 데블스 푸드 케이크

데블스 푸드 케이크(devil's food cake)는 옐로 레이어 케이크 반죽에 코코아를 첨가해 만든 것으로 '코코아 케이크(cocoa cake)'라고도 하는데, 달걀흰자를 사용해서 만든 거품형 반죽 과자인 새하얀 엔젤 푸드 케이크와 대조적으로 속 색이 검은색을 띠어 '악마(devil)'라는 이름이 붙었다. 코코아를 사용하여 맛을 차별화한 제품으로, 초콜릿 관련 제품을 만드는 원판으로 사용된다.

| 데블스 푸드 케이크 |

1) 기본 배합률

재료명	비율
달걀	유지×1.1
우유	설탕 + 30 + (1.5×코코아) − 달걀

(1) 천연 코코아 사용 시

① 코코아의 7%에 해당되는 탄산수소나트륨을 사용한다.

② 탄산수소나트륨(중조 또는 소다)은 베이킹파우더에 비하여 세 배의 효과가 있다(중조 1%는 베이킹파우더 3%와 같은 효과).

(2) 더치 코코아 사용 시

① 탄산수소나트륨을 사용하지 않는다.

② 원래 사용하던 베이킹파우더는 그대로 사용한다.

2) 제조 공정

(1) 믹싱

① 크림법, 블렌딩법, 1단계법을 이용한다.

② **반죽 온도** : 22~24℃

③ **비중** : 0.75~0.85

(2) 팬닝

틀 용적의 55~60%로 반죽을 담는다.

(3) 굽기

180~200℃에서 굽는다.

6. 시퐁 케이크

1) 사용 재료의 특성

(1) 설탕

분당보다는 설탕을 사용하는 것이 좋다.

(2) 유지

연화제로 작용하는 유지는 녹인 버터나 경화유를 사용하는 것이 풍미에 좋다.

| 시퐁 케이크(시퐁형) |

2) 제조 공정

(1) 믹싱

시퐁 케이크(chiffon cake)는 엔젤 푸드 케이크의 가벼움과 우아함, 반죽형 케이크의 감칠맛이 조합된 케이크로 별립법으로 제조한다. 부피, 가벼움, 내상은 달걀흰자의 믹싱 시 온도에 의해 좌우되며 최종 비중은 0.4~0.5가 적당하다.

(2) 팬닝

기름기가 없는 물칠한 틀에 팬닝한다.

(3) 굽기

오븐에서 꺼내어 즉시 틀을 뒤집어 냉각시킨다.

7. 초콜릿 케이크

초콜릿 케이크(chocolate cake)는 기본 레이어 케이크에 초콜릿을 첨가하여 만든 것으로, 데블스 푸드 케이크의 배합과 거의 같지만 초콜릿을 32~48%만 첨가하고 유지를 초콜릿의 유지량만큼 뺀다는 점이 다르다. 또한 초콜릿의 특유한 맛과 향을 제품 자체에서 느낄 수 있는 것이 코팅에 의한 케이크와 다르며, 초콜릿 관련 양과자 제품의 원판 케이크에 사용한다.

| 초콜릿 케이크 |

1) 기본 배합률

(1) 기본 배합률

재료명	비율
달걀	유지×1.1
우유	설탕 + 30 + (1.5×코코아) - 달걀
초콜릿	코코아 62.5%(5/8) + 코코아 버터 37.5%(3/8)
베이킹파우더	더치일 때 기존량, 천연일 때 중조 사용량의 세 배를 적게 사용한다.
유지	초콜릿 중의 유지 함량을 1/2 적게 사용한다.

(2) 배합률 조절 공식

① 초콜릿 중의 코코아 사용 시

- 천연코코아 : 코코아의 7%에 해당하는 중조(탄산수소나트륨)를 사용
- 더치코코아 : 중조(탄산수소나트륨)를 사용하지 않음

② 베이킹파우더 사용 시

- 천연코코아 : 중조(탄산수소나트륨) 사용량의 세 배를 감소
- 더치코코아 : 원래 사용량 사용

2) 제조 공정

(1) 믹싱

① 크림법, 블렌딩법, 1단계법을 이용한다.

② **반죽 온도** : 22~24℃

③ **비중** : 0.8~0.9

(2) 팬닝

틀 용적의 55~60%로 반죽을 넣는다.

(3) 굽기

180~200℃에서 굽는다.

8. 롤 케이크

롤 케이크(roll cake)는 스펀지 케이크의 기본 배합에서 수분 함량을 늘리고 점착성을 주어 말기를 할 때 표피가 터지지 않도록 만든 것으로 젤리 롤 케이크(공립법)를 비롯한 소프트 롤 케이크(별립법), 초콜릿 롤 케이크는 말기를 한 제품이다.

1) 기본 배합률

설탕 100에 대하여 달걀을 75%에서 많게는 200%까지 사용하므로 달걀 사용량이 많아진다. 달걀 사용량이 많을수록 공기를 함유하는 능력이 커지므로 비중이 낮아 가벼워진다.

재료명	비율(%)
밀가루	100
설탕	150
달걀	250
소금	2

2) 제조 공정

(1) 공립법

① 달걀, 설탕, 소금을 넣고 43℃로 중탕하여 휘핑한다.

② 체에 친 건조 재료(박력분, 베이킹파우더, 향료 등)를 넣고 가볍게 섞어 준다.

③ 우유를 넣고 섞어 준다(비중 0.5±0.05, 반죽 온도 23℃).

④ 평철판에 종이를 깔고 팬닝하여 무늬를 만든다.

⑤ 150~180℃에서 30분간 굽기를 한다.

⑥ 면포를 이용하여 잼 또는 크림을 발라 말기를 한다(롤 케이크를 말 때 터지는 이유는 표피가 거칠고 건조하여 신장성이 부족하거나 과도한 팽창에 의하여 알코올이 약해지기 때문).

(2) 별립법

① 달걀의 노른자와 흰자를 분리한다.

② 달걀노른자에 설탕(a), 물엿, 소금을 넣고 휘핑한다.

③ 달걀흰자에 설탕(b)을 세 번에 나누어 넣고 중간 피크의 머랭을 만든다.

④ 휘핑한 달걀노른자에 머랭 1/3을 넣고 섞는다.

⑤ 체에 친 건조 재료(박력분, 베이킹파우더, 향료 등)를 넣고 섞어 준다.

⑥ 일부의 반죽과 식용유를 섞어서 넣는다.

⑦ 나머지 머랭 2/3를 넣고 섞는다(비중 0.5±0.05, 반죽 온도 22℃).

⑧ 평철판에 종이를 깔고 팬닝하여 무늬를 만든다.

⑨ 150~180℃에서 30분간 굽기를 한다.

⑩ 면포를 이용하여 잼 또는 크림을 발라 말기를 한다.

***** 롤 케이크 말기를 할 때 표면의 터짐을 방지하는 방법**

❶ 설탕의 일부는 물엿과 시럽으로 대치한다.
❷ 덱스트린을 사용하여 점착성을 증가시킨다.
❸ 화학 팽창제 사용을 감소시키거나 비중이 높지 않게 믹싱 상태를 조절한다.
❹ 달걀노른자를 줄이고 전란을 증가시킨다.
❺ 겉면이 마르기 때문에 오버 베이킹을 하지 않는다.
❻ 밑불이 너무 강하지 않도록 하여 굽는다.
❼ 반죽 온도가 낮으면 굽는 시간이 길어지므로 온도가 너무 낮지 않도록 한다.
❽ 글리세린을 첨가해 제품에 유연성을 부여한다.

***** 롤 케이크 자체가 축축한 이유와 조치사항**

❶ 이유
- 배합에 수분이 많거나 고온으로 단시간 굽기를 했을 때
- 조직이 조밀하고 습기가 많을 때
- 팽창이 부족한 경우

❷ 조치사항 수분 사용량 감소, 믹싱 증가, 적절한 굽기

9. 치즈 케이크

치즈 케이크(cheese cake)는 수플레 치즈 케이크를 변형한 제품으로, 작은 푸딩컵에 스펀지 케이크를 깔지 않고 반죽 그대로 담아 중탕으로 쪄서 만든 것이다.

(1) 믹싱

① 복합법으로 제조할 수 있다.
② 크림치즈, 버터, 설탕, 달걀노른자로 부드럽게 풀어 준다.
③ 달걀흰자와 설탕으로 60% 정도의 부드러운 머랭으로 제조한다.
④ 크림치즈 반죽에 머랭 1/3을 혼합한 뒤 체에 친 건조 재료를 넣고 나머지 머랭을 짜 준다.

(2) 팬닝

① 이형제로 틀에 버터를 바르고 설탕을 묻힌다.

② 반죽을 80% 정도 팬닝한다.

(3) 굽기

① 오븐 온도를 150℃로 하여 팬 위에 반죽 틀을 올리고 물에 잠기게 한 뒤 1시간 정도 중탕한다.

② 구운 후 뒤집어서 뺀 뒤 냉각시킨다.

③ 머랭을 이용한 제품 중 중탕을 이용한 제품은 거품이 불규칙하게 형성되면 기포가 너무 가볍고 불안정해져서 오븐에서 꺼낸 직후 주저앉을 수 있다.

10. 퍼프 페이스트리

퍼프 페이스트리(puff pastry)는 밀가루 반죽에 유지를 감싸 넣어 밀어서 결을 형성시켜 구운 제품으로, 프렌치 파이(french pie)로도 알려져 있다.

| 퍼프 페이스트리 |

1) 기본 배합률

재료명	비율(%)
밀가루(강력분)	100
물(냉수)	50
유지	100
소금	1~3

2) 사용 재료의 특성

(1) 밀가루

① 양질의 제빵용 강력분을 사용하는데, 제과이지만 강력분을 사용해야 글루텐이 형성되고 탄력과 신장성이 생겨 굽기 시 유지층을 만들어 내기 때문이다.

② 하지만 수축되기 쉽고 구웠을 때 결점이 있어 충분한 휴지가 필요하다.

③ 동량의 유지를 지탱, 접기와 밀기, 휴지 공정을 거쳐 반죽과 유지층을 분명히 할 수 있는 특성을 가진 것을 사용한다.

④ 박력분을 사용하면 글루텐 강도가 약해서 반죽이 잘 찢어지고 균일한 유지층을 만들기 어렵다.

(2) 유지

① 충전용 유지는 가소성 범위가 넓은 것(파이용 마가린, 퍼프용 마가린 등)을 사용한다.

② 밀어 펴기가 용이하도록 신장성이 좋은 것을 사용한다.

③ 녹는점이 높은 마가린, 쇼트닝 등의 유지를 사용한다.

④ 휴지 또는 밀어 펴기 과정 중 기름이 새어나오지 않아야 한다.

⑤ 본 반죽에 넣는 유지를 증가시킬수록 밀어 펴기는 쉽게 되지만 결이 나빠지고 부피가 줄게 되므로 50% 미만으로 사용한다.

⑥ 사용 시에는 5~8℃로 보관된 것을 사용하도록 한다.

(3) 물

① 믹싱 후 휴지에 들어갈 것을 감안하여 반죽의 온도를 조절한다.

② 반죽의 온도(18~20℃)를 낮게 유지하기 위해 냉수나 얼음물을 사용한다.

(4) 소금

① 다른 재료의 맛과 향을 나게 한다.

② 유지 중 소금의 양을 감안해야 한다.

3) 제조 공정

(1) 믹싱

① **반죽형(스코틀랜드식)** : 유지를 호두 크기 정도로 자르고 물과 밀가루를 섞어 반죽하는 간편한 방법으로, 편리한 대신 덧가루가 많이 들어가 제품이 단단하다.

② **접기형(프랑스식, roll-in법)** : 밀가루, 일부 유지(반죽용), 물을 넣어 반죽을 만들고 유지(롤인용)를 싸는 방법으로, 복잡한 공정이지만 결을 균일하게 하고 큰 부피를 얻을 수 있다.

(2) 팬닝

① 전체적으로 균일한 두께로 밀어 펴고 반죽이 수축할 경우 30분 이상 냉장 휴지시킨다(4~5℃).

② 예리한 기구로 절단해야 한다(예 칼, 도르래칼, 커터 등).

③ 파지(자투리) 반죽을 최소화한다.

④ 굽기 전에 30~60분간 적정하게 휴지시키고(오븐에서 수축 방지) 달걀물을 칠한다.

⑤ 굽는 면적이 넓은 경우 또는 충전물이 있는 경우의 껍질에는 구멍 자국을 낸다.

*** **반죽을 냉장 휴지시키는 목적**

❶ 단단해진 반죽의 신장성을 회복시켜 밀어 펴기 용이하게 된다.

❷ 반죽과 유지의 되기를 같게 해서 밀어 펴기 용이하게 된다.

❸ 재단과 굽기 시 반죽의 수축을 방지한다.
(손가락으로 눌렀을 때 자국이 그대로 남아 있어야 휴지가 완료된 것이다.)

---

(3) 굽기

① 굽기의 일반적인 온도는 204~213℃이다.

② 평철판에 팬닝을 한 후 바로 굽기를 하면 제품이 수축되어 작아지므로 충분히 휴지를 주어야 하는데, 이때 표면의 건조 방지를 위해 비닐로 평철판을 감싸 준다.

③ 너무 고온인 경우 바깥 껍질이 먼저 형성되어 글루텐의 신장성이 결여되며, 너무 저온인 경우 글루텐이 건조되어 신장성이 감소할 때 증기압이 발생한다.

④ 반죽과 유지의 층에 있는 수분이 수증기로 되면서 층을 밀어 올리고 글루텐 피막이 증기압에 의해 늘어난다(수분을 함유한 유지가 필요).

*** 굽는 동안 유지가 흘러나오는 이유

❶ 팬닝 시 밀어 펴기가 과도한 경우

❷ 박력분을 사용한 경우

❸ 오븐의 온도가 높거나 낮은 경우

❹ 오래된 반죽을 사용한 경우

11. 쇼트 페이스트리(파이)

쇼트 페이스트리(short pastry pie)는 반죽형 파이로, 수증기압의 영향을 받아 조금 팽창시켜 만든 것이다. 부풀림이 적어 타르트의 깔개 반죽으로 삼거나 건과자를 만드는 데 쓰인다. 또한 파이 반죽에 여러 가지 충전물을 채워서 다양한 맛의 제품을 만들며 '아메리칸 파이(american pie)'라고도 한다. 파이, 타르트(tart, 과일 이용 파이), 과일 케이크는 후식용으로 인기가 있는 유명한 제품이다.

1) 기본 배합률

재료명	비율(%)
밀가루(중력분)	100
물(냉수)	25~50
유지	40~80
소금	1~3
설탕	0~6
달걀	0~6
탈지분유	0~4

2) 사용 재료의 특성

(1) 밀가루

① **페이스트리용** : 중력분(연질동소맥, 강력분 40% + 박력분 60%)

② **고글루텐 형성 밀가루** : 강력분, 단단한 제품

③ **저글루텐 형성 밀가루** : 박력분, 수분 흡수량과 보유력이 약해 끈적거리는 반죽

④ 표백하지 않은 중력분을 사용하는데, 색깔을 강조할 필요가 없으므로 경제적인 가격이라면 비표백 밀가루를 사용한다.

(2) 유지

① 가소성 범위가 넓은 제품은 경화 쇼트닝 또는 파이용 마가린을 사용한다.

② 높은 온도에서는 쉽게 녹지 않고, 낮은 온도에서 딱딱해지지 않으며, 풍미가 은은하고 안정성이 높은 유지가 알맞다.

③ 맛과 향을 높이기 위해 버터와 혼합하여 사용한다.

④ 유지의 사용량은 밀가루를 기준으로 40~80%이다.

(3) 물

① 냉수는 유지의 입자를 단단히 묶어 유지가 액체에 녹지 않도록 작용한다.

② 과량의 물을 사용하면 껍질 반죽이 익는 데 긴 시간이 필요하므로 충전물이 끓어 넘치기 쉽다.

(4) 소금

① 다른 재료의 맛과 향이 나도록 한다.

② 밀가루 100에 대하여 1.5~3.0%를 사용하며, 물에 완전히 녹여야 반죽에 고루 분배된다.

(5) 착색제

① **설탕(자당)** : 밀가루의 2~4%를 사용하며, 껍질 색을 진하게 한다.

② **포도당** : 밀가루의 3~6%를 사용하며, 수분 흡수로 눅눅해지는 경향이 있다.

③ **물엿** : 껍질이 축축해지고, 반죽에 고루 분산시키기가 어렵다.

④ **탈지분유** : 밀가루의 2~3%를 사용하며, 유당에 의해 껍질 색 개선 효과가 있고, 하절기에 곰팡이, 박테리아의 성장을 유발시킨다.

⑤ **탄산수소나트륨(중조)** : 0.1% 이하를 물에 풀어 사용하며, 알칼리에 의해 껍질 색을 진하게 한다.

*** **반죽의 특징**

❶ 긴 결 유지 입자가 호두알 크기로 밀가루와 혼합된다.
❷ 중간 결 유지 입자가 강낭콩 크기로 밀가루와 혼합된다.
❸ 가루 모양 유지 입자가 미세한 상태로 밀가루와 혼합된다.
❹ 크래커형 쇼트브레드 + 크래커 반죽이 혼합된다.

3) 제조 공정

(1) 믹싱

① 유지와 밀가루를 먼저 섞어 호두알만한 크기가 될 때까지 다진다.

② 설탕, 소금 등을 찬물에 녹인 것을 넣고 반죽하는데, 밀가루가 수분을 흡수하는 정도로 혼합한다(수분 사용량이 적정해야 질긴 제품이 되지 않음).

③ 냉장고에 넣고 4~24시간 휴지시킨다(표피가 마르지 않도록 조치하여 휴지시킴).

*** **휴지의 목적**

❶ 전 재료를 수화시킨다.
❷ 유지와 반죽의 굳은 정도를 같게 한다.
❸ 밀어 펴기가 용이하게 된다.
❹ 끈적거림을 방지하여 작업성이 향상된다.

(2) 팬닝

① 냉장 휴지된 반죽을 바닥용 0.3cm, 덮개용 0.2cm로 밀어 편다.

② 바닥용은 팬닝 후 포크로 구멍을 낸다.

③ 충전물을 팬에 넣고 평평하게 고른다.

④ 덮개용 껍질은 가로 지름을 1cm로 하고, 세로는 길게 잘라 격자(마름모)로 모양을 낸 후 남는 끝 부분은 잘라 낸다.

⑤ 윗면에 달걀노른자를 발라 광택을 낸다.

(3) 굽기

230℃ 전후의 높은 온도에서 30분간 굽는데, 밑불의 온도를 높인다.

***** 충전물에 대해 농후화제와 전분의 사용 목적**

❶ 농후화제의 사용 목적

- 충전물을 조릴 때 호화를 빠르게 하고 색을 진하게 한다.
- 충전물에 좋은 광택을 제공하고, 과일에 들어 있는 산의 작용을 상쇄시킨다.
- 과일의 색과 향을 조절한다.
- 조린 충전물이 냉각되었을 때 적정 농도를 유지시켜 준다.
- 과일의 색과 향 유지

❷ 전분

- 시럽 중의 설탕 100에 대하여 28.5%, 물에 대하여 8~11%, 설탕을 함유한 시럽에 대하여 6~10%를 사용한다.
- 옥수수전분 : 타피오카 = 3 : 1로 혼합하면 좋은 충전물이 된다.
- 감자전분은 교질체 형성능력이 적으므로 더 많은 양을 사용해야 하며, 부드러운 교질체를 만든다.
- 식물성 검류는 옥수수전분과 함께 사용하면 충전물이 터지거나 새어 나오는 현상을 방지할 수 있다.

---

4) 파이의 결점 및 원인

① 껍질이 심하게 수축된 경우

- 유지 사용량이 부족함
- 과량의 물을 사용함
- 너무 강한 밀가루를 사용함
- 과도한 믹싱을 함
- 질이 낮은 단백질이 함유된 밀가루를 사용함

② 결이 없고 바닥 껍질이 젖은 경우

- 반죽 온도가 높음
- 유지가 너무 연함
- 굽기가 불충분함
- 유지와 밀가루를 과하게 비빔
- 바닥 열이 부족함
- 오븐 온도가 낮음

③ **껍질이 질긴 경우**

- 너무 강한 밀가루를 사용함
- 오버 믹싱함
- 작업을 너무 많이 한 반죽을 사용함
- 과량의 물을 사용함

④ **과일이 끓어 넘친 경우**

- 배합이 부정확함
- 충전물의 온도가 높음
- 껍질에 수분이 많음
- 바닥 껍질이 너무 얇음
- 오븐 온도가 낮음
- 신맛이 강한 과일을 사용함
- 설탕이 너무 적음
- 껍데기에 구멍이 없음
- 위 껍질과 밑 껍질이 잘 봉해지지 않았음

⑤ **머랭에 습기가 생긴 경우**

- 달걀흰자에 수분이 많음
- 달걀흰자의 질이 불량함
- 달걀흰자에 기름기가 있음

⑥ **파이 껍질에 물집이 생긴 경우**

- 껍질에 구멍을 뚫어 놓지 않음
- 달걀물 칠을 너무 많이 함

12. 슈

슈(choux)는 물, 유지, 밀가루, 달걀을 기본 재료로 하여 만든 것으로 일반적으로 설탕이 들어가지 않지만, 맛을 위해 소량 넣을 수 있다. 다른 반죽과 달리 밀가루를 먼저 호화시킨 뒤 반죽하는 익반죽으로 하여 짜서 굽는 것이 특징이다. 모양이 양배추 같다고 하여 프랑스어로 '슈(choux)'라고 부르며, 텅 빈 내부에 크림을 넣으므로 '슈크림(choux cream)'이라고도 한다.

| 슈크림 |

*** 슈에 설탕이 과하게 들어가는 경우

❶ 내부에 구멍 형성이 좋지 않다.
❷ 표면에 균열이 생기지 않는다.
❸ 상부가 둥글게 된다.

---

1) 제조 공정

(1) 믹싱

① 물, 소금, 유지를 넣고 센 불에서 끓인 다음 체에 친 박력분을 넣고 불 위에서 호화(풀처럼 되는 상태)가 될 때까지 젓는다.

② 60~65℃로 냉각시킨 다음, 달걀을 소량씩 넣으면서 매끈한 반죽을 만든 후(광택과 끈기가 생김) 베이킹파우더를 넣고 균일하게 혼합한다.

(2) 팬닝

① 평철판 위에 동전 크기로 간격을 충분히 유지하여 짠다.

② 굽기 중 껍질이 너무 빨리 형성되는 것을 막기 위해 분무 또는 물에 침지시킨다.

(3) 굽기

① 처음에는 200℃의 높은 온도로 굽다가 표피가 거북이 등처럼 갈라지고 밝은 색깔이 나면 불을 줄이고 180℃로 굽는다.

② 찬 공기가 들어가면 슈가 주저앉아 납작하게 되므로 팽창 과정 중에 오븐 문을 자주 열지 않도록 한다.

***** 커스터드 크림 만들기**

재료명	비율(%)
우유	100
옥수수전분	10
버터	6
브랜디	3
달걀노른자	15
설탕	20
바닐라향	0.5

❶ 우유를 80℃로 끓인다.
❷ 달걀노른자, 설탕, 전분에 가열한 우유를 넣고 불 위에서 호화시킨다.
❸ 뜨거운 상태에서 버터를 넣고 혼합한다.
❹ 식힌 후 바닐라향과 브랜디를 넣고 혼합한다.
❺ 주입기나 모양깍지를 이용하여 슈 껍질에 커스터드 크림을 충전한다.

***** 슈 만들기 시 유의사항**

❶ 평철판에 기름이 많으면 반죽이 퍼져서 구운 뒤 제품이 평평해진다.
❷ 철판에 반죽을 짜놓고 오랫동안 방치하면 껍질이 형성돼 구울 때 터진다.
❸ 습도가 높은 곳에 노출시키면 수분을 흡수하여 축축하게 된다.
❹ 여름철에는 위생적인 작업 환경에서 만들고 사용 시까지 냉장 보관해야 한다.

2) 응용 제품

(1) 에끌레어(eclair)

번개라는 의미로, 길게 짜서 위에 슈거파우더를 뿌려 윗부분이 터지지 않도록 구운 제품이다.

(2) 파리브레스트(paris brest)

프랑스의 파리-브레스트 지역을 연결하는 다리가 건설되고, 자전거 대회를 기념하기 위해 고안한 자전거 바퀴 모양의 슈 제품이다.

(3) 추로스(Churros)

슈 반죽을 튀겨 낸 제품으로, 안에 크림을 채우기도 한다.

13. 케이크 도넛

제과점 튀김물의 주종을 이루고 있는 도넛은 팽창 방법에 따라 이스트에 의해 발효된 빵 도넛과 화학 팽창에 의한 케이크 도넛으로 나눌 수 있다. 케이크 도넛(cake doughnut)은 보통의 케이크와 조직이 비슷하여 붙여진 이름으로, 화학 팽창제를 사용하여 팽창시키며 180℃ 기름에 넣어 튀겨 만든 것이다. 또한 케이크 도넛은 배합의 변형이 다양한 제품이며 충전물, 아이싱 등을 다르게 하여 종류에 변화를 줄 수 있다.

| 찹쌀도넛 |

1) 기본 배합률

재료명	비율(%)
밀가루(중력분)	100
물	40~50
팽창제	3~6
달걀	10~20
향신료	0~2
유지	5~15
설탕	20~45
탈지분유	4~8
소금	0.5~2

2) 사용 재료의 특성

(1) 밀가루

① 강력분과 박력분을 혼합한 특성을 가진 중력분을 사용한다.

② 프리믹스(밀가루에 팽창제, 설탕, 분유를 섞은 것으로, 물만 부어 반죽할 수 있도록 만든 가루)에 사용하는 밀가루는 수분 11% 이하이며, 수분 흡수율이 높다.

*** **프리믹스 사용 시 장점**

❶ 계량 시의 실수를 줄여 균일한 품질의 제품을 얻을 수 있다.

❷ 좁은 장소에서 사용하기 편리하다.

❸ 재료의 가격 변동에 대비할 수 있다.

❹ 노동력이 절약된다.

---

(2) 설탕

① 감미제, 수분 보유제 역할을 하며 저장성을 증대시킨다.

② 껍질 색을 개선시키고, 제품을 부드럽게 한다.

③ 믹싱 시간이 짧기 때문에 용해성이 좋은 설탕을 사용하는데, 입자가 고운 입상형 설탕, 특수 처리를 한 설탕을 사용한다.

④ 껍질 색을 개선하기 위해서는 5% 정도의 소량의 포도당을 사용하기도 한다.

(3) 달걀

① 영양 강화, 풍미 및 식욕을 돋우는 색상, 구조 형성을 도와준다.

② 달걀노른자에 함유된 레시틴은 유화제 역할을 한다.

③ 단백질 알부민은 열 응고 후 도넛을 단단하게 하는 역기능을 가지기도 한다.

(4) 유지

① 가소성 경화 쇼트닝, 대두유, 옥배유, 채종유, 면실유, 식용유를 사용한다.

② 밀가루 글루텐에 대한 윤활 효과(단단하게 되는 것 방지)가 있다.

③ 유지의 가수분해와 산패를 최소로 하는 안정성 높은 유지가 필요하다.

④ 풍미를 위해 버터를 혼용한다.

(5) 분유

① 흡수율을 증대시키며 글루텐과의 보완작용으로 구조를 강화시킨다.

② 분유 중의 유당이 반응하여 껍질 색이 개선된다.

(6) 팽창제

① 사용량은 배합률, 밀가루의 특성, 설탕 사용량, 도넛 자체의 중량과 크기에 따라 결정한다.

② **과도한 중조** : 어두운 색, 비누맛, 거친 속결

③ **과도한 산** : 여린 색, 조밀한 기공, 자극적인 맛

④ 미세한 입자 상태여야 노란색 반점 등이 발생하지 않는다.

⑤ 베이킹파우더가 짧은 반죽시간에도 고루 섞이므로 많이 쓰인다.

(7) 향신료

① 구연산 계열(오렌지, 레몬)과 바닐라향이 주종이다.

② 향신료인 너트메그(nutmeg)는 빵 도넛, 케이크 도넛에 공통으로 사용된다.

③ 너트메그를 보완하기 위한 향신료로는 메이스가 있는데, 향은 너트메그가 훨씬 강하다.

④ 코코아, 초콜릿 등 재료로서의 향 물질도 사용한다(제품 내 또는 코팅 재료로 사용).

⑤ 단백질 보강용으로 대부분 부드러움을 연장하는 감자 가루, 향미를 나게 하는 소금이 사용된다.

3) 제조 공정

(1) 믹싱

① 가장 보편적인 방법은 달걀과 설탕을 먼저 블렌딩하는 스펀지 케이크 반죽법의 변형(공립법)이고, 유지를 많이 사용하는 제품은 일종의 크림법으로 제조한다.

② 반죽 온도는 22~24℃가 적당하다.

③ 휴지 후 성형한다.

(2) 팬닝

① 휴지시킨 반죽을 1cm 두께로 밀어 펴고(장방형으로 전면의 두께가 균일해야 함) 도넛용 틀로 찍는다.

② 실온에서 10분 정도 휴지시킨다(이때 표피가 건조되지 않도록 함).

③ 먼저 성형한 반죽부터 튀기면 자연스럽게 휴지된다.

***** 휴지의 목적**

❶ 이산화탄소 가스가 발생한다.
❷ 수화 작용을 한다(밀가루 등 재료에 수분이 흡수).
❸ 껍질 형성(표피가 마르는 현상)을 느리게 한다.
❹ 밀어 펴기 등 취급이 용이하게 된다.

---

(3) 튀기기

① 튀김용 기름이 갖추어야 할 조건은 이물질이 없고 중성으로 수분 함량이 0.15% 이하여야 하며, 오래 튀겨도 산화와 가수분해가 일어나지 않으며 발연점이 230℃ 정도로 높은 것이 좋다.

② 튀김 온도는 180~196℃(제품 크기에 따라 조정)로 하고, 200℃ 이상에서는 튀기지 않는다.

- 고온에서 튀기면 껍질 색이 진해지지만 타기 시작해도 속은 익지 않는다.
- 저온에서 튀기면 제품의 퍼짐이 커지고 기름 흡수가 많아진다.

③ 튀김용 기름 표면에서 주입기의 적정 높이는 12~15cm이다.

- 낮으면 주입기 끝부분 반죽이 익어 제품 모양이 불량하다.
- 높으면 낙하하는 동안 모양이 변형되어 제품 모양이 불량하다.

④ 튀김 기름 깊이는 5~8cm가 적당하다.

(4) 마무리

① 글레이즈나 퐁당 아이싱은 도넛이 식기 전에 한다.

② 도넛 설탕이나 계피 설탕은 도넛이 40℃ 전후일 때 뿌린다(점착력 증가).

③ 글레이즈와 퐁당의 사용 온도는 45~50℃로 한다.

④ 충전물은 도넛이 충분히 냉각된 후 충전한다.

***** 글레이즈가 부스러지는 현상**

❶ 원인

- 일반적인 글레이즈의 품온이 49℃ 근처에서 도넛 피복
- 도넛이 냉각되는 동안 9%의 수분 증발 : 글레이즈 표면 건조
- 도넛 글레이즈 설탕막이 금이 가거나 부스러지는 현상 발생

❷ 부스러지는 현상 제거 방법

- 설탕의 일부를 포도당이나 전화당 시럽으로 대치
- 안정제(한천, 젤라틴, 팩틴 등) 사용
- 안정제는 설탕에 대하여 0.25~1% 사용

***** 도넛에 과도하게 흡유되는 이유**

❶ 반죽에 수분이 과다한 경우
❷ 믹싱 시간이 짧은 경우
❸ 반죽 온도가 부적정한 경우
❹ 많은 팽창제를 사용한 경우
❺ 과도한 설탕을 사용한 경우
❻ 글루텐이 부족한 경우
❼ 낮은 튀김 온도의 경우
❽ 튀기는 시간이 긴 경우
❾ 반죽 중량이 적은 경우

*** 도넛 부피가 작은 이유

❶ 강력분을 사용한 경우

❷ 튀김 시간이 짧은 경우

❸ 성형 중량이 미달된 경우

❹ 반죽 온도가 낮은 경우

❺ 반죽 후부터 튀김 시간 전까지의 시간이 지나치게 경과한 경우

14. 쿠키

쿠키(cookie)는 조그만 단과자와 같고, 수분 함량(5% 이하)이 상대적으로 낮아 장기간 보존할 수 있는 다양한 제품이다. 쿠키의 포장과 보관 온도는 10℃가 적당하다.

| 오렌지 쿠키 |

1) 사용 재료의 특성

(1) 밀가루

① 달걀과 함께 쿠키의 형태를 유지시키는 구성 재료로, 표백하지 않은 중력분 또는 박력분과 강력분을 섞어 사용한다.

② 박력분을 사용하면 반죽이 많이 퍼져 원하는 모양을 얻을 수 없기 때문에 강력분을 사용하거나, 달걀흰자를 많이 배합한다.

③ 짜는 형태의 쿠키에는 지방 함량에 견딜 수 있고, 구운 후 일정한 형태를 유지하기 위한 밀가루가 필요하다(페이스트리용).

(2) 설탕

① 감미를 주고, 밀가루 단백질을 편하게 한다.

② 퍼짐(spread)에 중요한 역할을 한다.

- 쿠키 반죽 중에 녹지 않고 남아 있는 설탕 결정체는 굽기 중 오븐 열에 녹아 반죽 전체에 퍼

져서 쿠키의 표면을 크게 한다.

- 너무 고운 입자의 설탕은 굽기 중 충분한 퍼짐이 일어나지 않아 조밀하고 밀집된 기공의 쿠키가 만들어진다.
- 설탕 자체의 입자 크기, 믹싱 정도에 따라 퍼짐률이 변화한다.

③ 향 및 수분 보유력 증대, 껍질 색 개선 등의 목적으로 설탕을 사용한다.

(3) 유지

① 수소를 첨가한 표준 쇼트닝을 사용한다.

② 유화 쇼트닝을 조금 섞어 사용하기도 하는데, 유화 쇼트닝만 사용하면 쿠키 반죽이 너무 퍼져 버터 쿠키에는 버터나 마가린을 섞어 사용한다.

③ 짜는 형태의 쿠키에는 유지가 밀가루 대비 60~70%나 함유되어 있다.

④ 맛, 부드러움, 저장성에 중요한 역할을 한다.

⑤ 쿠키는 저장 수명이 길기 때문에 유지의 안정성이 아주 중요하다.

(4) 달걀

① 쿠키의 모양을 유지시키고 구조 형성을 도와준다.

② 스펀지 쿠키와 머랭 쿠키의 주재료가 된다.

③ 머랭 또는 전란의 거품을 일으키기에는 온도가 중요하다.

④ 머랭은 중간 피크 상태가 되어야 밀가루 등 재료를 혼합할 때 오버 믹싱을 막을 수 있다.

(5) 팽창제

① 쿠키의 퍼짐성, 크기, 부피, 속결의 부드러움 등을 조절한다.

② 제품의 산도를 조절하는데(색과 향을 조절), 반죽이 알칼리성이면 밀가루의 단백질이 약해져 쿠키가 잘 부서진다.

③ **베이킹파우더** : 탄산수소나트륨 + 산염 + 부형제

- 중조 과다 : 어두운 색, 소다맛, 비누맛
- 산염 과다 : 여린 색, 여린 향, 조밀한 속

④ **암모늄염** : 탄산수소암모늄, 탄산암모늄

- 쿠키의 퍼짐에 유용한 작용을 한다.
- 작용 후 가스 형태로 증발하여 잔류물이 없다.

(6) 전화당, 시럽, 꿀

설탕 대신 넣을 수 있는데 5~10% 정도 사용한다.

2) 분류

(1) 반죽 특성에 따른 분류

① **반죽형 쿠키**(batter type cookie)

- 드롭 쿠키(drop cookie) : 반죽형 쿠키 중 최대의 수분을 함유한 제품으로 소프트 쿠키라고도 한다(짜는 형태).
- 스냅 쿠키(snap cookie) : 드롭 쿠키보다 적은 액체 재료(달걀 등)를 사용하며 굽기 중에 더 많이 건조시키는데, 바삭바삭한 상태로 포장 및 저장하며 슈거 쿠키라고도 한다(밀어 펴는 형태).
- 쇼트 브레드 쿠키(short bread cookie) : 스냅 쿠키보다 많은 유지를 사용한다(밀어 펴는 형태).

② **거품형 쿠키**(foam type cookie)

- 머랭 쿠키(meringue cookie) : 달걀흰자와 설탕을 믹싱하여 얻는 머랭을 구성체로 하여 만드는 쿠키로, 비교적 낮은 온도의 오븐에서 과도한 착색이 일어나지 않게 굽는다.
- 스펀지 쿠키(sponge cookie) : 스펀지 케이크의 배합률보다 더 높은 밀가루 비율을 가진 쿠키로 짜는 형태이다.

(2) 제조 특성에 따른 분류

① **밀어 펴서 정형하는 쿠키** : 스냅 쿠키, 쇼트 브레드 쿠키와 같은 반죽으로 쇼트 도우(short dough) 형태이다.

- 반죽 완료 후 밀어 펴기 전에 충분한 휴지를 한다.
- 덧가루를 뿌린 면포 위에서 밀어 편다.

- 밀어 펼 때 과도한 덧가루를 사용하지 않는다.
- 파지는 새 반죽에 소량씩 섞어 사용한다.
- 전면의 두께가 균일하도록 밀어 펴야 한다.

② **짜는 형태의 쿠키** : 드롭 쿠키와 거품형 쿠키처럼 짤주머니 또는 주입기를 이용한다.

- 크기와 모양을 균일하게 짠다.
- 간격을 일정하게 하고 굽기 중 퍼지는 정도를 감안하여 떼어 놓는다.
- 장식물은 껍질이 형성되기 전에 올려놓는다.
- 젤리나 잼은 소량 사용한다.

③ **아이스 박스 쿠키** : 쇼트 도우 쿠키 형태이지만 냉장(동)고에 넣는 공정을 거친다.

- 서양 장기판 등 여러 가지 모양을 만들기 전에 반죽을 냉장(동)한다.
- 너무 진한 색상을 피하고, 반죽 전체에 고르게 분배시켜야 한다.
- 쿠키 반죽은 썰기 전에 냉동시키고, 예리한 칼을 사용하여 모양을 만든다.
- 냉동된 쿠키 반죽은 굽기 전에 조리실 온도 근처로 해동시킨다.
- 쿠키 껍질 색이 얼룩지지 않도록 오븐의 윗불 조정에 유의한다.

3) 반죽형 쿠키의 결점과 원인

(1) 퍼짐의 결핍

① 너무 고운 입자의 설탕 사용

② 한번에 전체 설탕을 넣고 믹싱

③ 과도한 믹싱

④ 너무 과도한 산성 반죽의 사용

⑤ 높은 온도의 오븐

(2) 과도한 퍼짐

① 과량의 설탕 사용

② 되기가 너무 묽은 반죽의 사용

③ 과도한 기름칠을 한 팬의 사용

④ 낮은 온도의 오븐

⑤ 반죽이 알칼리성

⑥ 유지가 많거나 부적당한 경우

(3) 딱딱한 쿠키

① 유지 부족

② 글루텐 발달이 많이 된 반죽의 사용

③ 너무 강한 밀가루

(4) 팬에 눌러 붙음

① 너무 약한 밀가루

② 달걀 사용량 과다

③ 너무 묽은 반죽의 사용

④ 불결한 팬

⑤ 반죽 내의 설탕 반점

⑥ 부적당한 금속 재질의 팬

(5) 표피의 갈라짐

① 오버 베이킹

② 급속 냉각

③ 수분 보유제의 빈약

④ 부적당한 저장

15. 밤과자

1) 기본 배합률

재료명	비율(%)
달걀	60
설탕	40
소금	1
바닐라향	0.4
마가린	5
박력분	100
베이킹파우더	2
탈지분유	3

2) 제조 공정

(1) 믹싱

① 거품이 일어나지 않도록 달걀을 풀어준 다음 설탕, 바닐라향, 소금, 버터를 넣어 중탕한 후 설탕이 녹으면 20℃까지 냉각시킨다.

② 밀가루, 베이킹파우더, 분유를 혼합하여 체에 쳐 넣고, 나무 주걱으로 가볍게 한 덩어리로 만든다.

③ 비닐에 넣어 20분 정도 휴지시킨다.

(2) 팬닝

① 반죽을 20g씩 분할하여 앙금을 싸서 밤 모양으로 만든다.

② 밤의 꼭지 반대편에 물을 묻히고 깨를 묻혀 팬닝한다.

③ 윗면을 평평하게 눌러준 후 분무기로 물을 뿌려 덧가루를 제거한다.

④ 밤과자 표면에 달걀노른자와 색소 섞은 것을 바른다.

(3) 굽기

190℃에서 15~20분간 굽는다.

*** **결점 및 원인**

❶ 껍질이 터진다.
- 반죽이 된 경우
- 휴지가 부적절한 경우
- 앙금에 수분이 많은 경우
- 오븐의 윗불이 높은 경우

❷ 표면이 거칠다.
- 덧가루를 과다 사용한 경우

16. 냉과

냉과(entremets froids)란 냉장고에서 마무리하는 모든 과자이다.

1) 바바루아(bavarois)

우유, 설탕, 달걀을 끓여 생크림, 젤라틴을 섞어 만든 것으로 과일 퓌레를 사용하여 맛을 보강한다. 19세기 초 독일 바바리아 지방의 음료를 현재와 같은 모양으로 만들었다.

2) 무스(mousse)

프랑스어로 '거품'이라는 뜻으로 커스터드 또는 초콜릿, 과일 퓌레에 생크림, 젤라틴 등을 넣고 굳혀 만든 것이다. 바바루아가 발전된 것이 무스이고 바바루아와 무스에 공통적으로 사용하는 안정제는 젤라틴이며, 무스 표면에 바른 젤리는 얼굴을 비출 정도로 광택이 난다.

3) 푸딩(pudding)

달걀, 우유와 설탕을 끓기 직전인 80~90℃까지 데운 후, 달걀을 풀어 둔 볼에 혼합하여 중탕으로 구운 것이다. 달걀의 열변성에 의한 농후화 작용을 이용한 제품으로 육류, 과일, 채소, 빵을 섞어 만들기도 한다(팬닝 양은 95%이며 설탕 : 달걀 = 1 : 2 비율임).

*** **푸딩의 제조 공정**

❶ 우유와 일부의 설탕을 80~90℃까지 데운다.
❷ 다른 그릇에 달걀, 소금, 나머지 설탕을 넣고 혼합한다.
❸ 우유를 넣고 섞은 후 체에 걸러 알끈을 제거한다.
❹ 푸딩 틀에 내용물을 95%까지 넣는다.
❺ 물이 담긴 평철판에 배열한 후 160~170℃ 정도의 오븐에서 굽는다.

4) 젤리(jelly)

과즙, 와인 같은 액체에 안정제인 펙틴, 젤라틴, 한천, 알긴산 등을 넣고 굳힌 것이다.

5) 블라망제(blancmanger)

흰(blanc) 음식(manger)을 뜻하며, 아몬드를 넣은 희고 부드러운 냉과이다.

CHAPTER 3

제빵 이론

제빵의 기본 공정

제빵의 제법

제빵 제품별 제법

제빵의 평가

제빵의 기본 공정

제빵 순서는 제빵법에 따라서 달라지나 스트레이트법의 기본적인 순서는 다음과 같다. 제빵법 결정 → 배합표 작성 → 재료 계량 및 원료의 전처리 → 반죽(믹싱) → 1차 발효 → 성형 과정(분할 → 둥글리기 → 중간 발효 → 정형 → 팬닝) → 2차 발효 → 굽기 → 냉각 → 포장에 의해 행해진다. 이때 기본 재료인 가루재료, 즉 밀가루와 분유 등은 체에 쳐서 사용하도록 한다. 이때 체에 치는 목적은 이물질을 제거하고, 신선한 공기를 혼입시키며 두 가지 이상의 가루 재료를 고르게 분산시키기 위함이다. 이스트를 사용할 때 일반적으로 건조 이스트는 생 이스트의 40~50%를 사용하며 보통 이스트의 4배 되는 물을 40~45℃로 데운 후 5~10분간 수화시켜 사용한다. 생 이스트는 압착 효모라고도 하며 70~75%의 수분을 함유하므로 물에 타서 사용하기도 하고 그냥 잘게 부수어 밀가루에 혼합하여 사용하며 냉장고 또는 낮은 온도에서 보관한다. 이스트를 녹이거나 설탕, 소금, 커피 가루 등을 녹이는 물은 반드시 계량된 반죽물의 일부를 사용하고 계절이나 각 반죽의 온도에 따라 물의 온도를 조절하여 사용한다.

1. 제빵법 결정

빵 제조에 있어 가장 먼저 결정해야 하는 것은 제빵법, 즉 어떠한 방법으로 만들 것인가이다. 그 기준은 기계 설비, 제조량, 노동력, 판매 형태, 소비자의 기호 등을 고려하여 결정한다.

2. 배합표 작성

배합표란 일명 레시피(recipe)라고 하며 모든 음식을 만들 때 사용되는 것으로서, 빵을 만드는데 필요한 재료명, 재료의 비율, 재료의 무게를 숫자로 정확히 나타낸 표를 말한다.

1) 배합표 작성법

① **Baker's %** : 밀가루의 양을 100%로 하고 각 재료가 차지하는 양을 %로 표시한다.

② **True %** : 전 재료의 양을 100%로 하고 각 재료가 차지하는 양을 %로 표시한다.

2) 배합량 계산법

① 각 재료의 무게(g) = 밀가루 무게(g) × 각 재료의 비율(%)

② 밀가루 무게(g) = $\dfrac{\text{밀가루 비율(\%)} \times \text{총 반죽 무게(g)}}{\text{총 배합률(\%)}}$

③ 총 반죽 무게(g) = $\dfrac{\text{총 배합률(\%)} \times \text{밀가루 무게(g)}}{\text{밀가루 비율(\%)}}$

3. 재료 계량 및 재료의 전처리

결정된 배합표에 의해 재료를 준비하는 작업으로 배합표에 따라 재료의 양을 정확히 측정해서 사용한다.

1) 재료의 전처리

① **가루 재료** : 밀가루, 탈지분유, 설탕 등 가루 상태의 재료는 체에 쳐서 사용한다.

② **생이스트** : 잘게 부수어 밀가루에 혼합하여 사용하거나 다섯 배의 물에 녹여 사용한다.

③ **우유** : 가열 살균한 뒤 차게 해서 사용한다.

④ **물** : 밀가루 단백질의 양에 따라 차이가 있으므로 흡수율과 반죽 온도를 고려하여 양을 정한 후 물의 온도를 조절한다.

⑤ **탈지분유** : 수분을 흡수하여 덩어리가 생기므로 설탕 또는 밀가루와 분산시켜 사용한다.

2) 가루 재료를 체에 치는 이유

① 재료를 고르게 분산시킬 수 있다.

② 이스트가 호흡하는 데 필요한 공기를 넣어 발효를 촉진시킬 수 있다.

③ 가루 속의 덩어리나 불순물을 제거할 수 있다.

④ 흡수율이 증가되어 수화 작용이 빨라지도록 돕는다.

⑤ 밀가루 부피를 증가시킨다.

4. 반죽

밀가루와 같은 고운 가루 재료와 설탕, 소금, 그 밖의 액체 재료와 유지 재료를 넣고 치대는 작업을 반죽(믹싱, mixing)이라고 하는데, 치댈수록 밀가루의 글루텐이 발전되고 탄력과 신장성이 형성된다.

1) 반죽의 목적

① 각 재료를 균일하게 혼합시킨다.

② 밀가루의 글루텐을 발전시켜 탄력성, 가소성, 점성이 최적인 상태로 만든다.

③ 밀가루를 수화(손상 전분과 단백질의 완전 수화)된 상태로 만든다.

④ 반죽에 공기를 혼입시켜 이스트를 활성화시킨다.

2) 반죽 단계

(1) 1단계 : 픽업 단계(pick-up stage)

① 저속 믹싱에 의해 각 재료들이 균일하게 혼합되고, 글루텐의 구조가 형성되기 시작하는 단계이다.

② 반죽이 질퍽질퍽한 상태이다.

③ 믹서는 1단으로 사용한다.

④ 데니쉬 페이스트리 반죽은 여기서 완성한다.

(2) 2단계 : 클린업 단계(clean-up stage)

① 반죽의 덩어리가 만들어지기 시작하면서 볼이 깨끗해진다.

② 글루텐이 형성되기 시작하는 단계로 유지를 넣는다(유지를 처음부터 넣으면 밀가루 입자와 유지가 부착되어 물의 흡수를 방해하고 글루텐 형성을 저해).

③ 글루텐의 결합은 적고, 반죽을 펼쳐도 두꺼운 채로 끊어진다.

④ 흡수율을 높이기 위하여 이 단계에서 소금을 넣기도 한다(후염법).

⑤ 장시간 발효하는 빵의 반죽은 여기서 완성한다.

***** 유지를 처음부터 다른 재료와 함께 혼합 믹싱하지 않는 이유**

❶ 밀가루가 수화되는 것을 유지가 방해하므로

❷ 유지가 이스트를 코팅하여 발효력을 저해할 우려가 있으므로

---

(3) 3단계 : 발전 단계(development stage)

① 반죽의 표면이 매끄러우며 탄력성이 최대가 된다.

② 믹서기에 최대의 에너지가 요구된다.

③ 반죽이 볼 안쪽 벽을 때리는 소리가 불규칙하게 들린다.

④ 불란서빵 및 공정이 많은 빵의 반죽은 여기서 완성한다.

(4) 4단계 : 최종단계(final stage)

① 탄력성뿐만 아니라 신장도도 최적인 상태가 된다.

② 신장성이 늘어남에 따라 반죽이 믹싱볼을 두드리는 소리가 난다.

③ 반죽이 부드럽고 매끈한 광택을 가지며 곱고 균일한 반투명막이 형성된다.

④ 글루텐이 결합되는 마지막 단계로, 대부분의 빵 반죽은 이 단계가 최적의 상태이다.

(5) 5단계 : 렛다운 단계(let-down stage)

① 반죽이 탄력성을 잃고 신장성이 커져 고무줄처럼 늘어지며 점성이 많아진다.

② 오버 믹싱, 늘어지는 단계라고 한다.

③ 플로어 타임을 길게 잡아 반죽의 탄력성을 회복시켜야 한다.

④ 잉글리시머핀, 햄버거빵 반죽은 이 단계까지 한다.

(6) 6단계 : 파괴 단계(break down stage)

① 글루텐이 더 이상 결합하지 못하고 끊어지는 단계로, 탄력성을 완전히 잃어 빵을 만들 수 없게 된다.

② 이 반죽으로 빵을 만들어 구우면 팽창이 일어나지 않고 제품이 거칠게 나온다.

3) 반죽 시간에 영향을 미치는 요소

① **반죽기의 회전 속도와 반죽량** : 회전 속도가 빠르고 반죽량이 적으면 믹싱 시간이 짧다.

② **반죽의 온도** : 반죽 온도가 높으면 믹싱 시간이 짧아지고 반죽 온도가 낮으면 믹싱 시간이 길어진다.

③ **단백질 함량** : 단백질의 양이 많을수록, 숙성이 잘 되었을수록 믹싱 시간이 길다.

④ **소금** : 글루텐을 강하게 하여 반죽의 탄력성을 키워 믹싱 시간이 길어지며, 후염법으로 믹싱을 하면 약 20% 정도 믹싱 시간이 단축된다.

⑤ **설탕** : 설탕량이 많으면 반죽의 구조가 약해지므로 믹싱 시간이 오래 소요되고, 설탕량이 적으면 밀가루의 단백질 비율이 높아지므로 믹싱 시간은 단축된다.

⑥ **탈지 분유량** : 유지량이 많은 상태에서 처음에 넣으면 믹싱 시간이 길어지고, 유지량이 적은 상태에서 클린업 단계에 넣으면 믹싱 시간은 단축된다.

⑦ **스펀지 양, 발효시간** : 스펀지의 배합 비율이 높고 발효시간이 길어질수록 반죽 시간이 짧아진다.

⑧ **pH** : pH 5.0 정도에서 글루텐이 가장 질기고 믹싱 시간이 길어지며, pH 5.5 이상이 되면 글루텐이 약해지므로 믹싱 시간은 짧아진다.

⑧ **반죽의 되기** : 물의 양이 적어 반죽이 되면 믹싱 시간은 짧아지며, 물의 양이 많아 반죽이 질면 믹싱 시간이 길어진다.

***** 반죽에 쓰이는 용어**

❶ 탄력성 원래의 모습으로 되돌아가려는 성질
❷ 신장성 고무줄처럼 늘어나는 성질
❸ 점탄성 점성과 탄성을 겸하고 있는 성질
❹ 흐름성 팬 또는 용기에 반죽이 흘러서 채워지는 성질
❺ 가소성 높은 온도에서는 잘 녹지 않고, 낮은 온도에서는 단단해지지 않는 성질

---

4) 수분 흡수에 영향을 주는 요인

① **밀가루 단백질** : 단백질이 1% 증가하면 흡수율은 1.5~2% 증가한다.

※ 고급분일수록 흡수율 증가(강력분 > 박력분)

② **손상 전분 함량** : 손상 전분 1% 증가에 흡수율은 2% 증가한다.

※ 손상 전분이 많을수록 흡수량 증가

③ **소금 넣는 시기** : 반죽 1단계부터 넣으면 흡수량이 적어지고, 2단계에 넣으면 흡수량이 많아진다.

④ **설탕** : 사용량을 5% 늘림에 따라 흡수량이 1%씩 줄어든다.

⑤ **탈지분유** : 사용량을 1% 늘림에 따라 흡수량이 0.75~1% 증가한다.

⑥ **물의 종류** : 단물(연수)이면 흡수량이 적어 글루텐의 힘이 약하고 센물(경수)이면 흡수량이 많아 글루텐이 강하다. 빵 반죽에 알맞은 물은 단물과 센물의 중간인 아경수이다.

⑦ **제법** : 스펀지법이 스트레이트법보다 흡수율이 더 낮다.

⑧ **반죽 온도** : 반죽 온도가 낮을수록 흡수량이 증가한다. 온도가 ±5℃ 증가함에 따라 ±3% 증감한다.

5) 반죽 온도 조절

반죽을 끝낸 직후의 온도를 반죽 온도라 한다. 반죽 온도에 따라 이스트에 의한 발효는 상태가 바뀌므로 반죽의 온도가 적당해야 적합한 상태로 발효가 되는데 일반적인 반죽의 온도는 27℃이다. 반죽의 온도에 영향을 미치는 것은 주로 물의 온도이므로 계절이나 실내 온도에 따라 물을 데워서 사용하거나 찬물 또는 얼음물을 사용하기도 한다. 또한 재료 중 많이 사용하는 밀가루나 실내 온도에 의해서도 영향을 받으며, 반죽 중 반죽과 믹싱볼의 마찰에 의해 일어나는 마찰계수를 포함시켜서 반죽 온도를 계산한다.

(1) 제빵법에 따른 적합한 반죽 온도

제법	반죽 온도
스트레이트법	27℃(데니시페이스트리 18~22℃)
스펀지 도우법	스펀지(sponge) : 22~26℃(통상 24℃)
	본반죽(dough) : 25~29℃(통상 27℃)
액체 발효법	액종온도 : 30℃
비상반죽법	비상 스트레이트법 : 30℃
	비상 스펀지도우법 : 30℃
노타임 반죽법	30℃

(2) 스트레이트법의 반죽 온도 계산

① 마찰계수 = 반죽 결과 온도 × 3 − (밀가루 온도 + 실내 온도 + 수돗물 온도)

② 사용할 물의 온도 = 희망 반죽 온도 × 3 − (밀가루 온도 + 실내 온도 + 마찰계수)

③ 얼음 사용량 = $\dfrac{\text{물 사용량} \times (\text{수돗물 온도} - \text{사용할 물 온도})}{\text{수돗물 온도} + 80}$

(3) 스펀지 온도법의 반죽 온도 계산

① 마찰계수 = 반죽 결과 온도 × 4 − (밀가루 온도 + 실내 온도 + 수돗물 온도 + 스펀지 온도)

② 사용할 물 온도 = 희망 반죽 온도 × 4 − (밀가루 온도 + 실내 온도 + 마찰계수 + 스펀지 온도)

③ 얼음 사용량 = $\dfrac{\text{물 사용량} \times (\text{수돗물 온도} - \text{사용할 물 온도})}{80 + \text{수돗물 온도}}$

6) 반죽의 물리적 실험

(1) 패리노그래프(farinograph)

① 독일의 브라벤더(Brabender)가 만든 장치로, 밀가루의 흡수율(단백질 흡수율, 글루텐의 질)을 측정하는 기계이다.

② 반죽 내구성, 시간 등을 측정하는 기계이다.

③ 고속 믹서기에서 일어나는 물리적 성질을 그래프로 기록하여 곡선이 500B.U.에 도달하는 시간으

로 밀가루의 특성을 알 수 있다.

(2) 아밀로그래프(amylograph)

① 온도의 변화에 따라 밀가루의 α−아밀라아제의 호화 정도를 측정(밀가루 전분의 분해 효소력 측정)한다.

② 곡선 높이로는 400∼600B.U.가 적당하다.

(3) 익스텐소그래프(extensograph)

① 반죽의 신장성에 대한 저항을 측정한다.

② 신장 내구성으로 발효시간을 측정한다.

(4) 레오그래프(rheograph)

기계적 발달을 할 때 일어나는 변화를 측정할 수 있다.

(5) 믹소그래프(mixograph)

반죽하는 동안 글루텐의 발달 정도를 측정하여 글루텐의 양과 흡수율의 관계, 반죽 시간, 반죽의 내구성을 알 수 있다.

5. 1차 발효

1차 발효(1st fermentation)란 이스트가 빵 반죽 속의 당류를 분해하거나 산화, 환원시켜 알코올과 탄산가스를 만들고, 반죽을 숙성시켜 특유의 향을 내게 되는 과정으로, 발효를 잘 시킴으로써 부드러워지고 부피도 개선되며 제품의 노화도 지연시킬 수 있다. 즉 발효 과정에 따라 제품의 맛과 향기가 좌우된다.

1) 발효의 목적

① **팽창 작용** : 이스트의 효소가 반죽 속의 당류를 분해하여 최종 산물인 이산화탄소를 발생시켜 부풀어 오르게 한다.

② **맛과 향의 생성** : 유기산, 알코올, 알데히드 등의 향이 나게 한다.

③ **반죽의 발전** : 발효하는 동안 반죽의 발전과 숙성이 이루어진다.

2) 발효에 영향을 주는 요소

① **이스트의 양** : 이스트의 양이 많을수록, 신선할수록 발효시간은 짧아진다.

$$\text{변경할 이스트 양}(X) = \frac{\text{정상 이스트 양}(Y) \times \text{정상 발효시간}(T)}{\text{변경할 발효시간}(V)}$$

② **반죽 온도** : 반죽 온도가 0.5℃ 상승하면 발효시간은 15분 단축된다.

③ **반죽의 pH** : pH가 낮을수록 가스가 많이 발생한다(적정 범위 내에서).

- 이스트가 활동하기 좋은 pH 범위는 pH 4.5~5.5(4.7이 최적)
- 완제품 빵의 pH와 발효 상태
  - pH 5.0 : 지친 반죽
  - pH 5.7 : 정상 반죽
  - pH 6.0 : 어린 반죽

④ **당의 양** : 당의 양이 5%까지는 대략 비례적이나 그 이상이 되면 가스 발생력이 약해져 발효시간이 길어진다.

⑤ **소금의 양** : 소금은 표준량(1.75%)보다 많아지면 효소의 작용을 억제하기 때문에 가스 발생력이 줄어든다.

⑥ **이스트 푸드**

- 암모늄염 : 이스트의 영양소 공급
- 산화제 : 가스 포집력 개선

⑦ **삼투압** : 삼투압이 상승하면 발효력은 떨어진다.

⑧ **효소** : 생화학적 반응을 일으킨다.

⑨ **단백질** : 프로테아제에 의해 아미노산으로 분해된다.

⑩ **전분** : 아밀라아제에 의해 맥아당으로 분해된다.

⑪ **맥아당** : 말타아제에 의해 두 개의 포도당으로 분해된다.

⑫ **유당** : 발효에 의해 분해되지 않고 잔당으로 남아 캐러멜화 반응을 일으킨다.

⑬ **포도당, 과당** : 치마아제에 의해 이산화탄소($2CO_2$) + 알코올($2C_2H_5OH$) + 유기산

3) 발효 손실

발효 손실의 주원인은 수분 증발이다(평균 1~2%).

① **반죽의 온도가 높은 경우** : 가스 발생과 수분 증발이 많아진다.

② **고율 배합** : 수분의 방출을 억제하여 발효 손실이 적다.

③ **발효실 온도가 높거나 습도가 낮은 경우** : 수분 증발이 많아져 발효 손실이 커진다. 일반적으로 발효하는 동안 스펀지의 온도는 5~5.5℃ 상승한다.

예 100g짜리 빵 100개를 만들려고 한다. 발효 손실 1%, 굽기 손실 12%, 전체 배합률이 180일 때 반죽의 무게와 밀가루의 무게는?

- 전체 제품의 무게 = 100 × 100 = 10,000g = 10kg
- 반죽의 무게 = $\frac{10}{1-0.12}(1-0.01)$ = 11.48kg
- 밀가루의 무게 = $\frac{\text{총 반죽 무게} \times \text{밀가루의 배합률}}{\text{총 배합률}} = \frac{11.48 \times 100}{180}$ = 6.38kg

정답 반죽의 무게 : 11.48kg
밀가루의 무게 : 6.38kg

4) 1차 발효의 조건

제법	조건	발효의 완료점
스트레이트법	• 온도 : 27℃ • 습도 : 75~80%	• 부피 : 3~3.5배 증가 • 반죽 내부에 섬유질 생성 • 손가락 테스트 시 반죽을 눌렀을 때 눌린 부분이 조금 오므라드는 상태
스펀지 도우법(스펀지)	• 온도 : 27℃ • 습도 : 75~80%	• 표준 발효시간 : 3~4시간 • 부피가 4~5배 증가 • 드롭 현상
액체발효법(액종)	• 온도 : 30℃	• 발효시간 : 2~3시간 • pH로 측정 : pH 4.2~5.0

(1) 가스 빼기(펀치, punch)

발효하기 시작하여 반죽의 부피가 80%(전체 발효시간의 2/3 되는 시점)가 되었을 때 반죽에 압력을 주어 가스를 뺀다.

(2) 펀치를 하는 이유

① 반죽 온도를 균일하게 해 준다.
② 이스트의 활성과 산화, 숙성을 촉진시킨다.
③ 반죽에 산소를 공급한다.
④ 발효를 촉진시킨다.

6. 성형

1차 발효를 끝낸 반죽을 적절한 크기로 나누고 희망하는 모양으로 만드는 과정을 성형(Make-up)이라고 하며 분할(dividing) → 둥글리기(rounding) → 중간 발효(bench time) → 정형(molding) → 팬닝(panning)의 과정을 포함한다.

1) 분할(dividing)

발효된 반죽을 미리 정한 무게에 따라 일정하게 나누는 것이며 분할 방법에는 기계분할과 손분할이 있다.

(1) 기계분할

① 대량생산 공장에서 하는 방법으로 부피를 기준으로 분할한다.

② 분할기를 이용하여 식빵은 20분, 과자류 빵은 30분 이내에 분할한다.

③ 반죽이 분할기에 달라붙지 않도록 광물유인 유동파라핀 용액을 바른다.

(2) 손분할

① 소규모 공장에서 하는 방법으로 무게를 달아 분할한다.

② 기계분할에 비하여 부드럽게 할 수 있으므로 약한 밀가루 반죽의 분할에 유리하다.

③ 덧가루는 제품에 줄무늬를 만들고 맛을 변질시키므로 가능한 한 적게 사용해야 한다.

2) 둥글리기(rounding)

(1) 목적

① 분할로 흐트러진 글루텐의 구조를 재정돈한다.

② 반죽 표면에 엷은 표피를 형성시켜 반죽의 끈적거림을 제거한다.

③ 분할에 의한 형태의 불균일을 일정한 형태로 만들어 다음 공정인 정형을 쉽게 한다.

④ 중간 발효 중 생성되는 가스를 보유할 수 있는 구조를 만든다.

(2) 방법

① **수동** : 분할된 반죽이 100g 이하일 경우 손바닥에서 둥글리기 하고 반죽이 100g일 경우 작업대에서 두 손으로 감싸서 둥글리기 한다.

② **자동** : 기계인 라운더(rounder)를 사용하여 둥글리기를 한다(손상이 많음).

***** 라운더**

기계로 분할하여 상처난 반죽 부위를 봉합함과 동시에 표면을 매끄럽게 마무리하는 기계

(3) 덧가루를 사용할 경우

① 빵 속에 줄무늬가 생성된다.

② 이음매의 봉합을 방해하여 중간 발효 중 벌어진다.

※ 전분은 밀가루보다 훨씬 작은 양으로도 반죽의 표피를 건조시킬 수 있으므로 경제적이며 덧가루 사용의 역효과가 거의 없다.

(4) 둥글리기 할 때 반죽이 기계에 달라붙는 것을 방지하는 방법

① 최적의 가수량(반죽 정도 알맞게)

② 적정한 덧가루 사용

③ 유화제 사용

④ 최적 발효 상태 유지

⑤ 표피 건조

3) 중간 발효(intermediate proofing, bench time)

둥글리기 한 반죽을 성형하기까지 짧게 발효시키는 방법으로 일명 벤치 타임(bench time)이라고도 하며, 1차 발효 중 덜 되었거나 더 되었을 때 이 과정에서 약간 조절하는 것이 가능하다.

(1) 목적

① 잃어버린 가스를 보충하여 반죽의 유연성을 회복시킨다.

② 글루텐 조직의 구조를 재정돈시킨다.

③ 탄력성, 신장성 회복으로 밀어 펴기 과정 중 찢어지지 않도록 한다.

(2) 중간 발효의 조건과 방법

① **시간** : 15~20분(부피 1.7~2.0배)

② **온도** : 27~29℃(1차 발효실의 온도와 거의 같음, 실온)

- 실온이 낮은 겨울에는 발효기에 넣어 보온, 작업대에서 중간 발효시킬 때도 헝겊이나 비닐로 덮어 반죽 표피가 마르지 않게 한다.

③ **습도** : 상대 습도 75% 전후

- 낮은 습도 : 껍질이 형성되어 빵 속에 단단한 소용돌이가 생긴다.
- 높은 습도 : 끈적거리는 표피로 불필요하게 덧가루가 많이 사용된다.

4) 정형(molding)

(1) 정형의 의미와 작업실의 조건

일정한 모양을 만드는 공정이며, 온도 27~29℃, 습도 75% 내외에서 작업을 해야 한다.

(2) 정형 공정

① **밀기** : 반죽을 밀대나 롤러를 사용하여 밀어서 큰 가스를 빼고 고르게 분산시켜 반죽 내의 크고 작은 기포를 균일하게 한다.

② **말기** : 적당한 압력을 주면서 고르게 균형을 맞추어 말거나 접기를 한다.

③ **봉하기** : 이음매를 단단하게 붙인다(터지지 않도록).

5) 팬닝(panning)

성형이 완료된 반죽을 틀이나 철판에 채우는 일이다.

(1) 팬닝의 요령

① 반죽의 무게나 상태를 정하여 비용적에 맞추어 적당한 반죽량으로 넣는다.

- 반죽의 분할량 = 팬의 용적 ÷ 비용적
- 비용적 : 단위 질량을 가진 물체가 차지하는 부피를 말하며, 단위는 cm^3/g이다.
- 산형 식빵(오픈형) : 3.2~3.4cm^3/g, 풀먼형 식빵(샌드위치형) : 3.3~4.0cm^3/g

② 반죽의 이음매는 팬의 바닥에 놓아 2차 발효나 굽기 공정 중 이음매가 벌어지는 것을 방지

③ 팬닝 전의 온도 : 30~35℃

(2) 팬 관리

① **목적** : 이형성을 좋게 하여 분리가 쉽도록 하며 팬의 수명을 길게 한다.

② **방법**

- 틀을 마른 천으로 닦아 유분과 더러움을 제거한다(물로 씻으면 안 됨).
- 기름을 바르지 않고 철판은 280℃, 양철판은 220℃에서 1시간 동안 굽는다.
- 60℃ 이하로 냉각 후 이형유를 얇게 바르고 다시 굽는다.
- 다시 냉각하여 기름을 바르고 보관한다.

(3) 팬 오일

① 무색, 무미, 무취의 발연점이 높은 기름을 사용한다.

② 반죽 무게의 0.1~0.2% 정도를 사용하며, 과다 사용하면 제품의 밑 껍질이 두껍고 어둡게 된다.

7. 2차 발효

2차 발효(2nd fermentation, final proofing)는 성형한 반죽에 한 번 더 가스를 포함시켜(처음 부피의 70~80%까지 부풀림) 반죽의 신장성을 높여 부드러운 제품을 구워 내기 위한 작업 과정으로, 발효의 최종단계이다.

1) 목적

① 빵의 향에 관계하는 알코올, 유기산 및 그 외의 방향성 물질을 생산한다.

② 가스가 빠진 반죽을 다시 부풀린다.

③ 바람직한 외형과 식감을 얻을 수 있다.

④ 반죽 온도가 상승함에 따라 이스트와 효소가 활성화된다.

⑤ 반죽의 신장성 증가로 오븐 팽창이 잘 일어나도록 돕는다.

2) 발효 조건

(1) 습도가 높을 때

① 껍질에 수포(기포, 물집)가 생긴다.

② 거친 껍질이 형성되며 질기다.

③ 반점이나 줄무늬가 생긴다.

④ 제품의 윗면이 납작해진다.

(2) 습도가 낮을 때

① 부피가 작고 표면이 말라 터짐 현상이 발생된다.

② 껍질 색이 고르게 나지 않는다.

③ 얼룩이 생기기 쉬우며 광택이 부족하다.

④ 제품의 윗면이 솟아오른다.

(3) 발효가 부족할 때(어린 반죽)

① 글루텐의 신장성이 불충분하여 부피가 작다.

② 껍질에 균열이 일어나기 쉽고 색이 짙고 붉다.

③ 속결은 조밀하고 조직은 가지런하지 않게 된다.

(4) 발효가 지나칠 때(지친 반죽)

① 당의 부족으로 껍질의 색이 열다.

② 산이 많이 생겨 향이 좋지 않다.

③ 옆면이 들어가며 주저앉기 쉽다.

3) 제품별 2차 발효실의 온도 및 습도

항목	온도	습도
일반적 조건	32~45℃	75~90%
식빵·과자빵류	38~40℃	85~90%
하스브레드(바게트, 하드롤)	32℃	75~80%
도넛	32℃	65~75%
데니시 페이스트리, 브리오슈	27~32℃	75~85%

8. 굽기

빵의 주성분은 밀가루이고 밀가루의 70%가 전분이므로 빵은 곧 전분이라 할 수 있다. 이러한 전분은 굽기(baking) 과정을 통하여 α-전분 상태인 소화가 용이한 형태로 변화된다. 일반적으로 2차 발효 과정인 생화학적 반응이 굽기 후반부에 멈추고, 전분과 단백질은 열 변성하여 구조력을 형성시키는 과정이며, 제빵 과정에서 가장 중요한 공정이라 할 수 있다.

1) 굽기의 단계

구분	내용
1단계	• 처음 굽기 시작 시간의 25~30%로 부피가 급격히 커지는 단계이다. • 탄산가스가 열을 받아 팽창하여 반죽 전체로 퍼지면서 반죽의 부피가 커진다.
2단계	• 다음의 35~40%는 표피가 색을 띠기 시작하는 단계이다. • 수분의 증발과 함께 캐러멜화 반응과 메일라드(갈변) 반응이 일어난다.
3단계	• 마지막 30~40%는 중심부까지 열이 전달되어 안정되는 단계이다. • 제품의 옆면이 단단해지고 껍질의 색도 진해진다.

2) 굽기의 원칙

① 저율 배합한 발효가 지나친 반죽은 고온에서 단시간 굽는다.

② 고율 배합한 발효가 부족한 반죽은 저온에서 장시간 굽는다.

③ 높은 온도에서 단시간 구우면 수분이 많아지며 언더 베이킹 현상이 일어난다.

④ 낮은 온도에서 장시간 구우면 오버 베이킹 현상이 일어난다.

3) 굽기에 따른 변화

(1) 오븐 라이즈(oven rise)

반죽의 내부 온도가 아직 60℃에 이르지 않은 상태에서 이스트의 활동과 효소의 활성으로 반죽 속에 가스가 만들어지므로 반죽의 부피가 조금씩 커진다.

(2) 오븐 스프링(oven spring)

① 발효 과정에서 발생한 가스는 열을 받으면 압력이 커져 팽창을 돕는다.

② 반죽 속에 녹아 있는 탄산가스가 49℃ 이상이 되면 기체로 변하면서 팽창을 돕는다.

③ 끓는점이 낮은 액체가 기체로 변화하여 팽창을 돕는다(알코올 : 79℃부터 증발).

④ 글루텐의 연화와 전분의 호화, 가소성화가 팽창을 돕는다.

(3) 전분의 호화

① 전분 입자는 40℃에서 팽윤하기 시작하여 50~65℃에 다다르면서 유동성이 크게 떨어진다.

② 전분의 호화는 주로 수분과 온도에 의해 영향을 받는다.

(4) 단백질 변성

① 반죽 온도 74℃에서 굳기 시작하여 반 고형질의 구조를 형성하며 마지막 단계까지 천천히 계속된다.

② 단백질 열변성은 60~70℃에서 시작하여 물과의 결합력을 잃고 단백질과 분리된 물은 단백질에서 전분으로 옮아가서 전분의 호화를 돕는다.

(5) 껍질의 갈색 변화

빵의 표피 부분은 160℃를 넘어서면서 껍질 색을 형성시키는데 캐러멜화 반응과 메일러드 반응에 의해 색이 형성된다.

① **캐러멜화 반응** : 당(탄수화물)이 열을 받아 분해되어 착색성 물질을 생성하는 반응이다.

② **메일러드 반응** : 아미노산과 환원당(포도당, 과당, 맥아당 등)이 열의 작용에 의해 갈색의 복합체인 메일러드를 만들어 표피의 갈변 현상과 독특한 풍미를 발생시킨다.

(6) 향의 생성

빵의 향은 발효산물인 알코올, 유기산 에스테르, 알데히드, 케톤류에 의하며 빵 껍질에서 메일러드 반응이 일어나 생성된 향기가 빵 속으로 침투하여 흡수에 의해서 보유된다.

(7) 효소 작용

① 아밀라아제는 적정 온도 범위 내에서 10℃ 상승함에 따라 그 활성이 두 배가 된다.

② 이스트는 60℃에서 사멸한다.

4) 굽기 손실

① 빵이 오븐에서 구워지는 동안 무게가 줄어드는 현상으로, 발효 산물 중 휘발성 물질의 휘발과 수분이 증발한 탓에 발생한다.

② 굽기 손실에 영향을 주는 요인은 배합표, 굽는 온도, 굽는 시간, 제품의 크기와 형태 등 다양하다.

③ 굽기 손실 비율(g) = $\frac{\text{반죽 무게(g)} \times \text{빵 무게(g)}}{\text{반죽 무게(g)}} \times 100$

5) 굽기의 실패 원인

원인	결과
너무 낮은 오븐 온도	• 빵의 부피가 크고 기공이 거칠며, 껍질이 두껍고 색이 옅다. • 굽기 손실이 많다.
너무 높은 오븐 온도	• 빵의 부피가 작고 껍질 색이 짙으며 바삭바삭하다. • 굽기 손실이 적다(하드 브레드의 경우 높은 열이 오히려 좋음).
과량의 증기	• 오븐 팽창이 커져 빵의 부피가 크다. • 껍질이 질기고 표면에 물집(수포)이 생긴다.

(계속)

원인	결과
부족한 증기	• 껍질이 갈라진다. • 구운 색이 옅고 광택이 없는 빵이 된다.
불충분한 열의 분포 (밑불이 불충분할 때)	• 껍질은 잘 구워지나 아래와 옆면은 덜 구워져, 슬라이스할 때 찌그러지기 쉽다.
부적당한 틀(철판) 간격	• 450g일 때 2cm, 680g일 때 2.5cm가 알맞다. • 반죽 무게가 늘어날수록 간격을 넓힌다. • 너무 가까우면 더운 공기의 순환이 어려워진다.

9. 냉각

냉각 온도는 35~40℃, 냉각된 빵의 수분 함량은 38%(갓 구워낸 빵은 껍질에 12%, 빵 속에 45%)인데, 냉각(cooling)을 하면 곰팡이 및 기타 오염균의 피해를 막고 절단과 포장이 쉽다.

1) 목적

① 빵의 곰팡이나 그 밖의 균에 의한 피해를 억제시킨다.

② 슬라이스나 포장이 쉽다.

2) 냉각 온도에 따른 영향

(1) 냉각 온도가 높을 경우

① 수분 과다로 수분이 응축되어 곰팡이가 발생하기 쉽다.

② 썰기가 어려워 형태가 변하기 쉽다.

(2) 냉각 온도가 낮을 경우

① 제품이 건조하다.

② 노화가 빨리 진행된다.

3) 냉각 방법

① **자연냉각** : 냉각판에 올려 상온에서 냉각하는 것으로 실온에서 3~4시간 냉각한다.

② **터널식 냉각** : 공기배출기를 이용한 냉각으로 소요시간은 2~2.5시간이며 수분 손실이 많다.

③ **에어컨디션식 냉각** : 온도 20~25℃, 습도 85%의 공기에 통과시켜 90분간 냉각하는 방법이다.

10. 포장

빵의 수분 증발을 방지하여 제품의 노화를 지연시키고, 미생물의 오염을 방지하며 가치를 높이기 위해 포장(packing)을 한다. 일반적으로 포장 온도는 35℃가 적당하다.

1) 포장의 목적

① 빵의 저장성을 높인다.

② 수분의 증발을 방지한다.

③ 상품 가치를 높인다.

④ 미생물 오염을 방지한다.

2) 포장 온도

35~40℃, 수분 함량 38%

3) 포장용기 선택 시 고려사항

① 위생적이어야 한다.

② 방수성이 있고 통기성이 없어야 한다.

③ 포장했을 때 상품의 가치를 높일 수 있어야 한다.

④ 단가가 낮고 포장에 의하여 제품이 변형되지 않아야 한다.

⑤ 작업성이 좋아야 한다.

제빵의 제법

1. 제법별 정의 및 장단점

1) 스트레이트법(straight dough method)

모든 재료를 한꺼번에 믹서에 넣고 반죽하는 방법으로 직접 반죽법이라고도 한다. 일반 대규모 제빵공장보다 소규모 제과점에서 주로 사용하는 방법이다.

(1) 장단점(스펀지 도우법과 비교)

① 장점

- 제조 공정이 단순하다.
- 제조 장소, 제조 장비가 간단하다.
- 노동력과 시간이 절감된다.
- 발효 손실을 줄일 수 있다.

② 단점

- 발효 내구성이 약하다.
- 잘못된 공정을 수정하기 어렵다.
- 제품의 노화가 빠르다.
- 제품의 부피가 작고, 제품의 결이 고르지 못하다.

(2) 기본 배합

재료명	비율(%)	재료명	비율(%)
밀가루	100	물	60~64
이스트	2~3	개량제	1~2
소금	1.75~2.0	유지	3~4
설탕	4~7	탈지분유	3~5

2) 스펀지 도우법(sponge dough method)

반죽을 두 번에 걸쳐 하는 방법으로 중종법이라고도 하며 처음의 반죽을 스펀지(sponge), 나중의 반죽을 본반죽 도우(dough)라 한다. 발효 공정상 다른 제법보다 실패율이 적어 일반 소규모 제과점보다는 대규모 제빵공장에서 사용되는 방법이다.

(1) 장단점(스트레이트법과 비교)

① **장점**

- 작업 공정에 대한 융통성이 있어 잘못된 공정을 수정할 수 있다.
- 발효 내구성이 강하다.
- 노화가 지연되어 제품의 저장성이 좋다.
- 부피가 크고 속결이 부드럽다.

② **단점**

- 발효 손실이 크다.
- 시설, 노동력, 장소 등 경비가 증가한다.

3) 액체 발효법(liquid fermentation)

이스트, 이스트푸드, 물, 설탕, 분유 등을 섞어 2~3시간 발효시킨 액종을 만들어 사용하는 방법이며, 스펀지 도우법의 변형이다.

(1) 장단점

① **장점**

- 한번에 많은 양을 발효시킬 수 있다.
- 펌프와 탱크 설비가 이루어져 있어 공간, 설비가 감소된다.
- 발효 손실에 따른 생산 손실을 줄일 수 있다.
- 균일한 제품 생산이 가능하다.
- 단백질 함량이 낮아 내구력이 약한 밀가루를 사용하여 빵을 생산하는 것도 가능하다.

② **단점**

- 산화제 사용량이 늘어난다.
- 환원제, 연화제가 필요하다.

(2) 종류

① **아드미법** : 완충제로 탈지분유를 사용하는 액종법으로 아드미(ADMI, 미국분유협회)가 개발한 방법

② **브루법(플라이슈만법)** : 완충제로 탄산칼슘을 넣는 액종법

4) 연속식 제빵법(continuous dough mixing system)

액체발효법이 더 발달된 방법으로 공정이 자동으로 진행된다. 기계적인 설비를 사용하여 액체발효법으로 발효시킨 액종과 본반죽용 재료를 예비 혼합기에 모아 고루 섞은 뒤 반죽기, 분할기로 보내 연속적으로 반죽, 분할, 팬닝이 이루어지게 하며, 적은 인원으로 많은 빵을 만들 수 있는 방법이다.

(1) 장단점

① **장점**

- 설비공간, 설비면적이 감소된다.
- 노동력이 1/3로 감소된다.
- 발효손실을 감소시킬 수 있다.

② **단점**

- 일시적인 설비 투자비가 많이 소요된다.
- 산화제 첨가로 인하여 발효향이 감소된다.

5) 재반죽법(remixed straight dough method)

스트레이트법의 변형으로 모든 재료를 한번에 넣고 물만 8% 정도 남겨 두었다가 발효 후 나머지 물을 넣고 반죽하는 방법이다.

(1) 장단점

① **장점**

- 반죽의 기계 내성이 양호하다.
- 스펀지 도우법에 비해 공정시간이 단축된다.
- 균일한 제품 생산이 가능하다.
- 식감과 색상이 양호하다.

② **단점** : 구울 때 오븐 스프링이 적기 때문에 2차 발효를 충분히 해야 한다.

6) 노타임 반죽법(no-time dough method)

발효에 의한 글루텐의 숙성에서 산화제와 환원제를 사용하여 발효시간을 단축시키는 제조 방법이다. 반죽한 뒤에 잠시 휴지시키는 일 이외에 보통 발효라는 공정을 거치지 않으므로 무발효 반죽법이라고도 한다.

(1) 장단점

① **장점**

- 짧은 시간 안에 빵을 만들 수 있다.
- 발효 손실이 적다.
- 수분 흡수율 증가가 반죽 수율을 높인다.
- 에너지가 적게 든다.

② **단점**

- 발효에 의한 향과 맛이 떨어진다.
- 제품의 저장성이 저하된다.
- 재료비가 많이 소요된다.

(2) 산화제와 환원제의 종류

① **산화제**

- 역할 : 밀가루 단백질의 S–H기를 S–S기로 변화시켜 단백질의 구조를 강하게 하고 가스 포집

력을 증가시킨다.

- 종류 : 브롬산칼륨(지효성 작용), 요오드칼륨(속효성 작용)

② 환원제

- L-시스테인 : S-S 결합을 절단하여 글루텐을 약하게 하며, 믹싱 시간을 25% 단축시킨다.
- 프로테아제 : 단백질을 분해하는 효소

7) 비상 반죽법(emergency dough method)

표준 반죽 시간을 늘리고 발효속도를 촉진시켜 전체 공정 시간을 줄임으로써 짧은 시간에 제품을 만들어 내는 방법으로, 갑작스런 상황에 빠르게 대처할 수 있다.

(1) 장단점

① 장점

- 제조 시간이 짧아 노동력·임금을 절약할 수 있다.
- 비상시 빠른 대처가 가능하다.

② 단점

- 이스트 냄새가 난다.
- 제품의 부피가 고르지 않다.
- 저장성이 짧다.
- 노화가 쉽다.

(2) 비상 반죽법의 필수 조치와 선택 조치

① 필수 조치

- 물 사용량 : 1% 증가(작업성 향상)
- 설탕 사용량 : 1% 감소(껍질 색 조절)
- 반죽 시간 : 20~30% 증가(반죽의 신장성을 좋게 함)
- 이스트 : 2배 증가(발효속도 촉진)
- 반죽 온도 : 30℃(발효속도 촉진)

- 1차 발효시간 : 15~30분(공정 시간 단축)

② **선택 조치**

- 소금을 1.75%로 감소(이스트 활동 방해 요소를 줄임)
- 이스트 푸드 0.5% 증가(이스트 증가량에 따라 증가함)
- 분유 1% 감량(완충제 역할로 발효를 지연시킴)
- 식초나 젖산 0.75% 첨가(반죽의 pH를 낮추어서 발효를 촉진시킴)

8) 냉동 반죽법(frozen dough method)

1차 발효 또는 성형 후 −40℃로 급속 냉동시켜 −18~−25℃ 전후로 보관한 다음 해동시켜 제조하는 방법이다. 냉동반죽을 급속 냉동하는 이유는 최대 얼음 결정 형성대를 빨리 통과시키기 위함이다.

(1) 장단점

① **장점**

- 발효시간이 줄어 전체 제조시간이 짧다.
- 빵의 부피가 커지고 속 결과 향기가 좋다.
- 제품의 노화가 지연된다.
- 다품종 소량생산이 가능하다.
- 운송, 배달이 용이하다.

② **단점**

- 이스트가 죽어 가스 발생력이 떨어진다.
- 반죽이 퍼지기 쉽다.
- 많은 양의 산화제를 사용해야 한다.
- 가스 보유력이 떨어진다.

(2) 제조 공정상의 특징

① 이스트를 3.5~5%(2배) 정도 사용한다.

② 반죽법은 비상스트레이트법, 노타임 반죽법을 사용한다.

- 반죽 온도 : 20℃
- 수분 : 63% → 58%(물이 많아지면 이스트가 파괴되므로 가능한 한 수분량을 줄임)
- SSL(노화방지제) : 0.5% 사용
- 산화제 사용 : V.C 40~80ppm, 브롬산칼륨 24~30ppm 사용

9) 찰리우드법(chorleywood dough method)

스트레이트법의 일종으로 영국의 찰리우드 지방에서 고안한 기계 반죽법이다. 초고속 반죽기를 이용하여 반죽하므로 초고속 반죽법이라고도 한다. 강한 기계적 조작과 환원제에 의하여 반죽에 신전성을 부여하며 아스코르빈산, 그 밖의 산화제를 첨가하여 반죽을 경화시킨다. 믹싱에서부터 굽기까지 2시간 정도 소요되는 속성법으로 풍미와 식감에 문제가 있으나 최근 샤워종이나 묵힌 반죽을 이용하여 사용하기도 한다.

10) 오버나이트 스펀지법(over night sponge dough method)

효소의 작용이 천천히 진행되어 가스가 알맞게 생성되고 반죽이 적당하게 발전된다. 밤새(12~24시간) 발효시킨 스펀지를 이용하는 방법으로 발효 손실(3~5%)이 가장 크다. 적은 양의 이스트를 사용하여 매우 천천히 발효시키며, 반죽의 신장성이 좋고 풍부한 발효향을 지니고 있다.

2. 주요 제법(스트레이트법, 스펀지 도우법)

1) 스트레이트법(straight dough method)

(1) 재료의 계량(measuring)

주어진 배합률에 따라 정확히 재료를 계량하여 준비한다. 밀가루는 체에 치는 과정을 거침으로써 이물질을 제거하고 덩어리진 것을 분쇄하며 밀가루 입자 사이에 공기가 포함되도록 한다. 또한, 부재료를 계량할 때는 양이 적은 것일수록 정확하게 측정하도록 하며, 이스트와 다른 부재료는 함께 섞지 않도록 한다. 이는 설탕과 소금의 삼투압에 의한 이스트의 탈수 현상 또는 유지에 의한 이스트의 코팅이 이스트의 활성을 방해하기 때문이다.

(2) 믹싱(mixing)

믹싱은 밀가루, 물, 이스트, 설탕, 유지, 소금, 기타 재료를 혼합한 후 기계적으로 물리적인 힘을 가하여 하나의 반죽으로 완성하는 과정이다. 믹싱을 잘 하면 다음 공정에 영향을 주어 좋은 제품을 만들 수 있으나, 믹싱이 잘못된 반죽은 그 반대의 결과를 초래하므로 어떠한 제품을 만들 것인가를 확실히 이해한 다음 반죽 제조에 임해야 한다. 이때 반죽 제조 시간은 밀가루 형태 및 제품의 특성에 따라 좌우된다. 반죽 온도는 27℃가 적당하다.

① **믹싱 초기** : 재료를 분산 혼합하는 과정으로 물이 밀가루, 분유, 설탕, 소금 등 건조 재료의 수화를 돕도록 저속(1단)으로 믹싱한다. 이때 반죽의 되기가 적절하도록 수분을 조절하여야 하며 너무 질거나 되면 수분을 증감하여 조절한다. 따라서 전체 수분량 중 일부를 남겨 반죽이 이루어지는 상태를 보아가며 첨가하는 것도 한 방법이다. 탈지분유는 계량 후 실내에 방치하면 흡습성이 있어 덩어리지기 쉬우므로 밀가루나 설탕에 섞어 사용하고 이스트는 물에 풀어 사용한다. 반죽의 6단계 중 픽업·클린업 단계를 말한다. 반죽은 거칠고 끈적끈적하며 찰기를 가지지 않는다.

② **믹싱 중기** : 중속(2단) 또는 고속(3단)으로 믹싱을 계속하면 단백질의 수화가 증가하여 응집력과 탄력성을 가진 찰기 있는 반죽이 된다. 믹싱 중 반죽은 훅(hook)에 휘감겨 회전하면서 볼에 붙었다 떨어졌다 하면서 탄력이 증가한다. 반죽의 끈적거림이 적어지고 신장성이 증가된다. 반죽 일부를 떼어 내 잡아 늘려 보면 글루텐이 발전하여 끊어지지 않고 늘어나는 것을 확인할 수 있다. 달걀, 유지 사용량이 많은 제품은 볼에 붙어 믹싱이 원활하지 않으므로 가끔 주걱으로 긁어 훅에 있는 중앙으로 반죽을 모아주는 것이 좋다. 믹싱이 계속되면 반죽은 볼에서 완전히 떨어져 훅에 휘감겨 회전한다. 반죽 6단계 중 발전 단계이다. 불란서빵은 발전 단계까지 믹싱하며, 페이스트리류는 믹싱 중기의 초반부까지만 진행시킨다.

③ **믹싱 후기** : 중속(2단) 또는 고속(3단)으로 믹싱을 계속하여 반죽이 최대의 신장성을 갖는 단계로, 글루텐이 완전히 발전되어 반죽을 늘려 폈을 때 얇은 셀로판과 같은 막을 형성한다. 이때의 반죽은 상당히 윤기가 나며, 매끄러운 상태가 된다.

(3) 1차 발효(first fermentation)

① **발효실 조건**

- 온도 : 27℃
- 습도 : 75~80%
- 발효시간 : 1.5~3시간으로 평균 2시간 정도(처음 부피의 3~3.5배)

② **발효 중 변화**

- pH가 낮아진다.
- 산에 의해 글루텐이 약해져 신장성이 상실된다.
- 탄산가스에 의해 반죽의 부피가 약 3배 팽창한다.
- 이스트 발효로 산, 이산화탄소, 열, 알코올 등이 생성된다.
- 반죽 온도가 상승한다.
- 발효 손실에 의한 중량이 감소된다.

③ **발효 영향 인자** : 반죽 온도, 발효실 온도, 반죽 pH, 이스트 양, 습도, 당 및 소금, 효소, 이스트 푸드 등에 의해 영향을 받는다.

④ **발효 상태 확인** : 발효가 진행됨에 따라 여러 가지 변화가 일어나면서 반죽은 점점 부풀며 내부는 망상 구조를 이루게 된다. 발효점은 발효된 반죽을 손가락으로 눌러 보아 손가락 자국이 그대로 남아 있으면 다 된 것으로 본다.

⑤ **펀치**(punch) : 발효가 어느 정도 진행되면 반죽의 가장자리 부분을 가운데로 뒤집어 모은다. 펀치는 반죽 온도를 균일하게 유지하고 글루텐을 발전시키며 산소 공급으로 산화 숙성을 촉진시키고 과도한 CO_2 가스를 제거하고 분산시키며 발효를 촉진시키는 데 문제가 있다. 발효된 반죽을 손으로 눌러 보아 눌러진 자국이 그대로 남아 있거나 약간 회복될 때 펀치를 하면 되고 발효가 60% 진행되면 1차 펀치를, 나머지 40% 중 30%가 진행되면 2차 펀치를 한다. 즉 200분 발효에서 120분에 1차 펀치를, 남은 80분 중 60분이 지난 후 2차 펀치를 한다.

(4) 분할(dividing)

분할이란 원하는 제품의 크기로 만들기 위해 발효된 반죽을 나누는 공정이다. 분할할 크기를 예상하여 스크레이퍼를 이용해 긴 막대 모양으로 자른 후 한두 개 정도는 정확히 그것에 준하여 대강의 무게를 짐작하여 손으로 분할한다. 이때 무게 편차가 적어야 한다. 기계 분할 시에는 부피를 측정하여 분할한다. 분할 시 가능하면 덧가루(dusting flour)를 적게 사용하고 분할 중에도 발효는 계속 진행되므로 빠른 시간 내(10~15분)에 끝내는 것이 좋다.

(5) 둥글리기(rounding)

분할한 반죽을 공 모양 혹은 막대 모양으로 둥글리기 하는데, 둥글리기를 하면 다음 공정이 편리하고 표피를 형성하여 가스를 포집시킬 수 있으며 흐트러진 글루텐과 반죽 내 가스를 균일하게 재정돈할 수 있다. 둥글리기 한 반죽의 표면은 매끄러워야 하며, 바닥부분으로 반죽이 뭉쳐져야 한다. 나무 작업대에서 하는 것이 효율성이 좋으며 덧가루를 과도하게 사용하지 않는다. 분할중량이 작은 반죽은 한 손 혹은 양손에 각각 잡고 둥굴리기 하며, 분할 중량이 큰 반죽은 두 손으로 잡고 둥글리기 한다. 식빵은 공 모양으로, 브레드는 막대 모양으로 한다.

(6) 중간 발효(intermediate proof, bench time)

둥글리기 한 반죽을 다음 공정에 들어가기 전까지 휴식시키는 것으로 소규모 공정이다. 분할한 반죽 덩어리를 비닐이나 젖은 헝겊으로 씌워 실온에서 탁자나 마루 위에 방치하여 휴지를 두거나, 대규모 공장에서는 중간 발효실이 있어 자동으로 이 방을 통과하도록 한다. 이때 분할된 반죽이 포켓에 달라붙지 않고 건조되는 것을 방지하기 위하여 1~2회 뒤집어 준다. 중간 발효는 온도 27~30℃, 상대 습도 75~80%의 조건에서 보통 10~15분간 실시되며, 중간 발효 기간 동안 탄력 있고 유연한 성질의 반죽이 된다. 둥글리기 한 반죽은 표면이 마르지 않도록 주의하여야 하며, 둥글리기가 끝난 반죽을 휴지 없이 밀어 펴면 다시 수축하는 성질이 있어 밀어 펴기가 어렵다. 분할된 중량의 크기가 작으면 휴지 시간은 짧게(약 10~15분), 식빵처럼 큰 반죽은 휴지 시간을 길게(약 20분) 준다. 또한 실내 온도에 따라 좌우되며 실온이 높으면 짧게, 낮으면 길게 준다.

(7) 정형(make-up)

빵의 모양을 만드는 공정으로 반죽의 강도, 제품의 종류에 따라 강약을 조절한다. 정형을 과도하게 하면 반죽에 무리가 가서 반죽이 끊어지거나 찢어지는 현상이 일어난다. 정형이 약하면 가스 빼기가 부족하여 내상이 곱지 않으며 표피 형성이 거칠고 부피가 작아진다.

① **밀어 펴기**(sheeting) : 중간 발효가 끝난 반죽을 밀대나 기계로 밀어 펴서 원하는 크기 및 두께로 만들기 위한 작업이다. 반죽 내의 큰 가스를 제거하고 작은 가스가 균일하게 분산되도록 하며, 너무 넓거나 좁게 밀어 펴지 않도록 한다. 큰 가스를 제거하지 않으면 완제품에서 내부에 큰 기공이 생겨 제품의 질을 저하시킨다. 식빵의 경우 덧가루를 많이 사용하면 덧가루에 의해 제품 내부에 줄무늬가 생길 수 있으므로 주의한다.

② **모양 잡기**(moulding) : 일정한 모양을 만드는 과정으로 손으로 하는 경우와 기계로 하는 경우가 있다. 손으로 할 경우 반죽을 밀대로 밀어 펴 반죽의 가스를 제거하여 팬의 모양이나 형태에 맞도록 모양을 만들어 넣는다. 기계로 할 경우 밀어 펴기(sheeting), 말기(curling), 봉하기(sealing) 등이 한번에 이루어진다. 단과자빵의 경우는 팥 앙금, 커스터드 크림 등 여러 가지 내용물을 넣고 싸서 마무리하는 과정을 말한다.

③ **팬에 넣기**(panning) : 모양 잡기가 끝난 반죽을 평철판에 일정한 간격으로 정렬하거나, 모양틀에 넣는 것으로 수동 작업과 기계로 하는 방법이 있다. 평철판에 정렬 시 발효 후 제품이 서로 달라붙지 않도록 최대한으로 배열하는 것이 좋으며 모양틀에 넣을 때 틀의 좌우에 동일하게 위치하도록 하고 이음매가 바닥에 놓이도록 하여야 한다. 팬닝 시 팬의 온도는 32℃가 가장 알맞은데, 너무 높으면 빵이나 케이크가 처지는 현상이 나타나고, 온도가 낮으면 반죽이 차가워져 발효가 지연된다. 코팅된 팬은 팬 오일을 사용하지 않아도 되나 코팅이 안 된 것은 팬 오일을 발라 구운 후 잘 떨어지도록 한다. 이때 팬 오일을 너무 많이 바르면 굽기 중 반죽에 프라잉(frying) 현상이 나타나 질을 저하시킬 수 있으므로 주의한다. 팬 오일은 발연점이 높아야 하며, 쇼트닝이나 면실유 등을 그대로 사용하기도 하나 옥수수유, 팜유, 올레인유 등에 유화제와 물을 첨가 제조하여 사용하기도 한다.

(8) 2차 발효(final proofing, second fermentation)

팬에 넣는 반죽은 발효를 위하여 일정한 조건을 갖춘 발효실에 두어 원하는 크기만큼 발효시킨다. 2차 발효의 온도 35~43℃, 상대 습도 85~90%를 유지하고, 시간은 부풀은 상태를 판단하여 결정하나 보통 30분 정도 소요된다. 제품에 따라서 다소 차이는 있으나 식빵이나 일반류(단과자빵)의 경우 온도 40℃, 상대 습도 85%를 유지한다. 발효 온도가 낮으면 발효가 지연되어 생산성이 좋지 않고, 특히 대형 공장에서는 작업 공간을 많이 차지하게 된다. 또한 제품의 겉면이 거칠어지며, 2차 발효 중 이스트는 발효하여 반죽을 부풀게 하고 생물학적으로 반죽을 숙성시켜 향과 맛을 좋게 한다. 2차 발효의 종말점은 완제품의 70~80% 부풀었을 때 혹은 손으로 눌러 보아 반죽이 손에 달라붙지 않을 때 발효가 완료된 것으로 본다.

(9) 굽기(baking)

2차 발효가 끝난 반죽을 오븐에 넣어 굽는 과정이다. 빵의 크기, 발효 상태, 반죽의 농도에 따라 굽는 온도와 시간의 차이는 있지만, 일반적으로 190~230℃의 오븐에서 10~40분간 굽는 것이 보통이다. 분할 중량이 큰 것은 낮은 온도에서 길게(30~40분), 분할 중량이 적은 단과자빵 등은 높은 온도에서 짧게(10~15분) 굽는다. 굽기 과정 중 반죽에 변화가 일어나 반죽이 팽창하면서 호화가 되는데 오븐 내에서 반죽이 팽창되는 것을 오븐 팽창이라고 한다. 오븐 팽창은 굽기 과정 초기에 일어나 전체 제품 용적의 1/3이 팽창한다. 또한 굽기 중 전분의 호화, 단백질의 변성, 효소의 활성, 수분의 이동, 제품의 내부 기공의 향상성, 조직의 형성, 껍질 색의 형성, 향의 발전 등이 이루어진다.

(10) 이탈 및 냉각(depanning & cooling)

구워진 제품은 팬으로부터 이탈 및 냉각시킨다. 철망을 이용하며, 자연적으로 실온에 두어 냉각시키거나 선풍기 혹은 에어컨을 이용한다. 제품의 내부 온도를 35~40℃까지 냉각시키는데, 과도한 냉각은 제품을 건조하게 만들어 식감이 좋지 않다. 제품을 냉각시키려면 상당한 공간이 필요하므로, 대형 공장에서는 스파이럴 컨베이어나 냉각 컨베이어를 이용한다.

(11) 포장(packing)

제조된 빵을 인체에 무해한 용기나 포장지를 이용하여 포장하는 것으로 제품의 특성, 유행, 소비자의 취향 등에 따라 위생적으로 한다. 포장은 외관상 보기 좋도록 하여 제품의 가치를 높이고 미생물 오염이나 그 이외의 유해물질로부터 보호하는 역할을 하며, 수분 증발을 막아 건조를 방지함으로써 식감을 유지하고 노화를 방지하는 효과가 있다.

2) 스펀지 도우법(sponge and dough method)

(1) 공정

① **재료 계량** : 주어진 배합률에 따라 정확히 재료를 계량하여 준비한다. 부재료를 계량할 때는 양이 적은 것일수록 정확하게 측정하도록 하며, 이스트와 다른 부재료는 함께 섞지 않도록 한다. 설탕과 소금의 삼투압에 의한 이스트의 탈수 현상 또는 유지에 의한 코팅이 이스트의 활성을 방해하기 때문이다.

② **스펀지 믹싱**(sponge mixing) : 스펀지 믹싱에는 전체 밀가루의 60~100%가 사용되며, 전체 이스트, 이스트 푸드 혹은 제빵 개량제, 효소, 물 일부가 이용된다. 스펀지 반죽은 글루텐을 발전시키지 않고 건조 재료를 물로 수화시키는 정도로 믹싱을 마무리하는 것으로, 반죽은 건조하고 딱딱한 느낌이 있다. 믹싱 타임은 4~6분이 소요되며 저속(1단)으로 3분, 중속(2단)으로 2분간 믹싱한다. 스펀지의 온도는 23~28℃가 되어야 하며, 평균 24℃가 되도록 한다.

③ **1차 발효**(first fermentation) : 1차 발효는 2~6시간이 요구되며 평균 4시간이다. 발효실은 온도 24~29℃(평균 27℃), 상대 습도 75~80%(평균 75%)를 맞추어 주어야 한다. 발효실은 스펀지가 발효되는 속도를 조절할 수 있는 환경 조건을 제공하고 스펀지의 표면이 마르거나 껍질이 형성되는 것을 방지해 준다. 발효되는 동안 스펀지는 원래 부피의 4~5배 커지고, 온도는 4.5~5.5℃ 상승한다. 스펀지의 부피는 시간이 경과함에 따라 최대가 되었다가 부피가 줄어드는데 이러한 과정을 브레이크라고 한다. 스펀지에는 당을 넣지 않기 때문에 아밀라아제 효소는 밀가루의 손상 전분을 분해하여 먹이로 이용, 발효하게 된다. 약 1.5시간이 경과하면 1℃의 온도가 상승하게 되고, 발효가 더 진행되면 이스트에 의한 이산화탄소 가스로 부피가 더욱 증가하며, 3시간이 경과하면 산과 알코올에 의해 글루텐이 연화된다. 이러한 현상은 글루텐의 탄산가스 포집력을 향상시키고, 이때 3.9~4.4℃의 온도가 상승한다. 망상 구조는 더욱 발전하여 부드럽고 연하게 되며, 4시간이 경과하면 4.4~5.5℃의 온도가 상승하고 부드럽고 건조하며 유연한 망상 구조를 이루게 된다.

④ **도우 믹싱**(dough mixing) : 발효가 끝나면 스펀지를 도우 믹서에 넣고 나머지 재료와 함께 최고의 글루텐이 발전될 때까지 믹싱한다. 글루텐은 반죽을 조금 떼어 양손으로 잡아 늘렸을 때 얇고 투명한 글루텐 막을 보여야 하며 눈과 감각으로 판정하는 것이 일반적이다. 도우 믹싱 시간은 8~12분이며, 온도는 25~28℃(평균 27℃)를 유지하여야 한다. 이때 반죽은 매우 부

드럽고 건조하며 유연하고 신장성이 좋다.

⑤ **2차 발효**(foor time) : 도우 믹싱 후 반죽을 믹서기에서 꺼내어 테이블이나 마루에 수분이 증발하지 않도록 하여 정체시키는데, 이것을 2차 발효 혹은 플로어 타임이라 한다. 0~30분 정도 소요되며 반죽의 특성이나 최종 제품의 특징에 따라 시간은 달라진다. 과도한 믹싱을 한 반죽은 긴 플로어 타임을, 믹싱이 짧은 반죽은 짧은 플로어 타임이 요구된다. 플로어 타임이 정상보다 길면 탄산가스가 과도해 기계 분할 시 중량 편차가 생길 수 있으며, 반죽은 유연성을 잃게 되어 손으로 둥글리기 할 때 제대로 되지 않는다. 2차 발효 이후의 공정은 스트레이트법과 동일하다.

(2) 스트레이트법을 스펀지 도우법으로 변경하는 경우

① 밀가루 품질이 변경되었을 경우

② 발효시간을 변경하고자 할 경우

③ 제품의 부피, 향 등 품질을 개선하려 할 경우

(3) 스펀지 도우법에 사용하는 밀가루 사용 비율 변경 시 효과

① 발효시간이 단축된다.

② 믹싱 시간이 단축된다.

③ 반죽의 신장성이 증가된다.

④ 성형 작업이 개선된다.

⑤ 2차 발효시간이 조금 단축된다.

⑥ 품질이 개선된다.

⑦ 풍미가 증가된다.

(4) 스펀지 도우법에 사용하는 밀가루 사용 비율 증가 시 효과

① 발효에 대한 내구력이 감소한다.

② 기계 및 시설의 필요성이 증가된다.

③ 도우 믹싱 단계에서 도우가 냉각된다.

(5) 스펀지 도우법의 특징 및 발효점

① **발효시간** : 이스트 2% 사용 시 3~4.5시간

② **발효실 온도 및 습도** : 온도 27℃, 습도 75~80%

③ **발효 시 온도 상승** : 4시간 발효 시 5℃ 정도 상승한다. 스펀지 도우법에 의한 온도 상승은 5.6℃ 이상을 초과해서는 안 된다.

④ **발효점 측정**

- 부피가 처음 부피의 4~5배 증가된다.
- 스펀지 도우법의 발효시간을 4.5시간으로 볼 때 2시간 30분~3시간 정도 경과 후 피크 상태가 되며, 바로 드롭 또는 브레이크라고 불리는 부피의 수축이 일어난다. 이때가 스펀지 도우법 전체 발효시간의 66~75%가 된다.

⑤ **발효 완료 시 반죽 표면의 변화**

- 우윳빛을 띤다.
- 표면이 건조한 상태가 된다.
- 바늘구멍 같은 핀홀이 발생한다.

⑥ **pH의 변화** : 반죽은 발효 전에 pH 5.5 정도이나 스펀지 도우법에 의한 발효가 끝날 때는 약 4.8 정도가 된다.

제빵 제품별 제법

1. 우유식빵

1) 반죽의 믹싱 시간, 발효시간

우유 단백질인 카세인의 pH 완충 작용 때문에 믹싱 시간과 발효시간을 연장시킨다.

| 우유식빵 |

2) 굽기 온도

우유의 유당은 이스트의 먹이로 사용되지 않는 비활성 당이므로 껍질 색을 내는 데 모두 사용된다. 따라서 굽기 온도를 낮추는 것이 좋다.

3) 흡수량 조절

① 우유는 고형분 12%, 수분 88%이므로 고형분과 수분을 계산해야 한다.

② 분유 1% 증가 시 흡수율도 1% 증가된다.

2. 호밀빵

흑빵이라고 불리는 정통 독일식 호밀빵은 밀가루에 최고 90%의 호밀가루를 섞어 만든다. 호밀은 밀가루에 비하여 펜토산 함량이 높아 반죽이 끈적거린다.

| 호밀빵 |

1) 제조 공정상의 특징

① 호밀가루가 많을수록 반죽 시간을 짧게(발전 단계) 한다.

② 호밀은 응집성이 강한 글루텐을 거의 생산하지 못하므로 신장성이 좋지 않아 가스 세포가 찌그러지기 쉽다.

③ 1차 발효는 일반 식빵에 비해 약간 적게 한다.

④ 2차 발효는 오븐 팽창이 적으므로 팬 위로 2cm 정도 올라온 상태가 알맞다.

⑤ 반죽 온도를 25℃로 맞춘다.

2) 사워(sour)

① 빵 반죽을 방치해 두면 공기 또는 원료 중에 섞여 있는 미생물의 활동으로 신맛이 난다.

② 독특한 풍미를 가지며, 발효시간과 반죽시간을 감소시키고 보존성을 증가시킨다.

3. 데니시 페이스트리

| 데니시 페이스트리 |

① 과자용 반죽인 퍼프 페이스트리에 이스트를 넣어 발효시킨 후 구운 제품이다.

② 전통적인 방법은 반죽을 1단계까지 하고 반죽 온도는 18~22℃로 맞춘다.

③ 가소성이 뛰어난 롤인용 유지를 반죽 무게의 20~40% 정도 사용한다.

④ 2차 발효 시 온도 32~35℃, 습도 70~75%의 조건으로 일반적인 빵에 비해 모두 낮게 한다.

4. 불란서빵(프랑스빵)

| 불란서빵(프랑스빵) |

① 빵의 기본 재료인 밀가루, 물, 이스트, 소금만으로 만들 수 있으며 일정한 모양의 틀을 쓰지 않고 바로 오븐의 구움대(하스, hearth) 위에 얹어서 굽는 하스브레드의 일종이다.

② 설탕, 유지, 달걀을 거의 사용하지 않는다.

5. 하드롤

① 껍질이 딱딱한 빵으로 불란서빵처럼 하드브레드에 속하지만 약간은 고배합 제품이다.

② 반죽은 40~60g씩 분할하며 반죽의 봉합 부분을 잘 매듭하고 표면이 매끄럽게 둥글린다.

6. 전밀빵

① 제분율 100%인 전밀가루를 사용하여 만드는 빵이다.

② 밀알 전체를 갈아 만든 빵이므로 영양소를 골고루 함유하고 있다.

제빵의 평가

완성된 제품의 외부 특성과 내부 특성에 따라 상품적인 가치를 평가하는 것이며, 여러 가지 평가 기준에서 가장 중요한 평가 항목은 맛이다.

1. 빵의 노화와 부패

빵의 노화란 빵이 신선도를 잃고 빵 속의 수분이 껍질로 이동해 껍질이 질겨지고, 속은 딱딱해지며, 맛·촉감·향이 좋지 않은 방향으로 바뀌는 현상으로 빵 속 전분의 퇴화로 인하여 발생한다.

1) 노화의 구분

(1) 껍질의 노화

① 빵 속 수분이 표면으로 이동하고, 공기 중의 수분이 껍질에 흡수된다.

② 표피는 눅눅해지고 질겨진다.

(2) 빵 속의 노화

① 빵 속 수분이 껍질로 이동하며 발생된다.

② 호화전분의 노화(β-화)가 주원인이다.

③ 조직이 거칠고 건조된다.

2) 노화 속도에 영향을 주는 요인

(1) 저장 시간

① 오븐에서 꺼낸 직후부터 노화는 시작된다.

② 냉장시킨 뒤 실온에 내놓으면 노화 속도가 빨라져 하루만에 노화가 시작된다.

(2) 온도

① 냉장 온도에서 노화 속도는 최대가 된다.

② −18℃ 이하에서는 빵 속 수분이 동결되어 노화가 거의 정지되므로 수 개월 동안 저장이 가능해진다.

③ 높은 온도(40℃) 이상에서는 노화 속도가 느려지지만 미생물에 의한 부패가 빠르게 진행된다.

(3) 배합률

① **물** : 수분이 많으면 노화가 지연된다.

② **단백질** : 단백질이 증가하면 노화가 지연된다.

③ **펜토산** : 수분 보유력이 높아 노화를 지연시킨다.

④ **유화제** : 빵 속을 부드럽게 하고 수분 보유력을 높여 노화를 지연시킨다.

3) 노화를 지연시키는 방법

① 저장온도 −18℃ 이하, 21∼35℃로 유지한다.

② 질 좋은 재료를 사용하고 제조 공정을 정확히 지킨다.

③ 유지제품을 사용하거나 당류를 첨가한다.

④ 방습 포장 재료를 사용한다.

⑤ 유화제를 사용한다.

⑥ 탈지분유와 달걀을 이용하여 단백질을 증가시킨다.

⑦ 물의 사용량을 높여 반죽의 수분 함량을 증가시킨다.

⑧ 반죽에 α−아밀라아제를 첨가한다.

2. 빵의 부패

제품에 곰팡이가 발생하는 현상으로, 맛이나 향이 변질된다.

1) 노화와 부패의 차이

① **노화한 빵** : 수분이 이동·발산 → 껍질이 눅눅해지고 빵 속이 푸석해짐

② **부패한 빵** : 미생물 침입 → 단백질 성분의 파괴 → 악취

2) 곰팡이 발생 방지대책

① 보존료(프로피온산나트륨, 피로피온산칼슘, 젖산, 아세트산 등)를 첨가한다.

② 곰팡이가 피지 않는 환경에서 보관한다.

③ 곰팡이의 발생을 촉진시키는 물질을 없앤다.

④ 작업실, 작업도구, 작업자의 위생을 청결히 한다.

3. 제품 평가 항목 및 제품 비교

1) 제품 평가 항목

(1) 외부 평가 항목

① **부피**(volume) : 팬의 크기에 알맞은 비용적에 의해 팬닝된 반죽의 부피가 알맞은가를 평가한다.

② **껍질 색 및 성질**(color and nature of crush) : 황금 갈색이 고르게 착색되어야 하고 색상이 고르지 못하거나 줄무늬, 반점 등이 없어야 한다. 너무 두껍거나 얇아 벗겨지지 않아야 한다.

③ **외형의 균형**(symmetry of form) : 한쪽으로 기울거나, 가운데가 솟아오르거나 꺼지지 않고 대칭을 이루어야 한다.

④ **굽기의 균일화**(uniformity of bake) : 식빵은 육면체이므로 윗면의 색깔과 옆면, 바닥 면이 고르게 착색되어야 한다.

⑤ **터짐성** : 터짐은 식빵의 윗부분과 옆면과의 거리를 나타내며, 찢어짐은 수직적 줄무늬를 말한다.

(2) 내부 평가 항목

① **조직**(texture) : 절단된 면의 촉감으로 판단하며, 조직은 부드럽고 매끈하여 실크를 만질 때의 느낌이여야 하고, 물렁하고 거칠며 부서지는 것은 바람직하지 못하다.

② **기공**(grain) : 큰 구멍, 늘어진 기공, 터진 기공은 바람직하지 않고, 얇은 세포벽으로 고르게 형성되어야 한다.

③ **속 색깔**(color of crumb) : 어둡거나, 얼룩지거나, 줄무늬가 없이 광택을 지닌 밝은색이 바람직하다.

④ **향**(aroma) : '향기롭다', '구수하다', '달콤한 향이 난다' 등으로 표현된다면 좋은 향이다.

⑤ **맛**(taste) : 객관적 입장에서 소비자가 만족할 수 있는 맛이어야 한다.

2) 어린 반죽과 지친 반죽으로 제조할 때의 제품 비교

분류	어린 반죽 (발효, 반죽이 덜 된 것)	지친 반죽 (발효, 반죽이 많이 된 것)
부피	작다.	크다. → 작다.
껍질 색	어두운 적갈색	밝은 색
브레이크와 슈레드	거의 없다.	거칠다. → 작다.
외형의 균형	예리한 모서리	둥근 모서리
껍질의 특성	두껍고 질기며 기포가 있다.	두껍고 단단하며 잘 부서지기가 쉽다.
맛	덜 발효된 맛	많이 발효된 맛
속색	무겁고 어둡다.	색이 희고 윤기가 부족하다.
조직	조밀하다.	거칠다.
향	생 밀가루 냄새	쉰 냄새
기공	거칠고 열린 두꺼운 세포	거칠고 열린 얇은 세포막에서 지나치면 두꺼운 세포막이 된다.

4. 제품 결함의 원인

1) 식빵류에서 자주 발생하는 결함과 원인

결함	원인
껍질 색이 연함	• 설탕 사용량 부족 • 부적당한 믹싱 • 1차 발효시간의 초과 • 오븐 속의 습도와 온도가 낮음 • 2차 발효실의 습도가 낮음 • 효소제를 과다하게 사용 • 굽기 시간의 부족
껍질 색이 진함	• 과다한 설탕 사용 • 2차 발효실의 습도가 높음 • 높은 오븐 온도
윗면이 납작하고 모서리가 날카로움	• 미숙성한 밀가루의 사용 • 지나친 믹싱 • 발효실의 높은 습도 • 소금 사용량이 정량보다 많은 경우
브레이크와 슈레드 현상의 부족 (터짐과 찢어짐)	• 발효가 부족했거나 지나치게 과다한 경우 • 효소제의 사용량이 지나치게 과다한 경우 • 2차 발효실 온도가 높음 • 2차 발효시간이 길거나 습도가 낮음 • 연수 사용 • 너무 높은 오븐 온도 • 오븐 증기 부족 • 이스트 푸드 사용 부족 • 2차 발효 부족
빵 속의 줄무늬 발생	• 덧가루의 과다 사용 • 반죽개량제의 과다 사용 • 표면이 마른 스펀지의 사용 • 믹싱 중 마른 재료가 고루 섞이지 않음 • 밀가루를 체에 치는 작업 생략 • 건조한 중간발효

(계속)

결함	원인
빵의 옆면이 찌그러진 경우	• 지친 반죽 • 팬 용적보다 넘치는 반죽량 • 오븐 열이 고르지 못함 • 지나친 2차 발효
빵의 바닥이 움푹 들어감	• 지나친 2차 발효실 습도 • 팬의 과도한 기름칠 • 반죽이 질었음 • 믹싱 조절의 오류 • 초기 굽기의 지나친 온도 • 팬의 온도가 높았음

2) 과자빵류에서 자주 발생하는 결함과 원인

결함	원인
껍질 색이 짙음	• 질 낮은 밀가루의 사용 • 높은 습도 • 낮은 반죽 온도 • 어린 반죽
껍질 색이 연함	• 배합재료 부족 • 발효시간 과다 • 덧가루 사용 과다 • 지친 반죽 • 반죽의 수분 증발
풍미 부족	• 부적절한 재료 배합 • 낮은 반죽 온도 • 과숙성 반죽 사용 • 저율배합 사용 • 낮은 오븐 온도 • 2차 발효실의 높은 온도

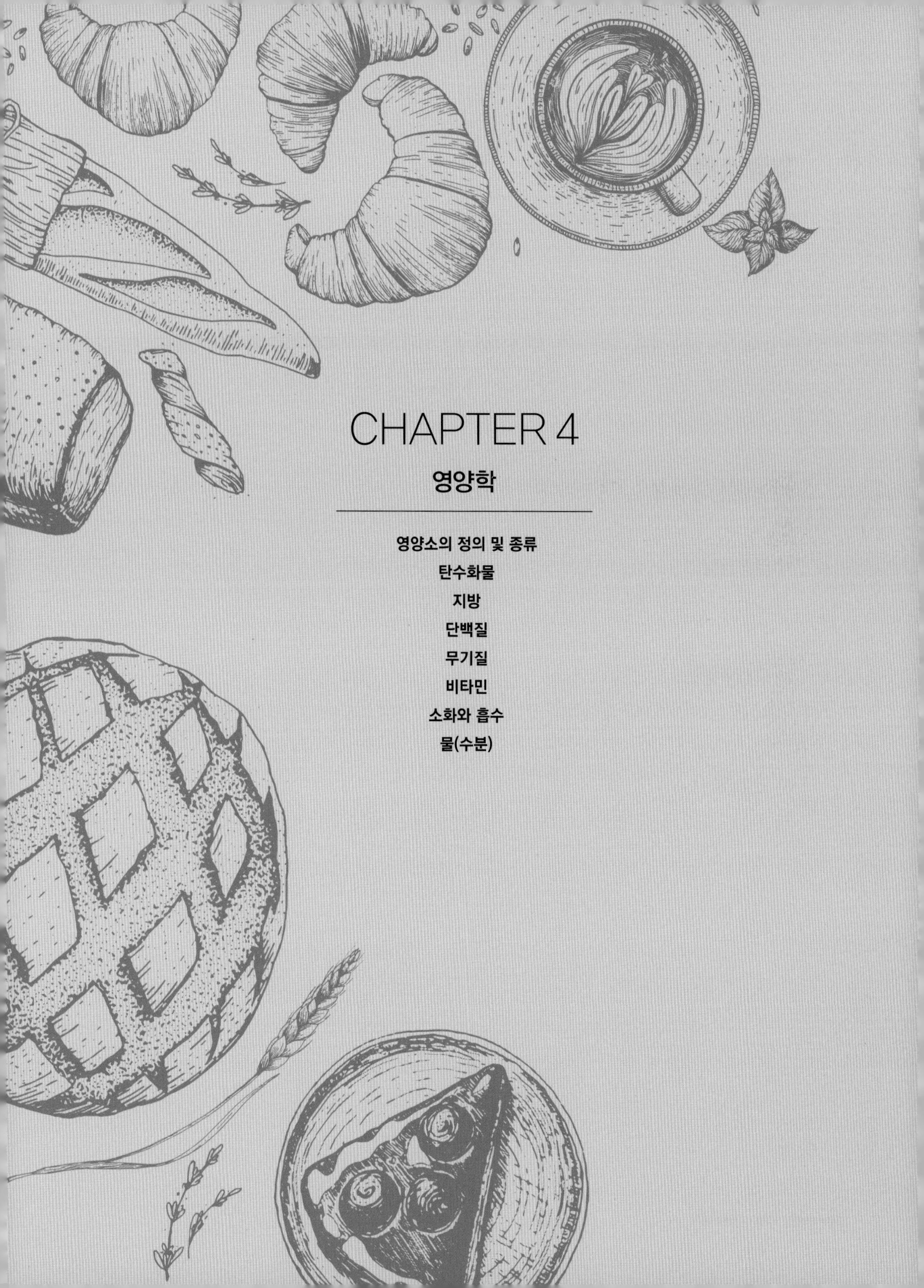

CHAPTER 4

영양학

영양소의 정의 및 종류

1. 영양소의 정의

식품에 함유되어 있는 여러 성분 중 체내에 흡수되어 생활 유지를 위해 생리적 기능에 이용되는 것으로 체내 기능에 따라 열량영양소, 구성영양소, 조절영양소로 분류한다.

2. 영양소의 종류

1) 열량영양소

에너지원으로 이용되는 영양소로 탄수화물, 단백질, 지방으로 구성되어 있다.

2) 구성영양소

근육, 골격, 효소, 호르몬 등 신체의 구성 성분이 되는 영양소로 단백질, 무기질, 물로 구성되어 있다.

3) 조절영양소

체내에서 생리작용을 조절하고 대사를 원활하게 하는 영양소로 무기질, 비타민, 물로 구성되어 있다.

탄수화물

1. 탄수화물의 종류와 영양학적 특성

1) 탄수화물

① 탄소(C), 수소(H), 산소(O)의 3원소로 구성된 유기화합물이다.

② 에너지 공급원으로 1kg당 4kcal의 열량을 공급한다.

③ 소화 흡수율이 98%이며, 혈액과 조직에 케톤체가 다량 축적되는 케톤증 예방에 관여한다.

2) 탄수화물의 종류

(1) 단당류(monosaccharides)

탄수화물의 기본 단위로서 더 이상 가수분해가 이루어질 수 없는 당류이다.

① **포도당**(glucose)

- 포유동물의 혈액 중(혈중에 있는 당) 0.1%가량이 포함되어 있다.
- 동물 체내의 간장, 근육에 글리코겐 형태로 저장된다.
- 각 조직에 보내져 열량원으로 직접에너지원이 된다.

② **과당**(fructose)

- 당류 중 가장 빨리 체내에 소화·흡수되며 꿀, 과즙에 들어 있다.
- 포도당을 섭취해서는 안 되는 당뇨병 환자에게 감미료로 사용된다.
- 이눌린과 자당의 가수분해로 얻어진다.
- 단맛이 강하고, 흡습 조해성 크다.

③ **갈락토오스**(galactose)

- 모유와 우유 중의 유당을 가수분해하여 얻는다.
- 지방과 결합해서 뇌, 신경조직의 성분이 되므로 특히 유아에게 필요하다.
- 단당류 중 가장 빨리 소화·흡수되지만 물에 잘 녹지 않는다.

(2) 이당류(disaccharides)

단당류 두 개가 결합되어 만들어진 당류이다.

① **자당(설탕, sucrose)**

- 포도당 1분자와 과당 1분자가 결합된 형태이다.
- 사탕무, 사탕수수에 15% 정도 들어 있으며, 농축·정제해 감미료로 사용한다.
- 감미도의 기준이 되고 상대적 감미도는 100이다.

② **맥아당(엿당, maltose)**

- 곡식이 발아할 때 발생한다.
- 전분을 가수분해시켜 만든 엿, 식혜의 단맛 성분이다.
- 위 점막을 자극하지 않으므로 소화기 계통의 환자나 어린이에게 좋다.

③ **유당(젖당, lactase)**

- 포유동물의 젖에 존재하는 감미물질이다.
- 장내에서 정장작용을 하며, 칼슘의 흡수를 돕는다.

(3) 다당류(polysaccharides)

여러 개의 단당류가 결합된 것이다.

① **전분(녹말, starch)**

- 단맛이 없으며, 찬물에 잘 녹지 않는다.
- 곡류나 서류의 주성분으로 대부분 열량 섭취원을 형성한다.
- 찹쌀 전분은 아밀로펙틴이 대부분이다.

② **덱스트린(호정, dextrin)**

- 전분보다 분자량이 적으며 점성이 있다.
- 전분이 가수분해되는 과정에서 발생하는 중간생성물이다.
- 싹트는 종자, 팽창식품, 조청, 엿 등에 함유되어 있다.

③ **글리코겐(glycogen)**

- 동물성 저장 다당류로 남은 에너지를 간장이나 근육에 저장해두는 탄수화물이며, 근육이 운동할 때 소비된다.
- 쉽게 포도당으로 변하며 에너지원으로 쓰인다.
- 호화나 노화현상을 일으키지 않는다.

④ **셀룰로오스(섬유소, cellulose)**

- 식물 세포막의 구성 성분으로 가수분해되지 않는다.
- 체내에서 소화되지 않는다 하지만, 장의 연동 작용을 자극하여 배설 작용을 촉진하고 변비를 예방한다.

⑤ **펙틴(pectin)** : 산, 설탕을 넣고 졸이면 겔(gel)화되므로 잼, 젤리 등의 응고제로 사용한다.

2. 탄수화물의 체내 기능과 권장량

1) 탄수화물의 기능

① 체내 에너지 공급원으로 1kg당 4kcal이다.

② 간장 보호와 해독 작용을 하며, 단백질 절약 작용도 한다.

③ 중추신경 유지, 변비 방지, 혈당량을 유지하며 감미료 등에 이용한다.

2) 탄수화물의 권장량

① 탄수화물의 권장량은 1일 총 에너지 필요량의 55~65%이다.

② 과잉 섭취 시 비만과 당뇨병, 동맥경화증이 유발될 수 있다.

지방

1. 지방의 종류와 영양학적 특성

1) 지방

① 탄수화물과 단백질보다 에너지가 많이 발생하고 1g당 9kcal의 에너지를 낸다.

② 물에는 녹지 않으며 유기용매에만 녹는다.

③ 지용성 비타민(비타민 A, D, E, K)의 흡수를 촉진한다.

2) 지방의 종류

(1) 단순지방

① **중성지방**

- 3분자의 지방산과 1분자의 글리세롤이 결합된 것이다.
- 포화지방산의 비율이 높으면 고체, 불포화지방산의 비율이 높으면 액체인 기름으로 나뉜다.

② **납(왁스)**

- 알코올과 지방산의 결합체이다.
- 식물의 줄기, 잎, 종자, 동물 체조직의 표피 부분, 뇌 등에 분포되어 있지만 영양적 가치는 없다.

(2) 복합지방

① **인지질**

- 중성지방에 인산이 결합된 상태로 뇌와 신경조직의 구성 성분이다.
- 레시틴 : 인체의 뇌, 신경, 간장에 존재하며 항산화제와 유화제로 쓰이며 지방 대사에도 관여한다.
- 세팔린 : 뇌, 혈액에 존재하고 혈액 응고에 관여한다.

② **당지질** : 중성지방과 당류가 결합된 상태로 뇌, 신경조직 등의 구성 성분이다.

③ **단백지질** : 중성지방과 단백질이 결합된 상태이다.

(3) 유도지방

① 콜레스테롤

- 동물체의 신경조직, 뇌조직에 함유되어 있다.
- 담즙산, 성호르몬, 부산피질 호르몬 등의 주요 성분이다.
- 콜레스테롤은 자외선에 의해서 비타민으로 전환된다.

② 에르고스테롤

- 효모, 표고버섯, 맥각 등에 함유되어 있는 식물성 스테롤이다.
- 자외선에 의해 비타민으로 전환되며 프로비타민 D라고도 한다.

③ 필수지방산(비타민 F)

- 체내에서 합성되지 않는다.
- 음식을 통해서 섭취해야 하는 지방산이다.
- 세포막의 구조적 성분으로 뇌, 신경조직, 시각기능을 유지하는 역할을 한다.
- 종류 : 리놀레산, 리놀렌산, 아라키돈산 등

④ 포화지방산

- 구성하는 탄소 수에 따라 종류를 나눈다.
- 탄소의 수가 증가하면 융점이 높아진다.
- 종류 : 뷰티르산, 팔미틴산, 스테아르산 등

⑤ 불포화지방산

- 탄소와 탄소 사이 전자가 두 개인 이중결합을 갖는다.
- 불포화도가 높을수록 융점이 낮아진다.
- 종류 : 올레산, 리놀레산, 리놀렌산, 아라키돈산 등

2. 지방의 체내 기능과 권장량

1) 지방의 기능

① 체내 에너지 공급원으로 1g당 9kcal의 에너지를 낸다.

② 피하지방은 체온의 발산을 막아 체온을 조절한다.

③ 복강지방은 외부의 충격으로부터 내장기관을 보호한다.

④ 지용성 비타민의 흡수와 운반을 돕는다.

2) 지방의 권장량

① 지방 권장량은 1일 총 에너지 필요량의 15~30% 정도이다.

② 필수지방산은 2% 정도 섭취를 권장한다.

③ 과잉섭취 시 비만, 동맥경화, 대장암, 유방암 등을 발생시킬 수 있다.

단백질

1. 단백질의 종류와 영양학적 특성

1) 단백질

① 1g당 4kcal의 에너지를 공급하고 소화 흡수율은 92%이다.

② 탄소(C), 수소(H), 산소(O), 질소(N) 등을 함유하는 고분자 유기화합물이다.

③ 체내 수평 유지 및 몸의 근육과 조직 형성, 생명 유지에 필수영양소이다.

2) 단백질의 종류

(1) 화학적 분류

단백질의 화학적 구성에 따라 분류한다.

① 단순단백질

- 아미노산으로만 구성된 단백질이다.

- 알부민, 글로불린, 글루텔린, 프로타민, 프롤라민, 히스톤 등

② **복합단백질**

- 단순단백질, 즉 아미노산으로 이루어진 단백질에 다른 유기화합물이 결합된 것이다.
- 종류 : 인단백질, 색소단백질, 당단백질, 리포단백질, 핵단백질 등

③ **유도단백질** : 천연단백질이 열이나 다른 물리적 작용에 의해 부분적으로 분해되어 생긴 물질이다.

(2) 영양학적 분류

단백질에 함유된 아미노산의 종류와 양에 따라 구분된다.

① **완전단백질**

- 생명을 유지하고 성장발육, 생식에 필요한 필수아미노산을 갖춘 단백질이다.
- 종류 : 카제인(우유), 미오신(육류), 오브알부민(달걀), 글리시닌(콩) 등

② **부분적 완전단백질**

- 성장발육은 하지 못하고 생명 유지만 가능한 단백질이다.
- 종류 : 글리아딘(밀), 호르데인(보리), 오리제닌(쌀) 등

③ **불완전단백질**

- 생명 유지, 성장에 모두 관계없는 단백질이다.
- 종류 : 제인(옥수수), 젤라틴(육류) 등

2. 단백질의 체내 기능과 권장량

1) 단백질의 기능

① 체조직, 혈액단백질, 효소, 호르몬, 항체 등을 구성한다.

② 체내 에너지 공급원으로 1g당 4kcal의 에너지를 낸다.

③ 체내 삼투압 조절로 체내의 수분 함량을 조절하고 체액의 pH를 일정하게 유지한다.

2) 단백질의 권장량

① 단백질 권장량은 1일 총 에너지 필요량의 7~20% 정도이다.

② 결핍 시 면역기능이 저하되고 부종, 성장 저해현상 등이 나타난다.

무기질

1. 무기질의 종류와 영양학적 특성

1) 무기질

① 인체의 4~5%는 무기질로 구성되어 있다.

② 체내에서 합성되지 않아 음식물로부터 공급받아야 한다.

③ 직접적인 열량원이 되지는 못하지만 경조직과 연조직을 구성한다.

2) 무기질의 종류

(1) 칼슘(Ca)

① 혈액 응고에 관여하고 백혈구의 활력을 증진시킨다.

② 심장과 근육의 수축, 이완을 조절한다.

③ **결핍증** : 골연화증, 구루병, 골다공증 등

(2) 인(P)

① 칼슘, 마그네슘과 결합하여 뼈와 치아를 구성한다.

② 체액의 pH를 조절하고 각종 비타민과 결합하여 조효소를 형성한다.

③ 지방과 탄수화물의 연소에 관여한다.

(3) 철(Fe)

① 적혈구 중 헤모글로빈의 구성 성분으로 조혈 작용을 한다.

② **결핍증** : 빈혈

(4) 구리(Cu)

① 철의 흡수와 이동을 돕는다.

② **결핍증** : 악성 빈혈

(5) 요오드(I)

① 갑상선 호르몬 티록신의 구성 성분이다.

② **결핍증** : 갑상선종, 부종, 성장부진 등

(6) 나트륨(Na)

혈액과 체액의 삼투압을 조절한다.

(7) 염소(Cl)

위액 중 염산의 성분으로 산도를 조절하고 소화를 돕는다.

(8) 마그네슘(Mg)

신경 흥분을 억제한다.

2. 무기질의 체내 기능

① 골격을 구성하고 근육의 수축 및 이완 작용을 돕는다.

② 체액의 삼투압과 수분을 조절한다.

비타민

1. 비타민의 종류와 영양학적 특성

1) 비타민

① 신체기능을 조절하는 조절영양소지만 체내에서 합성되지 않는다.

② 음식물을 통해서 섭취할 수 있다.

③ 3대 영양소인 탄수화물, 지방, 단백질의 대사에 조효소 역할을 한다.

2) 비타민의 종류

(1) 수용성 비타민

① **비타민** B_1(thiamine)

- 당질 대사의 보조 작용을 하고 식욕을 촉진한다.
- 뇌, 심장, 신경조직의 유지에 관여한다.
- 결핍증 : 각기병, 신경통, 식욕부진, 피로
- 급원식품 : 쌀겨, 난황, 간, 돼지고기, 대두

② **비타민** B_2(riboflavin)

- 발육을 촉진시키고 체내의 산화·환원 작용을 돕는 여러 효소 및 조효소의 구성 성분이다.
- 결핍증 : 설염, 피부염, 구순구각염
- 급원식품 : 우유, 치즈, 달걀, 살코기, 간, 녹색채소

③ **비타민** B_6(pyridoxine)

- 항피부염 비타민으로 물과 알코올에 녹고, 자외선에 약하다.
- 결핍증 : 저혈색소병 빈혈, 피부염
- 급원식품 : 난황, 곡류, 육류, 간, 배아

④ **니아신**(niacin)

- 조효소의 구성 성분으로 포도당, 지방, 아미노산의 연소 과정에 관여한다.

- 결핍증 : 펠라그라병, 피부염
- 급원식품 : 생선, 육류, 콩, 간, 효모

⑤ **비타민** B_{12}(cyanocobalamin)

- 적혈구 생성에 관여, 성장을 촉진한다.
- 항빈혈 비타민이다.
- 결핍증 : 악성 빈혈, 간 질환
- 급원식품 : 살코기, 간, 내장, 난황

⑥ **비타민** C(ascorbic acid)

- 세포 내에서 산화·환원 작용에 관여한다.
- 세균의 저항력을 높이고 상처 회복에 효과적이다.
- 결핍증 : 괴혈병, 저항력 감소
- 급원식품 : 시금치, 딸기, 무청, 감귤류

(2) 지용성 비타민

① **비타민** A(retinol)

- 항야맹증 비타민으로 야맹증과 안염을 방지한다.
- 열, 산, 염기에 강하지만 자외선에 파괴되기 쉽다.
- 결핍증 : 야맹증, 성장 부진, 건조성 안염
- 급원식품 : 버터, 녹황색 채소, 김, 난황

② **비타민** D(calciferol)

- 뼈, 치아의 인산칼슘 침착을 촉진시키고, 칼슘과 인의 흡수력을 증강시킨다.
- 결핍증 : 구루병, 골연화증, 골다공증
- 급원식품 : 난황, 간유, 어유, 버터

③ **비타민** E(tocopherol)

- 항산화성 비타민으로 근육위축을 방지하고 근육 작용을 향상시킨다.
- 결핍증 : 불임증, 근육 위축증
- 급원식품 : 우유, 난황, 식물성 기름

④ **비타민 K(phylloguinone)**

- 혈액 응고 비타민으로 혈액 응고 작용과 포도당의 연소에 관계된다.
- 결핍증 : 혈액 응고 지연
- 급원식품 : 녹색채소, 난황, 간유

3) 비타민의 일반적 성질

구분	수용성 비타민	지용성 비타민
종류	비타민 B, C 등	비타민 A, D, E, K
용매	물에 용해	기름과 유기용매에 용해
전구체	전구체 없음	전구체 존재
결핍증세	빠르게 나타남	서서히 나타남
공급	매일 공급	매일 공급할 필요 없음
과잉섭취 시	소변으로 배출	체내 저장

2. 비타민의 체내 기능

① 유기영양소로 생리 작용 조절과 성장을 유지한다.

② 에너지를 발생하거나 체내 물질이 되지는 않는다.

소화와 흡수

1. 소화

음식물이 소화기관을 통과하는 동안 작은 단위로 나뉘어서 체내에 흡수되기 쉬운 상태로 분해되는 일을 소화라고 한다.

2. 소화 작용의 분류

1) 기계적 소화 작용

이로 씹어 부수는 일과 위와 소장의 연동 작용이다.

2) 화학적 소화 작용

소화액에 있는 소화효소의 작용을 받아 소화되는 일이다.

3) 발효 작용

소장의 하부에서 대장에 이르는 곳까지 세균류가 분해하는 작용이다.

3. 소화 과정

1) 입에서의 소화

① 기계적 소화 작용을 한다.

② 타액 속의 아밀라아제에 의해 전분의 일부가 덱스트린과 맥아당으로 분해된다.

2) 위에서의 소화

당질 분해효소가 없어 음식물이 위액에 닿아 산성이 될 때까지 타액의 프티알린이 계속 작용하여 소화시킨다.

3) 췌장에서의 소화

① 췌장에서는 췌액의 아밀라아제에 의해 전분이 맥아당으로 분해된다.

② 지방은 담즙에 의해 유화되며, 췌액의 스테압신에 의해 글리세롤과 지방산으로 가수분해된다.

4) 소장에서의 소화

① 락타아제는 유당을 포도당과 갈락토오스로 분해한다.

② 장액의 수크라아제는 자당을 과당과 포도당으로 분해한다.

③ 말타아제는 맥아당을 포도당 2분자로 분해한다.

5) 대장에서의 소화

① 소화효소는 분비되지 않고, 장내 세균에 의해 섬유소가 분해한다.

② 대부분의 물이 흡수된다.

4. 흡수

1) 구강

영양소 흡수는 일어나지 않는다.

2) 위

물과 소량의 알코올이 흡수된다.

3) 소장

소장은 효율적인 흡수를 위해 융털이라는 특수구조로 되어 있으며, 융털로 섭취 에너지의 95%가 흡수된다.

4) 대장

수분은 대부분 흡수되고, 흡수되지 않은 영양소는 변으로 배설된다.

물(수분)

① 삼투압을 조절하고 체액을 정상적으로 유지시킨다.

② 영양소와 노폐물을 운반한다.

③ 외부의 자극으로부터 내장기관을 보호한다.

④ 체온을 조절한다.

CHAPTER 5

식품위생학

식품위생학 개론
식품의 변질과 미생물
감염병과 기생충
식중독
식품 첨가물

식품위생학 개론

1. 식품위생의 정의

1) 우리나라 「식품위생법」의 정의

우리나라의 「식품위생법」(1962. 1. 20.)에 따르면 식품위생이란 식품, 첨가물, 기구 또는 용기·포장을 대상으로 하는 음식에 관한 모든 위생을 말한다.

2) 세계보건기구(WHO)의 정의

식품위생이란 식품원료의 재배, 생산, 제조로부터 유통과정을 거쳐 최종적으로 사람에게 섭취되기까지의 모든 단계에 걸친 식품의 안정성·완전성 및 건전성을 확보하기 위한 모든 수단을 말한다.

2. 식품위생의 목적

① 식품으로 인한 위생상의 위해를 방지하고, 식품영양상의 질적 향상을 도모한다.
② 국민 보건의 향상과 증진에 기여한다.

3. 식품위생의 대상 범위

식품, 식품 첨가물, 기구, 용기 포장을 대상 범위로 하며, 모든 음식물을 대상으로 하지만, 의약으로 섭취하는 것은 제외한다.

4. 식품위생의 내용 및 행정 실천 방안

1) 식품위생의 내용

① 행정상의 문제점

② 식품 취급자의 보건문제 및 그에 대한 대책과 장소의 보건

③ 식품과 건강장애의 관계 및 예방

2) 식품위생 행정의 실천 방안

① 위생상 필요한 식품의 품질과 규격을 정해 표시

② 미생물에 의한 오염 방지

③ 식품 취급시설의 위생 및 취급자의 교육, 위생문제 등을 감시

④ 식품의 변패, 부패, 유해물질의 함유 방지

식품의 변질과 미생물

1. 변질의 원인

① 미생물의 번식이 원인이다.

② 식품 자체의 효소 작용이다.

③ 산화로 인한 비타민 파괴 및 지방 산패가 원인이다.

2. 변질의 종류

1) 부패(putrefaction)

① 단백질 식품에 혐기성 세균, 미생물 등이 번식하여 생물학적 요인에 의해 분해되는 현상이다.

② 이 과정에서 악취와 유해물질(암모니아, 아민류, 페놀 등)이 생성된다.

③ **부패에 영향을 주는 요소** : 산소, 수분, 습도, 열 온도

2) 산패(rancidity)

① 유지식품이 지방의 산화 등에 의해 악취나 변색이 일어나는 현상이다.

② 주로 불쾌한 냄새가 나고, 점성이 증가하며, 맛과 색의 변화로 품질이 낮아진다.

③ 미생물의 분해 작용으로 인한 생물학적 요인의 변질현상은 아니다.

3) 변패(deterioration)

① 단백질을 제외한 탄수화물, 지방 등의 성분을 가진 식품이 미생물의 분해에 의해 일어나는 현상이다.

② 맛이나 냄새가 변화하는 현상이다.

4) 발효(fermentation)

① 식품에 미생물이 번식하여 성질의 변화를 일으키는데, 그 변화가 인체에 유익할 경우(섭취가 가능할 경우)를 말한다.

② 술, 빵, 젓갈, 간장, 된장 등을 모두 발효식품이라 일컫는다.

3. 식품의 변질에 영향을 미치는 요소(미생물의 번식조건)

1) 영양소

① **탄소원** : 포도당(4kcal), 유기산(3kcal), 알코올(7kca) 등이 있다.

② **질소원** : 단백질을 구성하는 기본 단위인 아미노산을 통해 얻는다.

③ **비타민 B군** : 주로 발육에 필요하며, 세포 내에서 합성되지 않기 때문에 세포 외에서 흡수하여야 한다.

④ **무기염류** : 인(P), 황(S)을 필요로 한다.

2) 수분

① 미생물 몸체의 주성분이며, 생리기능을 조절하는 데 필요하다.

② 미생물을 증식하는 수분 함량은 보통 50~65% 정도이며, 미생물을 억제하는 수분 함량은 15% 이하다.

③ 미생물의 증식이 억제되는 수분활성도(Aw)

곰팡이 Aw : 0.7 이하 / 세균 Aw : 0.8 이하 / 효모 Aw : 0.8 이하

3) 온도

① 미생물의 종류에 따라 발육, 번식이 가능한 온도가 다르다.

② 저온균은 0~25℃(최적온도 10~15℃)에서 번식하고, 중온균은 15~55℃(최적 온도 20~40℃), 고온균은 40~70℃(최적 온도 50~70℃)에서 번식한다.

4) 최적 pH(수소 이온 농도)

① **곰팡이와 효모** : pH 4~6(약산성)

② **일반 세균** : pH 6.5~7.5(약산성~중성)

③ **콜레라균** : pH 8.0~8.6(알칼리성)

5) 산소

① **혐기성 균** : 산소가 있으면 생육, 발육에 지장을 받기에 산소 공급이 없어야 증식되는 균

② **호기성 균** : 산소 공급으로 인해 산소가 존재하는 상태에서만 증식되는 균

③ **통성 혐기성 균** : 산소의 영향을 받지 않고, 산소가 있거나 없어도 증식이 가능한 균

6) 삼투압

① 세균 증식이 설탕과 식염에 의한 삼투압에 영향을 받는다.

② 일반 세균은 3%의 식염에서 증식이 억제되는 반면, 호염 세균은 더욱 증가한다.

③ 내염성 세균은 8~10% 정도의 식염에서도 증식한다.

4. 미생물의 특징 및 종류

1) 특징

① **미생물의 정의** : 육안으로 식별이 불가능할 정도의 작은 생물을 가리키며, 경우에 따라 식품 제조 및 가공에 이용되기도 하지만, 감염병과 식중독의 원인이 되기도 한다.

② **미생물의 크기** : 곰팡이 > 효모 > 세균 > 리케차 > 바이러스

2) 종류

(1) 세균류(bacteria)

① 형태에 따라 구균, 간균, 나선균 등이 있다.

② 2분법으로 증식하고 세균성 식중독, 경구 전염병, 부패의 원인이 된다.

(2) 곰팡이(molds)

① 균류 중 실 모양의 균사를 형성하는 미생물을 곰팡이라 한다.

② 식품의 제조와 변질에 관여한다.

- 누룩곰팡이(*Aspergillus*)속 : 양주, 된장, 간장의 제조에 이용한다.
- 푸른곰팡이(*Penicillium*)속 : 버터, 통조림, 채소, 과실 등의 변패를 일으킨다. 식품에서 흔히 발견되는 불완전균류이다.

- 솜털곰팡이(*Mucor*)속 : 전분의 당화, 치즈의 숙성 등에 이용되나, 과실 등의 변패를 일으키기도 한다.

③ 곰팡이의 발생조건

- 건조식품이 온도가 높은 외계에 노출되었을 때
- 일정한 산도(pH 4.0 이하)에 보관되었을 때
- 일정한 건조도에 달하여 세균의 증식이 저지되었을 때

(3) 효모(yeast)류

① 분류학상의 명칭은 아니며 부풀어 오른다는 뜻에서 유래된 명칭이다.

② 출아법으로 번식하며 비운동성이고, 통성 혐기성 미생물이다.

③ 주로 주류의 양조, 알코올 제조, 제빵 등에 활용되고 있다.

(4) 바이러스(virus)

① 미생물 중 가장 작은 것으로, 살아 있는 세포에서만 생존한다.

② 초미생물군에 속하며 형태는 구형, 간형, 올챙이형 등 여러 가지가 있다.

(5) 리케차(rickettsia)

① 세균과 바이러스의 중간 형태에 속하며 구형, 간형 등의 형태를 가지고 있다.

② 2분법으로 증식하며 운동성이 없고, 살아 있는 세포 속에서만 증식한다.

5. 소독과 살균

1) 정의

① **소독** : 병원균을 대상으로 병원 미생물을 죽이거나 병원 미생물의 병원성을 약화시켜 감염을 없애는 물리·화학적 방법이다. 단, 소독으로 포자(세포)는 죽이지 못한다.

② **살균** : 병원 미생물만이 아닌 모든 미생물을 사멸시켜 완전히 무균 상태로 만드는 것이다.

③ **방부** : 미생물 번식으로 인한 식품의 변질을 방지하고, 미생물의 증식을 정지시키는 것이다.

2) 소독 및 살균법

(1) 물리적 방법

방법	내용
저온살균법	62~65℃에서 30분간 가열하여 살균하는 방법
고온살균법	95~120℃ 정도로 20~60분 동안 가열하여 살균하는 방법
초고온순간살균법	132℃에서 2초간 가열하여 살균하는 방법
초음파가열살균법	초음파로 단시간 처리하는 방법
자외선 살균법	자외선 또는 일광 등을 이용해 살균하는 방법
방사선 살균법	식품에 코발트 60(^{60}Co) 등을 조사하여 살균하는 방법
열탕소독법(자비소독법)	100℃ 이상의 물에서 30분 이상 끓여 용기, 식기, 기구 등의 살균, 소독에 이용하는 방법
세균 여과법	규조토, 석면, 도자기 등을 세균 여과기를 이용해 걸러내는 방법

(2) 화학적 방법

방법	내용
염소	상수원(수돗물) 소독에 사용된다.
석탄산(페놀) 용액	순수하고 살균이 안정되어 살균력 검사 시에 표준이 되는 소독제이며 손, 의류, 오물, 기구 등의 소독에 이용된다.
차아염소산나트륨	가열이 부적당한 기구, 설비 소독에 이용된다.
역성 비누	무독성이고 살균력이 강하여 원액을 희석하여 사용한다.
알코올	70% 수용액을 금속, 유리, 기구, 손 소독에 사용한다.
과산화수소	3% 수용액을 피부, 상처 소독에 사용한다.
크레졸	50% 비누액에 1~3%의 수용액을 섞어 오물 소독, 손 소독에 사용한다.
포름알데히드(포르말린)	30~40% 수용액을 오물 소독에 이용한다.

6. 식품의 저장

1) 당장법

50% 이상의 농도를 가진 설탕 액에 담가 미생물의 발육을 억제하는 방법이며 젤리, 잼, 연유 등의 저장에 주로 이용된다.

2) 염장법

10% 정도의 농도를 가진 소금에 절여 미생물 발육을 억제하는 방법으로 해산물, 육류, 채소 등의 저장에 주로 이용된다.

3) 산 저장법

3~4% 이상의 농도를 가진 젖산, 초산, 구연산 등을 이용하여 저장하는 방법이다.

4) CA 저장(가스저장)

식품에 탄산가스, 질소가스와 같은 불활성 가스의 충전으로 산소 함량을 적게 하여 호흡을 차단하는 것으로 채소, 과일 등의 저장에 주로 사용되는 방법이다.

5) 화학물질 첨가

항산화제, 산화방지제, 살균제, 합성 보존료 등을 식품에 첨가하는 방법으로, 「식품위생법」에 의한 사용기준과 첨가량을 준수해야 한다.

감염병과 기생충

1. 감염병

1) 정의

면역이 없는 인체에 병원체가 침입하여 증식함으로써 일어나는 질병이다.

2) 생성과정

병원체 → 환경 → 병원소로부터의 탈출 → 병원체의 전파 → 새로운 숙주의 침입 → 숙주의 감수성과 면역

3) 발생 3요소

감염원, 감염 경로, 숙주의 감수성

2. 감염병의 종류

1) 제1군 감염병

① **정의** : 음료 또는 식품을 매개로 발생하고 집단 발생의 우려가 커서 발생 또는 유행 즉시 방역대책을 수립하여야 하는 감염병

② **종류** : 콜레라, 장티푸스, 파라티푸스, 세균성 이질, 장출혈성 대장균감염증, A형 간염

2) 제2군 감염병

① **정의** : 예방접종을 통하여 예방 및 관리가 가능하여 국가예방접종사업의 대상이 되는 감염병

② **종류** : 디프테리아, 백일해, 파상풍, 홍역, 유행성 이하선염, 풍진, 폴리오, B형 간염, 일본뇌염, 수두, B형 헤모필루스 인플루엔자, 폐렴구균

3) 제3군 감염병

① **정의** : 간헐적으로 유행할 가능성이 있어 계속 그 발생을 감시하고 방역대책의 수립이 필요한 감염병

② **종류** : 말라리아, 결핵, 한센병, 성홍열, 수막구균성 수막염, 레지오넬라증, 비브리오패혈증, 발진티푸스, 발진열, 쯔쯔가무시증, 렙토스피라증, 브루셀라증, 탄저, 공수병, 신증후군출혈열, 인플루엔자, 후천성 면역결핍증(AIDS), 매독, 크리이츠펠트-야콥병(CJD) 및 변종크로이츠펠트-야콥병(vCJD)

4) 제4군 감염병

① **정의** : 국내에서 새롭게 발생하였거나 발생할 우려가 있는 감염병 또는 국내 유입이 우려되는 해외 유행 감영병으로서 보건복지부령으로 정하는 감염병

② **종류** : 페스트, 황열, 뎅기열, 바이러스성 출혈열, 두창, 보툴리눔독소증, 중증 급성호흡기 증후군(SARS), 동물인플루엔자 인체감염증, 신종인플루엔자, 야토병, Q열, 웨스트나일열, 신종감염병증후군, 라임병, 진드기매개뇌염, 유비저, 치쿤구니야열, 중증열성혈소판감소증후군(SFTS)

5) 제5군 감염병

① **정의** : 기생충에 감염되어 발생하는 감염병으로서 정기적인 조사를 통한 감시가 필요하여 보건복지부령으로 정하는 감염병

② **종류** : 회충증, 편충증, 요충증, 간흡충증, 폐흡충증, 장흡충증

3. 경구 감염병

1) 정의

오염된 식품, 손, 물, 곤충 등에 의해 병원체가 입을 통하여 체내로 침입하는 소화기계통 감염병을 말한다. 적은 양으로도 감염이 잘 되며 2차 감염이 발생하는 경우가 많다.

2) 경구 감염병 구분

(1) 세균성 경구 감염병

① **장티푸스** : 파리가 매개체이며 우리나라에서 가장 많이 발생하는 급성 감염병으로 잠복기가 비교적 길며 40℃ 이상의 고열이 2주간 계속된다.

② **세균성 이질** : 비위생적 시설에서 많이 발생하며 기후와 밀접한 관계가 있다. 감염의 대부분은 환자와 보균자의 직접 접촉에 의한 것이 많다.

③ **파라티푸스** : 감염 매개체, 증상이 장티푸스와 비슷하다.

④ **콜레라** : 감염병 중 잠복기가 가장 짧다.

(2) 바이러스성 경구 감염병

① **소아마비(급성회백수염 또는 폴리오)** : 급성회백수염 바이러스에 의하여 감염된다.

② **유행성 간염** : 간염 바이러스에 의하여 감염, 잠복기가 가장 짧다.

③ 천열, 감염성 설사

4. 인수공통감염병

1) 정의

동일한 병원체에 의해 사람과 동물에게 발생하는 감염병

2) 종류

① **결핵** : 소, 양

② **탄저병** : 소, 말, 돼지, 산양

③ **야토병** : 산토끼나 설치류

④ **Q열** : 소, 양, 쥐, 염소

⑤ **광견병** : 개

⑥ **돈단독** : 돼지, 소, 말, 양, 닭

⑦ **파상열(브루셀라증)** : 개, 닭, 돼지, 산양, 소, 말

5. 기생충

1) 채소류를 통해 감염되는 기생충

구분	내용
요충	성숙한 충란이 항문 주위에 산란하여 손이나 침구 등을 통해 경구 침입하며, 2차 세균감염을 유발한다.
편충	생채소 등을 통해 경구 감염되어 특히 맹장에 기생한다. 빈혈과 신경증을 유발하고, 우리나라에서 감염률이 높다.
회충	선충류 회충과에 속하는 인체 기생충으로, 파리의 매개에 의한 오염된 음식물을 섭취할 때 경구 침입하고, 인분을 비료로 사용하는 나라에서 감염률이 높다.
십이지장충(구충)	분변으로부터 탈출한 구충란이 부화, 탈피한 후 유충이 식품이나 음료수 등을 통해 경피 침입 또는 경구 침입한다.

2) 어패류를 통해 감염되는 기생충

구분	페디스토마	간디스토마	유극악구충	광절열두조충
제1중간숙주	다슬기	왜우렁이	물벼룩	물벼룩
제2중간숙주	민물 가재, 게	민물고기	가물치, 미꾸라지, 뱀장어	담수어, 반담수어

3) 육류를 통해 감염되는 기생충

구분	내용
선모충	쥐, 돼지고기로부터 감염
무구조충	소고기로부터 감염
유구조충	덜 익힌 돼지고기로부터 감염

4) 기생충 감염 예방법

① 외출 후 귀가 시, 손을 꼭 씻는다.

② 채소류는 흐르는 물에 충분히 세척한다.

③ 어패류, 육류 등은 익혀서 먹도록 하고, 생식을 삼간다.

④ 정기적으로 검진하여 구충하는데, 집단으로 실시해야 효과적이다.

식중독

1. 식중독

1) 정의

식중독(food poisoning)이란 유해미생물 및 유해물질이 함유되어 있는 식품을 섭취한 사람들이 열을 동반하거나, 열을 동반하지 않으면서 구토, 식욕부진, 설사, 복통 등을 유발하는 건강 장애이다.

2) 종류

세균성 식중독, 자연독에 의한 식중독, 화학성 식중독, 곰팡이 식중독, 부패 식중독 등이 있다.

2. 식중독의 분류

1) 세균성 식중독

(1) 감염형 식중독

구분	살모넬라 식중독	장염비브리오	병원성 대장균에 의한 중독
원인 식품	• 육류 및 가공품, 어패류 및 그 가공품, 우유 및 유제품, 알류 등	• 생선회, 어패류 및 가공품 등	• 육류 및 가공품, 어패류 및 가공품, 병원성 대장균에 오염된 식품 등
감염 경로	• 쥐, 파리, 바퀴벌레 등 곤충류에 의한 전파	• 어패류의 생식 • 호염성 비브리오균으로 3~4%의 염분 농도에서 증식함	• 환자와 보균자의 분변이나 분변에 오염된 식품을 통해 분변오염, 감염의 지표가 됨
생육 최저온도	• 그람음성 간균으로 생육 최적 온도는 37℃이며, 60℃에서 20분 가열하면 사멸함	• 생육 최적 온도는 30~37℃이며, 42℃에서도 생육 가능하나 10℃ 이하에서는 생육하지 않음	• 생육 최적 온도는 37℃ • 유당(젖당)을 분해하여 산과 가스 생산 • 그람음성 무아포, 운동성, 호기성 또는 통성혐기성
잠복기 증상	• 평균 20시간 • 증상 : 급격한 발열, 구토, 급성 위장염, 설사 등	• 평균 12시간 • 증상 : 점액혈변, 복통, 발열 등 급성 위장염 증상	• 12~72시간 • 증상 : 설사, 식욕부진, 구토, 복통, 두통, 치사율 거의 없음

(2) 독소형 식중독

구분	포도상구균	보툴리누스균
원인 균	• 사람이나 동물의 화농성 질환의 대표적인 균으로 '황색 포도상구균'	• 보툴리누스균(신경친화성 독소)
원인 독소	• 장독소 '엔테로톡신(enterotoxin)'으로 내열성이 있어 열에 쉽게 파괴되지 않음	• 아포는 열에 강하고, 신경독소인 뉴로톡신(neurotoxin)은 이열성으로 80℃에서 30분이면 파괴됨
특징	• 잠복기가 가장 짧음	• 식중독 중 치사율이 가장 높음
원인 식품	• 우유 및 유제품, 떡, 콩가루, 빵, 과자류 등	• 완전 가열 살균되지 않은 병조림, 통조림, 소시지, 훈제품 등
잠복기 및 증상	• 잠복기 : 30분~5시간이며, 평균 3시간 정도 • 증상 : 구토, 복통, 설사 등	• 잠복기 : 18~36시간 • 2~4시간 이내에 신경증이 나타나기도 하고 72시간 이후 발병 • 증상 : 신경 마비, 시력 장애, 동공 확대 등

2) 자연독에 의한 식중독

분류	종류	독소	참고
식물성 식중독	감자	솔라닌	감자의 발아 부위 및 녹색 부위에 존재, 현기증, 위장 장애
	독미나리	시큐독신	–
	고사리	프타퀼로사이드	–
	미치광이풀	히오시아닌	–
	만병초의 잎	안드로메도톡신	–
	독버섯	무스카린, 콜린, 발린, 필지오린, 뉴린	광대버섯(아마니타톡신)
	면실유	고시폴	덜 정제된 목화씨기름
	청매, 은행, 살구씨	아미그달린	덜 익은 매실
동물성 식중독	복어	테트로도톡신	난소, 알
	섭조개, 대합조개	삭시톡신	–
	모시조개, 굴, 바지락	베네루핀	–

3) 화학적 식중독

(1) 금지된 유해 첨가물

구분	내용
표백제	롱갈리트, 삼염화질소, 과산화수소 등
감미료	시클라메이트, 둘신, 페릴라틴, 에틸렌글리콜 등
방부제	붕산, 불소화합물, 승홍, 포름알데히드
착색료	아우라민, 로다민 B

(2) 유해 금속에 의한 식중독

구분	내용
납(Pb)	• 도료, 안료, 농약 수도관의 납관 등에서 오염 • 구토, 복통, 빈혈, 피로, 소화기 장애 • 도자기

(계속)

구분	내용
카드뮴(Cd)	• 이타이이타이병의 원인 물질 • 신장장애, 골연화증 • 카드뮴 공장 폐수에 오염된 음료수 또는 오염된 농작물 섭취 시 발병
수은(Hg)	• 미나마타병의 원인 물질 • 유기수은에 오염된 해산물 섭취 시 발생
주석(Sn)	• 통조림관 내면의 도금재료로 이용되는 주석 • 산성 식품에서 용출 • 캔류
구리(Cu)	• 기구, 식기 등에 생긴 녹청에 의한 식중독 • 놋그릇
아연(Zn)	• 기구의 합금·도금 재료로 쓰이며, 산성 식품에 의해 아연염으로 바뀜
비소(As)	• 농약 및 불순물로 식품에 혼입되는 경우가 많음

식품첨가물

1. 정의

① 식품첨가물은 식품을 제조, 가공 또는 보존함에 있어 식품에 첨가, 혼합, 침윤, 기타 방법으로 사용되는 물질이다.

② 식품의 품질을 개량할 뿐만 아니라 보존성과 기호성을 향상시켜 주는 것을 말한다.

③ 영양적인 가치의 질을 높이는 것이 식품첨가물의 사용 목적이라 할 수 있다.

④ 식품첨가물의 규격과 사용기준은 식품의약품안전처장이 정한다.

2. 조건 및 사용 목적

1) 조건

① 사용방법이 간편해야 한다.

② 가격이 저렴해야 한다.

③ 독성이 없거나 적어야 한다.

④ 무미, 무취이고 자극성이 없어야 한다.

⑤ 미량으로도 효과가 있어야 한다.

2) 사용 목적

① 식품의 외관을 만족시키고 기호성을 향상시킨다.

② 식품의 변질, 변패를 방지한다.

③ 식품의 품질을 개량하여 저장성을 높인다.

④ 영양적 가치를 증가시킨다.

⑤ 식품의 향과 풍미를 좋게 하고 영양을 강화한다.

3. 사용 기준

1) 1일 섭취 허용량(ADI)

영구불변한 것이 아니고, 현 시점에서 얻어진 과학정보에 의해 평가된 것이며, 사람이 일생에 걸쳐 섭취했을 때 어떠한 장애도 없이 섭취할 수 있는 화학물질의 일일 섭취량을 말한다.

2) 사용하는 한계 농도

식품에 혼합된 첨가물의 최소량을 결정한 후, 하루에 섭취한 식품첨가물의 양을 계산한 값에 식품 기호 계수를 곱한 것이 1일 섭취 허용량 미만이어야 첨가물 식품에 한하여 사용하는 농도가 결정된다.

4. 종류 및 용도

1) 방부제(보존료)

(1) 용도

미생물의 번식으로 인한 변질이나 부패를 방지하고, 보존성을 높여 신선도를 유지하기 위해 사용한다.

(2) 종류

구분	내용
프로피온산 칼슘	빵류
프로피온산 나트륨	빵류, 과자류
안식향산	간장, 청량음료
소르브산	어육연제품, 식육제품, 고추장, 팥 앙금, 잼, 케첩
디하이드로초산	치즈, 버터, 마가린

2) 살균제

(1) 용도

식품 부패의 원인이 되는 균이나 미생물을 단시간 내에 사멸시키기 위한 목적으로 사용한다.

(2) 종류

표백분, 차아염소산나트륨

3) 산화방지제(항산화제)

(1) 용도

유지의 산화에 의한 이미, 이취, 식품의 변색 등 변질 현상을 방지한다.

(2) 종류

BHT(Butylated Hydroxy Toluene), BHA(Butylated Hydroxy Anisole), 비타민 E(토코페롤), 프로필갈레이드(PG), 에르소르브산, 세사몰 등

4) 표백제

(1) 용도

식품을 가공, 제조할 때 식품 본래의 색을 없애거나 색소 퇴색, 착색으로 인한 품질 저하를 막기 위해 미리 색소를 파괴하는 데 사용한다.

(2) 종류

과산화수소, 차아황산나트륨, 아황산나트륨

5) 밀가루 개량제

(1) 용도

밀가루의 표백과 숙성기간을 단축하기 위한 목적으로 사용한다.

(2) 종류

과황산암모늄, 브롬산칼륨, 과산화벤조일, 이산화염소, 염소 등

6) 호료(증점제)

(1) 용도

식품의 점착성 증가, 유화 안정성, 선도 유지, 형체 보존에 도움을 주며, 촉감을 좋게 하기 위해 사용한다.

(2) 종류

카세인, 젤라틴, 메틸셀룰로오스, 알긴산나트륨 등

7) 착색료

(1) 용도

인공적으로 착색시켜 천연색을 보완 및 미화하여 소비자의 기호를 끌기 위해 사용한다.

(2) 종류

식용녹색 3호, 식용적색 2호, 식용적색 3호, 캐러멜, 베타카로틴 등

8) 착향료

(1) 용도

후각신경을 자극해 특유한 방향을 느끼게 하며, 식욕을 증진시킬 목적으로 사용한다.

(2) 종류

C-멘톨, 계피알데히드, 벤질 알코올, 바닐린 등

9) 강화제

(1) 용도

영양소를 강화시킬 목적으로 사용한다.

(2) 종류

비타민류, 무기염류, 아미노산류 등

10) 유화제(계면활성제)

(1) 용도

물과 기름처럼 서로 혼합되지 않는 두 종류의 액체를 유화시키기 위해 사용한다.

(2) 종류

대두 인지질, 글리세린, 레시틴, 자당지방산에스테르 등

11) 소포제

(1) 용도

시품 제조 공정 중 생긴 거품을 없애기 위해 사용한다.

(2) 종류

실리콘수지(규소수지) 1종 등

12) 이형제

(1) 용도

제과·제빵에서 제품을 틀에서 쉽게 분리하고, 모양을 그대로 유지하기 위해 사용한다.

(2) 종류

유동파라핀

13) 감미료

(1) 용도

식품의 조리·가공 시에 단맛을 부여하기 위하여 사용한다.

(2) 종류

사카린나트륨, D-솔비톨, 아스파탐, 스테비오사이드 등

14) 팽창제

(1) 용도

식품을 부풀게 하여 적당한 형체를 갖추게 하기 위해 사용한다.

(2) 종류

명반, 소명반, 염화암모늄, 탄산수소 암모늄, 탄산수소 나트륨 등

15) 발색제

(1) 용도

자기 자신은 무색이나 식품에 첨가했을 때, 식품 내 성분과 반응하여 색을 고정·안정화시키기 위해 사용한다.

(2) 종류

아질산나트륨, 질산나트륨, 질산칼슘 등

16) 조미료

(1) 용도

식품 본래의 맛을 강하게 하거나, 기호성에 맞추기 위해 사용한다.

(2) 종류

L-글루타민산나트륨, 호박산, 구연산 등

CHAPTER 6

생산 관리

생산 관리의 개요
생산 관리의 체계 및 작업 환경 관리
원가 관리의 실무

생산 관리의 개요

생산 관리란 사람(Man)·재료(Material)·자금(Money)이란 3요소를 적절하게 사용하여 적은 비용으로 양질의 물건을 필요한 양만큼 정해진 시기에 만들어 내는 관리(control) 또는 경영(management)이라 할 수 있다. 양질의 물건은 '품질(quality)'를 나타내며, 적은 비용은 '원가' 또는 '코스트(cost)'를 뜻한다. 필요량을 정해진 시기에 만들어 내는 '납기(delivery)'는 생산하는 능률을 뜻한다. 최근에는 가치를 추구하는 데 중점을 두고 있다.

1. 생산 관리 및 기업 활동

1) 생산 활동의 구성요소(7M)

(1) 1차 관리

① Man(사람, 질과 양)

② Material(재료, 품질)

③ Money(자금, 원가)

(2) 2차 관리

① Method(방법)

② Minute(시간, 공정)

③ Machine(기계, 시설)

④ Market(시장)

2) 제품의 가치

제품의 가치(V) = 품질(Q) 또는 기능(F) ÷ 원가(C) 또는 가격(P)

① V = Value(가치)

② Q = Quality(품질)

③ F = Function(기능)

④ C = Cost(원가)

⑤ P = Price(가격)

2. 예산 계획

① 노동생산성 = 생산 금액 ÷ 소요 인원 수

② 가치생산성 = 생산 가치 ÷ 연 인원

③ 노동분배율 = 인건비 ÷ 생산가치 × 100(%)

④ 1인당 이익 = 이익 ÷ 연 인원

3. 생산 계획

1) 인원 계획

평균적인 결근율, 기계의 능력 등을 감안하여 인원 계획을 세운다.

2) 설비 계획

기계화와 설비 보전을 계획하는 일

3) 제품 계획

신제품, 제품 구성비, 개발 계획을 세우는 일

4) 합리화 계획

생산성 향상, 외주·구매 계획을 세우는 일

5) 교육훈련 계획

관리·감독자 교육과 작업능력 향상 훈련을 계획하는 일

4. 생산 시스템

1) 생산 시스템의 정의

투입에서 생산 활동과 산출까지의 전 과정을 관리하는 것

2) 생산 시스템의 분석

(1) 고정비

매출액의 증가나 감소에 관계없이 일정 기간에 있어서 일정하게 소요되는 비용

예 기본급, 제수당, 감가상각비, 임차료, 보험료, 고정자산세 등

(2) 변동비

매출액의 증감에 따라 비례적으로 증감하는 비용

예 재료비, 상품 매입액, 외주 가공비, 운임비, 포장비, 직원의 잔업수당 등

(3) 매출액

매출액 = 생산량 × 가격

(4) 손익분기점

손실과 이익의 분기점이 되는 매출액으로 작은 의미로는 이익도 손해도 없는 매출액이고 큰 의미로 보면 수익, 비용, 이익의 관계를 분석·검토하는 기준이다.

① **매출액에 의하여 손익분기점을 구하는 방법**

고정비 ÷ (1 − 변동비 ÷ 매출액) = 고정비 ÷ (1 − 변동 비율) = 고정비 ÷ 한계 이익률

② **판매 수량에 의하여 손익분기점을 구하는 방법**

고정비 ÷ (판매 가격 − 변동비 ÷ 판매량) = 고정비 ÷ 제품 1개당 한계 이익

생산 관리의 체계 및 작업 환경 관리

1. 생산 관리의 체계

① **원가의 구성 요소** : 직접 원가, 제조 원가, 총 원가

② **직접 원가** : 직접 재료비 + 직접 노무비 + 직접 경비

③ **제조 원가** : 직접 원가 + 제조 간접비

④ **총 원가** : 제조 원가 + 판매비 + 일반 관리비

⑤ **판매 가격** : 총원가 + 이익

2. 제과 · 제빵 공정상의 조도 기준

작업 내용	표준 조도	한계 조도
발효	50	30~70
계량, 반죽, 조리, 성형	200	150~300
굽기	100	70~150
포장, 장식, 마무리 작업	500	300~700

원가 관리의 실무

1. 원재료의 원가 절감

① 구매 관리를 철저히 하여 구입 단가와 결제 방법을 합리화한다.

② 원재료의 배합 설계와 제조 배합 설계를 최적 상태로 하여 수율을 높이므로 비용을 줄인다.

③ 창고 관리의 적정화로 원재료의 입고, 보관 중에 생기는 불량품을 줄이고 재고를 줄인다.

④ 불량률을 최소화하여 수율을 높인다.

⑤ 제조자는 재료를 낭비하지 않는다.

2. 제조 시 불량의 원인 및 대책

① **작업자의 부주의** : 작업 표준이나 작업 지시에 맞는지 스스로 점검하거나, 검사 기준을 설정하여 다른 사람이 점검하여 수정한다.

② **낮은 기술 수준 또는 작업 미숙** : 전문가를 초청하여 교육훈련을 시키거나 현장에서의 기술 개선 지도, 교육기관을 통한 수강, 사내 연구회를 통하여 자기 개발을 한다.

③ **작업 여건의 문제** : 작업을 표준화하고, 기계와 작업 기기가 정상 작동을 하도록 보수한다.

3. 노무비 절감

① 설계 단계에서 제조 방법의 표준화와 간이화를 계획한다.
② 생산 기술의 측면에서 제조 방법을 개선하고 향상시킨다.
③ 생산 계획의 단계에서 생산 소요 시간, 공정 시간을 단축한다.
④ 제조 공정 중의 작업 배분, 진행 등 작업 능률을 높이는 기법을 동원한다.
⑤ 설비 관리를 철저히 하여 설비가 방치되거나 작업 중 가동이 정지되지 않도록 한다.
⑥ 직업 윤리의 무장으로 생산 능률을 향상시킨다.

4. 작업의 표준화

① **작업 표준화의 기본 방향** : 관리자의 필요성 인식 → 숙련자, 작업자의 동의 → 현장 적용에 문제가 있을 시 협의를 거쳐 수정하여 확정
② 가장 쉽고 빠르게 만드는 방법
③ 제품 규격을 지키기 쉬운 방법
④ 위험이 없는 안전한 작업 방법
⑤ 누구에게나 간단히 교육하여 만들 수 있는 방법

PART 2

제과 · 제빵 실기

제과 실기

제빵 실기

유럽풍 베이커리 제품

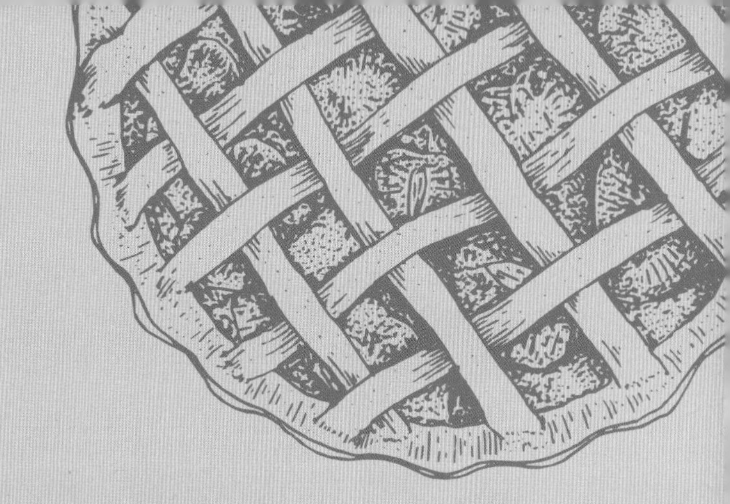

CHAPTER 1

제과 실기

찹쌀도넛 | 멥쌀 스펀지 케이크
초코머핀(초코컵케이크) | 버터 스펀지 케이크(별립법)
마카롱 쿠키 | 젤리 롤 케이크
소프트 롤 케이크 | 버터 스펀지 케이크(공립법)
마드레느 | 쇼트 브레드 쿠키
슈 | 브라우니
과일 케이크 | 파운드 케이크
다쿠와즈 | 타르트
사과파이 | 퍼프 페이스트리
시퐁 케이크 | 밤과자
마데라 (컵)케이크 | 버터 쿠키
치즈 케이크 | 호두파이
초코 롤 | 흑미쌀 롤 케이크

찹쌀도넛

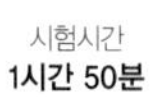

시험시간
1시간 50분

반죽법
1단계법 익반죽

생산량
40g, 22개

요구 사항

※ 찹쌀도넛을 제조하여 제출하시오.

1. 배합표의 각 재료를 계량하여 재료별로 진열하시오(8분).
2. 반죽은 1단계법, 익반죽으로 제조하시오.
3. 반죽 1개의 분할 무게는 40g, 팥앙금 무게는 30g으로 제조하시오.
4. 반죽은 전량을 사용하여 성형하시오.
5. 기름에 튀긴 뒤 설탕을 묻히시오.

배합표

반죽

재료명	비율(%)	무게(g)
찹쌀가루	85	510
중력분	15	90
설탕	15	90
소금	1	6
베이킹파우더	2	12
베이킹소다	0.5	3
쇼트닝	6	36
물	22~26	132~156
계	146.5~150.5	879~903

토핑 및 충전물(계량시간에서 제외)

재료명	비율(%)	무게(g)
통팥앙금	110	660
설탕	20	120

제조 공정

1 찹쌀가루, 중력분, 베이킹파우더, 베이킹소다를 함께 체에 치고 설탕, 소금, 쇼트닝을 넣고 비벼 섞는다.

2 모든 재료를 넣고 익반죽한다. 반죽 온도는 35℃로 맞춘 후 손으로 반죽을 치댄다.

3 앙금을 30g으로 분할하여 동그랗게 빚고 찹쌀반죽도 40g으로 분할하여 동그랗게 둥글리기 한다(약 22개).❶

4 반죽을 납작하게 누르고 왼쪽 손바닥에 올린 뒤, 헤라를 이용하여 앙금을 올리고 잘 감싸서 반죽 끝을 잘 봉한다.❷

5 기름 온도 180℃에서 하나씩 넣고 서로 붙지 않게 살살 굴려가면서 고르게 황금갈색이 나도록 튀긴다(8~10분).❸

6 한 김 나가면 설탕을 묻혀 제출한다.

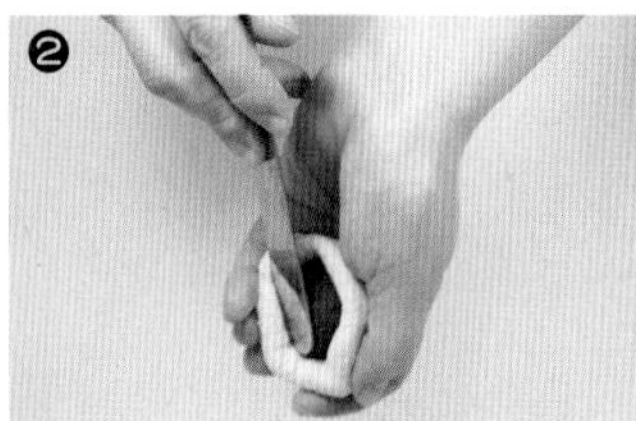

멥쌀 스펀지 케이크

시험시간
1시간 50분

반죽법
공립법

생산량
3호 원형팬 4개, 2호 원형팬 5개

분할량
420g, 4개
300g, 5개

요구 사항

※ 멥쌀 스펀지 케이크를 제조하여 제출하시오.

1. 배합표의 각 재료를 계량하여 재료별로 진열하시오(6분).
2. 반죽은 공립법으로 제조하시오.
3. 반죽 온도는 25℃를 표준으로 하시오.
4. 반죽의 비중을 측정하시오.
5. 제시한 팬에 알맞도록 분할하시오.
6. 반죽은 전량을 사용하여 성형하시오.

배합표

재료명	비율(%)	무게(g)
멥쌀가루	100	500
설탕	110	550
달걀	160	800
소금	0.8	4
바닐라향	0.4	2
베이킹파우더	0.4	2
계	371.6	1,858

제조 공정

1 원형틀에 종이를 깐다.❶

2 멥쌀가루와 바닐라향 그리고 베이킹파우더를 체에 친다.

3 볼에 달걀을 넣고 푼 뒤 설탕과 소금을 넣고 중탕하여 43℃로 맞춘다(더운 공립법). 믹싱볼에 넣고 믹서를 고속으로 하여 거품을 충분히 낸다(연한 미색을 보이며 거품기 자국이 약간 살아있는 반죽임).

4 반죽을 스테인리스 볼에 옮겨 체에 친 가루를 넣고 그릇을 돌리며 흔들어 섞는다.❷

5 반죽 온도는 25℃로 한다.

6 비중은 0.45~0.55로 한다.❸

7 3호 원형팬이면 420g씩 4개, 2호 원형팬이면 300g씩 5개 팬닝한다(전량 팬닝).❹

9 고무주걱으로 평평하게 정리하고 작업대에 살짝 떨어뜨려 반죽의 큰 기포를 제거한다.

10 윗불 180℃, 밑불 150℃에서 30~40분 정도 굽는다.

초코머핀 (초코컵케이크)

시험시간 **1시간 50분**
반죽법 **반죽형 반죽=크림법**
생산량 **24개**

요구 사항

※ 초코머핀(초코컵케이크)을 제조하여 제출하시오.

1. 배합표의 각 재료를 계량하여 재료별로 진열하시오(11분).
2. 반죽은 크림법으로 제조하시오.
3. 반죽 온도는 24℃를 표준으로 하시오.
4. 초코칩은 제품의 내부에 골고루 분포되게 하시오.
5. 반죽분할은 주어진 팬에 알맞은 양으로 반죽을 팬닝하시오.
6. 반죽은 전량을 사용하여 분할하시오.

배합표

재료명	비율(%)	무게(g)
박력분	100	500
설탕	60	300
버터	60	300
달걀	60	300
소금	1	5
베이킹소다	0.4	2
베이킹파우더	1.6	8
코코아파우더	12	60
물	35	175
탈지분유	6	30
초코칩	36	180
계	372	1,860

제조 공정

1 박력분, 코코아파우더, 베이킹소다, 베이킹파우더, 탈지분유를 섞어 체에 친다.

2 버터를 믹싱볼에 넣고 부드럽게 푼 다음 소금을 넣고, 설탕을 두 번에 나누어 섞는다. 달걀을 1개씩, 1~2분에 걸쳐 상태를 보며 분리되지 않도록 천천히 넣는다.❶ ❷

3 체에 친 가루를 섞고 물을 넣는다(기계로 가능).❸

4 초코칩 반(1/2)을 섞는다.❹

5 반죽 온도는 24℃로 한다.

6 머핀틀에 속지를 깔고 짤주머니에 반죽을 넣어 틀의 80% 정도까지 채워 넣은 다음 남은 초코칩을 골고루 뿌린다.❺

8 윗불 180℃, 밑불 160℃에서 30분 정도 굽는다.

버터 스펀지 케이크

시험시간
1시간 50분

반죽법
별립법(0.55 ± 0.05)

생산량
지름 21cm의 원형 4개

요구 사항

※ 버터 스펀지 케이크(별립법)를 제조하여 제출하시오.

1. 배합표의 각 재료를 계량하여 재료별로 진열하시오(8분).
2. 반죽은 별립법으로 제조하시오.
3. 반죽 온도는 23℃를 표준으로 하시오.
4. 반죽의 비중을 측정하시오.
5. 제시한 팬에 알맞도록 분할하시오.
6. 반죽은 전량을 사용하여 성형하시오.

배합표

재료명	비율(%)	무게(g)
박력분	100	600
설탕(a)	60	360
설탕(b)	60	360
달걀	150	900
소금	1.5	9
베이킹파우더	1	6
바닐라향	0.5	3
용해버터	25	150
계	194	2,388

제조 공정

1 달걀을 노른자와 흰자로 분리한다. 이때 흰자에 노른자가 섞이지 않도록 한다.
2 달걀노른자에 설탕(a), 소금을 넣고 믹싱한다.❶ 노란색이 약간 희어져 반죽을 찍어 올렸을 때 뚝뚝 떨어지는 정도로 믹싱하며, 점도가 있어야 한다.
3 흰자에 설탕(b)을 넣으면서 2단계(중간피크)까지 거품을 올려 머랭을 만든다.❷
4 머랭 1/3을 노른자 반죽에 넣고 체에 친 밀가루와 베이킹파우더를 넣어 나무주걱으로 가볍게 섞는다.❸
5 녹인 버터(40~60℃)를 넣고 골고루 섞는다.❹ 나머지 머랭을 섞어 마무리한다. 전 재료가 균일하게 혼합되고 머랭 거품이 살아 있어야 한다.
6 반죽 온도는 23℃를 유지하고 비중은 0.55±0.05 전후면 양호하다.
7 둥근 틀에 깔개종이를 깔고 틀 부피의 60%를 채워 윗면을 평평하게 하고 공기를 제거한다.
8 윗불 180℃, 밑불 160℃에서 20분 정도 굽는다. 평철판 사용 시 200℃에서 굽는다.

Note

별립법은 달걀의 노른자와 흰자를 분리하여 각각 거품을 내어 섞어서 케이크를 만드는 방법이다. 흰자에 노른자가 섞이면 노른자의 유지 때문에 머랭을 만들기가 어렵다.

마카롱 쿠키

시험시간
2시간 10분

반죽법
거품형 쿠키 머랭법

생산량
평철판 2판

요구 사항

※ 마카롱 쿠키를 제조하여 제출하시오.

1. 배합표의 각 재료를 계량하여 재료별로 진열하시오(5분).
2. 반죽은 머랭을 만들어 수작업 하시오.
3. 반죽 온도는 22℃를 표준으로 하시오.
4. 원형 모양 깍지를 끼운 짤주머니를 사용하여 직경 3cm로 하시오.
5. 반죽은 전량을 사용하여 성형하고, 팬 2개를 구워 제출하시오.

배합표

재료명	비율(%)	무게(g)
아몬드 분말	100	200
분당	180	360
달걀흰자	80	160
설탕	20	40
바닐라향	1	2
계	381	762

제조 공정

1 믹싱볼에 달걀흰자를 넣고 60% 정도 거품을 낸다. 여기에 설탕을 넣고 젖은 피크 상태의 머랭을 제조한다.❶

2 아몬드 분말과 분당을 2회 정도 체질하여 **1**에 넣고 중간 정도 섞이면 바닐라향을 넣는다.❷

3 반죽은 약간의 흐름성과 표면에 윤기가 생기도록 수회 주걱으로 저어준다.

4 짤주머니에 지름 0.8cm의 원형 깍지를 끼워 지름 3cm의 크기가 되도록 짜준다.❸

5 성형 후 실온에서 30~40분간 건조시킨다.

6 표피가 완전히 건조되면 윗불 180℃, 밑불 150℃에서 약 10~12분간 굽는다.

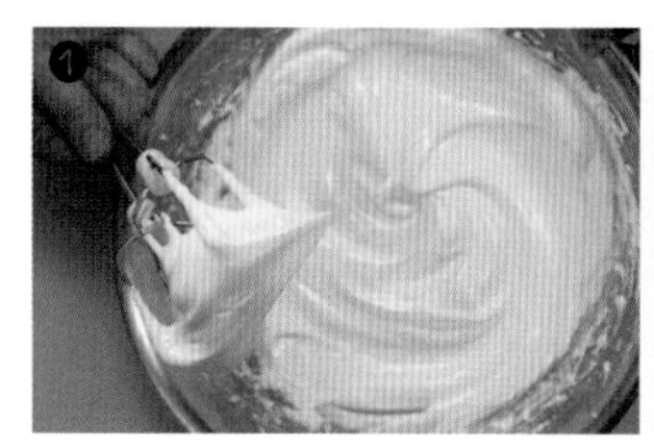

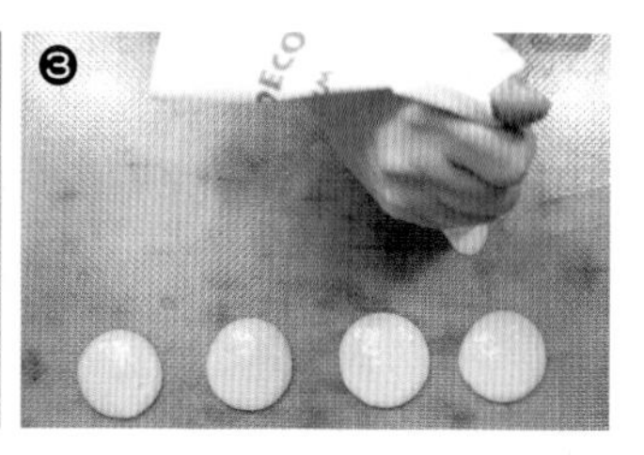

젤리 롤 케이크

시험시간
1시간 30분

반죽법
공립법(0.5 ± 0.05)

생산량
둥글게 만 원통형 1개

요구 사항

※ 젤리롤 케이크를 제조하여 제출하시오.

1. 배합표의 각 재료를 계량하여 재료별로 진열하시오(8분).
2. 반죽은 공립법으로 제조하시오.
3. 반죽 온도는 23℃를 표준으로 하시오.
4. 반죽의 비중을 측정하시오.
5. 제시한 팬에 알맞도록 분할하시오.
6. 반죽은 전량을 사용하여 성형하시오.
7. 캐러멜 색소를 이용하여 무늬를 완성하시오.

배합표

반죽

재료명	비율(%)	무게(g)
박력분	100	400
설탕	130	520
달걀	170	680
소금	2	8
물엿	8	32
베이킹파우더	0.5	2
우유	20	80
바닐라향	1	4
계	431.5	1,726

토핑 및 충전물(계량시간에서 제외)

재료명	비율(%)	무게(g)
잼	50	200

제조 공정

1 믹싱볼에 달걀, 설탕, 소금, 물엿을 넣고 저속 → 중속 → 고속 → 중속 → 저속 순으로 믹싱하여 반죽이 간격을 유지하면서 천천히 떨어지는 상태로 만든다.❶

2 1의 반죽에 밀가루와 체에 친 베이킹파우더를 넣고 가볍게 혼합한 후 우유를 넣으면서 되기를 조절한다.❷

3 반죽 온도는 23℃를 유지하고 비중은 0.5 ± 0.05 전후면 양호하다.

4 철판에 깔개종이를 깔고 윗면을 고무주걱으로 평평하게 팬닝한 후 큰 기포를 없애준다.

5 달걀노른자 또는 본 반죽의 일부에 캐러멜 색소를 섞어 무늬용 반죽을 만들어 팬닝한 반죽 표면 2/3 부분에 코르네를 이용하여 가늘게(1.5~2.0cm) 갈지자(之)로 짠 다음 나무젓가락으로 무늬를 만든다.

6 윗불 200℃, 밑불 160℃에서 15~20분 정도 굽는다.

7 물에 적셔 꽉 짠 면포를 깔고 그 위에 구워낸 시트를 뒤집어 뺀다. 무늬 있는 부분이 밑을 향하게 엎어 무늬 있는 쪽이 말기 시작하는 반대 방향을 향하게 한다. 물칠하여 종이를 떼어내고 스패튤러를 이용하여 잼을 얇게 바른 후 말기 시작하는 부분 양쪽 끝을 스패튤러로 칼집을 내어❸ 잘 말리도록 하고 나무 밀대를 이용하여 만다.❹

Note

- 굽거나 말기를 할 때 윗면의 껍질이 벗겨지지 않도록 한다.
- 시트가 뜨거울 때 말기를 하면 가라앉아 부피가 작아지므로 조금 식힌 다음 말기를 한다.
- 모든 재료를 잘 섞이게 혼합하되 반죽 온도가 낮아서 물엿이 녹지 않아 바닥에 가라앉지 않도록 주의한다.
- 롤 케이크는 되도록 빨리 말아야 갈라지지 않는다.
- 말기 시 바닥에 면포를 깔고 구워낸 시트를 식힌 후, 무늬 있는 부분이 밑을 향하도록 엎고 잼을 바른 다음 표면이 터지거나 주름이 생기지 않게 한다.

소프트 롤 케이크

시험시간
1시간 50분

반죽법
별립법(0.45 ± 0.05)

생산량
둥글게 만 원통형 1줄

요구 사항

※ 소프트 롤 케이크를 제조하여 제출하시오.

1. 배합표의 각 재료를 계량하여 재료별로 진열하시오(10분).
2. 반죽은 별립법으로 제조하시오.
3. 반죽 온도는 22℃를 표준으로 하시오.
4. 반죽의 비중을 측정하시오.
5. 제시한 팬에 알맞도록 분할하시오.
6. 반죽은 전량을 사용하여 성형하시오.
7. 캐러멜 색소를 이용하여 무늬를 완성하시오.

배합표

반죽

재료명	비율(%)	무게(g)
박력분	100	250
설탕(a)	70	175
물엿	10	25
소금	1	2.5
물	20	50
바닐라향	1	2.5
설탕(b)	60	150
달걀	280	700
베이킹파우더	1	2.5
식용유	50	125
계	593	1,482.5

토핑 및 충전물(계량시간에서 제외)

재료명	비율(%)	무게(g)
잼	80	200

제조 공정

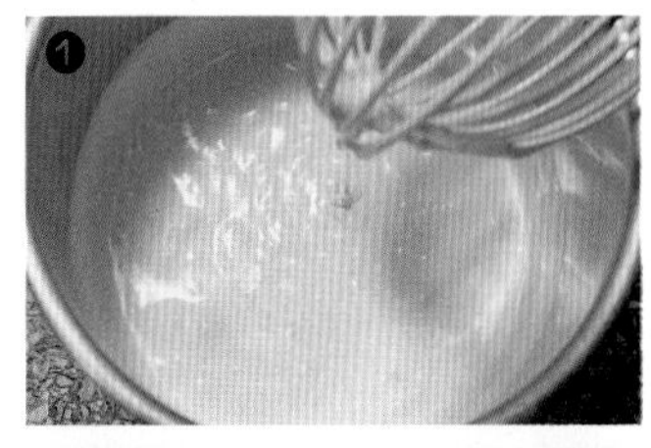

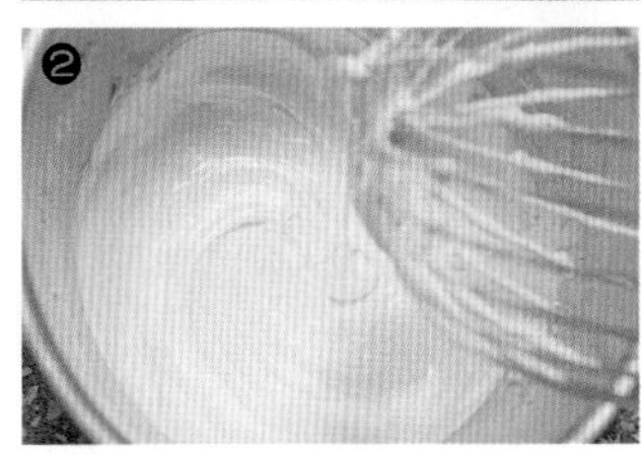

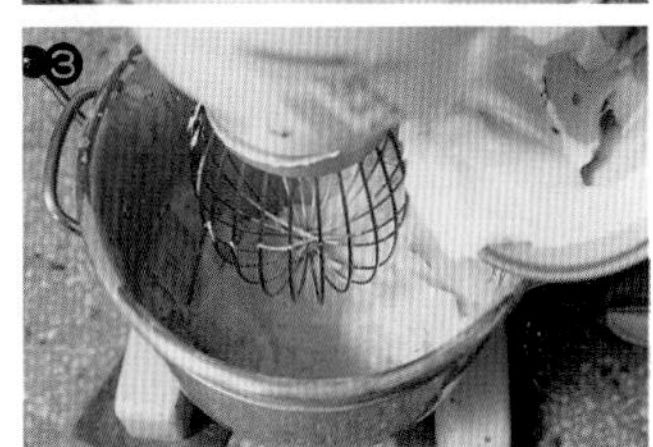

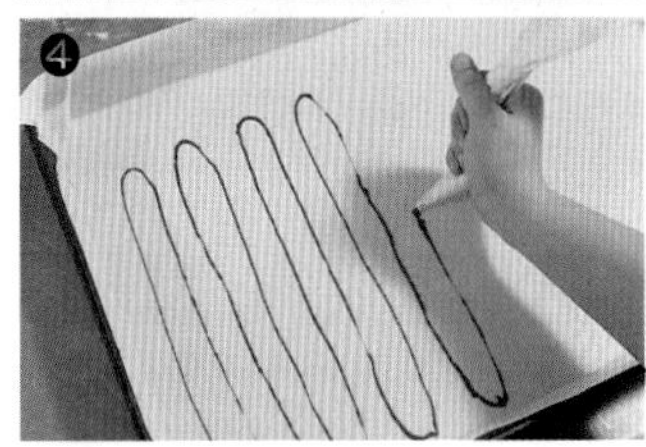

1 달걀을 노른자와 흰자로 분리한다. 이때 흰자에 노른자가 섞이지 않도록 한다.
2 노른자에 설탕(a), 물엿, 소금을 넣고 거품기로 믹싱하여 설탕이 완전히 녹은 다음 물과 바닐라향을 넣어 섞는다. 노른자가 거의 흰색이 될 때까지 믹싱한다.❶
3 흰자를 1단계까지(60%) 거품을 올린 다음 설탕(b)을 넣으면서 2단계(중간 피크, 80%)까지 거품을 올려 머랭을 만든다.❷
4 노른자 반죽, 머랭 1/3, 체에 친 밀가루와 베이킹파우더를 믹싱볼에 넣어 나무주걱으로 살살 혼합한 뒤 반죽 약간을 다른 볼에 덜고 식용유를 넣어 가볍게 섞은 것을 본 반죽에 섞고, 나머지 머랭을 넣어 혼합한다. 재료의 혼합이 균일하되 머랭 거품이 사그라지지 않도록 한다.❸
5 반죽 온도는 22℃를 유지하고 비중은 0.45 전후면 양호하다.
6 철판에 깔개종이를 깔고 윗면을 고무주걱으로 평평하게 팬닝한다. 팬닝 후 큰 공기 방울을 제거하기 위해 작업대 위에서 가볍게 내려친다.
7 노른자 또는 본 반죽의 일부에 캐러멜 색소를 섞어 무늬용 반죽을 만들어 코르네에 담아 팬닝한 반죽 표면 2/3 부분에 가늘게(1.5~2.0cm) 갈지자(之)로 짠 다음❹ 나무젓가락으로 무늬를 만든다.❺
8 윗불 200℃, 밑불 160℃에서 15~20분 정도 굽는다.
9 물에 적셔 꽉 짠 면포를 깔고 그 위에 구워낸 시트를 뒤집어 뺀다. 무늬 있는 부분이 밑을 향하도록 엎어 무늬 있는 쪽이 말기 시작하는 반대 방향을 향하게 한다. 물칠하여 종이를 떼어내고 스패튤러를 이용하여 잼을 얇게 바른다. 말기 시작하는 부분 양쪽 끝에 스패튤러로 칼집을 내어 잘 말리도록 하고 나무 밀대를 이용하여 만다.

Note

- 물엿 계량 시 설탕(a)의 가운데를 파고 물엿을 계량하여 물엿이 용기에 묻어 버려지는 것을 최소화한다.
- 달걀의 흰자와 노른자를 분리할 때 흰자에 노른자가 들어가지 않도록 주의하고, 노른자에 설탕을 넣고 그대로 방치하면 좁쌀 같은 덩어리가 생기므로 바로 섞어야 한다.
- 머랭 제조 시 설탕을 한꺼번에 넣으면 거품이 가라앉는다.
- 반죽 상태는 가볍고 윤기가 나야 하며 반죽을 찍어 떨어뜨릴 때 리본이 접히듯이 무늬가 남는 상태여야 한다.
- 말기 시 바닥에 면포를 깔고 구워낸 시트를 식힌 후, 무늬 있는 부분이 밑을 향하도록 엎고 잼을 바른 다음 표면이 터지거나 주름이 생기지 않게 한다.

버터 스펀지 케이크

시험시간
1시간 50분

반죽법
공립법(0.55 ± 0.05)

생산량
지름 21cm의 원형 4개

요구 사항

※ 버터 스펀지 케이크(공립법)를 제조하여 제출하시오.

1. 배합표의 각 재료를 계량하여 재료별로 진열하시오(6분).
2. 반죽은 공립법으로 제조하시오.
3. 반죽 온도는 25℃를 표준으로 하시오.
4. 반죽의 비중을 측정하시오.
5. 제시한 팬에 알맞도록 분할하시오.
6. 반죽은 전량을 사용하여 성형하시오.

배합표

재료명	비율(%)	무게(g)
박력분	100	500
설탕	120	600
달걀	180	900
소금	1	5
바닐라향	0.5	(2)
버터	20	100
계	421.5	2,107

제조 공정

1 달걀을 거품기로 풀어 준다. 설탕, 소금을 넣어 중속 → 고속 → 중속으로 거품을 올린 후 바닐라향을 첨가한다. 거품기로 반죽을 떠서 떨어뜨려 보았을 때 점성이 생겨 간격을 두고 떨어지며, 저속으로 바꾸어 정지시켰을 때 거품기 자국이 천천히 없어질 정도가 적당하며 이때 반죽은 광택이 나고 힘이 생긴다.❶
2 체에 친 밀가루를 넣고 나무주걱이나 손으로 가볍게 혼합한다.❷
3 버터를 녹여(40~60℃) 반죽에 넣으면서 바닥에 가라앉지 않도록 골고루 혼합한다.❸
4 반죽 온도는 25℃를 유지하고 비중은 0.55 전후면 양호하다.
5 둥근 틀에 깔개종이를 깔고 틀 부피의 60%(520g) 정도를 채워 윗면을 평평하게 하고 공기를 제거한다.❹
6 윗불 180℃, 밑불 180℃에서 20분 정도 굽는다. 평철판 사용 시 200℃에서 굽는다.

Note

공립법은 달걀을 흰자와 노른자의 구분 없이 같이 넣고 거품을 올리는 방법이다. 이 방법을 이용하면 흰자와 노른자를 따로 거품 내는 별립법보다 조금 무거운 거품 반죽이 된다. 두 방법 모두 거품형 케이크 반죽에 사용되는데 공립법으로 만든 반죽의 케이크는 별립법보다 속결이 조밀하고 기공의 크기가 작다.

마드레느

시험시간
1시간 50분

반죽법
1단계법 변형반죽법

생산량
2판

요구 사항

※ 마드레느를 제조하여 제출하시오.

1. 배합표의 각 재료를 계량하여 재료별로 진열하시오(7분).
2. 마드레느는 수작업으로 하시오.
3. 버터를 녹여서 넣는 1단계법(변형) 반죽법을 사용하시오.
4. 반죽 온도는 24℃를 표준으로 하시오.
5. 실온에서 휴지시키시오.
6. 제시된 팬에 알맞은 반죽량을 넣으시오.
7. 반죽은 전량을 사용하여 성형하시오.

배합표

재료명	비율(%)	무게(g)
박력분	100	400
베이킹파우더	2	8
설탕	100	400
달걀	100	400
레몬 껍질	1	4
소금	0.5	2
버터	100	400
계	403.5	1,614

제조 공정

1 밀가루와 베이킹파우더를 체에 치고 설탕, 소금을 넣어 섞는다.

2 레몬은 껍질의 노란 부분만 다져 놓는다.

3 달걀은 거품기로 풀어 놓는다.❶

4 큰 믹싱볼에 **1**의 가루를 넣고 가운데에 구멍(hole)을 파서 **3**의 달걀 풀어놓은 것을 세 번 정도 나누어 넣어 가운데에서부터 돌려가며 모두 섞는다.❷

5 **4**의 반죽에 다진 레몬껍질과 완전히 식힌 녹인 버터를 넣어 잘 섞고, 완성한 반죽은 30분간 실온에서 휴지시킨다.❸

6 **5**의 반죽을 짤주머니에 넣고 버터 바른 마드레느 팬의 3/4 정도까지 짜 넣은 다음, 180~190℃의 오븐에서 15분 정도 굽는다.❹

TIP 반죽을 휴지시키고, 오븐은 200℃로 예열해 두었다가 사용해야 가운데가 볼록하게 올라온 마드레느를 만들 수 있다.

쇼트 브레드 쿠키

시험시간
2시간

반죽법
크림법

생산량
원형 혹은 사각형 3철판

요구 사항

※ 쇼트 브레드 쿠키를 제조하여 제출하시오.

1. 배합표의 각 재료를 계량하여 재료별로 진열하시오(9분).
2. 반죽은 크림법으로 제조하시오.
3. 반죽 온도는 20℃를 표준으로 하시오.
4. 제시한 정형기를 사용하여 두께 0.7~0.8cm 정도로 정형하시오.
5. 반죽은 전량을 사용하여 성형하시오.
6. 달걀노른자 칠을 하여 무늬를 만드시오.

배합표

재료명	비율(%)	무게(g)
박력분	100	600
버터	33	198
쇼트닝	33	198
설탕	35	210
소금	1	6
물엿	5	30
달걀	10	60
노른자	10	60
바닐라향	0.5	3
계	227.5	1,365

제조 공정

1 믹싱볼에 버터와 쇼트닝을 넣고 부드럽게 풀어 준 후 설탕, 물엿, 소금을 넣고 믹싱하여 크림화한다(실내 온도가 낮을 경우에는 더운물을 받쳐 온도를 높이면서 섞음).

2 노른자와 달걀을 조금씩 넣으면서 믹싱하여❶ 부드럽고 매끈한 크림을 만든 후 바닐라향을 넣어 섞는다. 체에 친 박력분을 넣고 나무주걱으로 살짝 혼합한다.❷

3 냉장고에서 20~30분간 휴지시킨다.

4 반죽을 테이블에 올려놓고 0.7~0.8cm의 두께로 밀어 편 다음 직경 3~5cm의 정형기로 찍는다.❸ 철판에 기름칠을 한 후 상하좌우 2.5cm 간격으로 놓고 노른자를 2회 바르고❹ 조금 말린 다음, 포크를 이용해 무늬를 낸다.❺

5 윗불 200℃, 밑불 160℃에서 10~12분간 굽는다.

Note

- 버터와 쇼트닝을 섞는 것은 겨울에 특히 중요한 공정으로, 버터와 쇼트닝의 경도가 같을 경우에는 함께 섞고 경도가 다를 경우에는 경도가 높은 것부터 부드럽게 만든 후 경도가 낮은 것을 섞는다.
- 일정한 두께로 밀어 펴야 구울 때 색이 고르게 난다.
- 크림화가 지나치면 반죽이 질어져서 밀어 펴기 힘들어진다.

슈

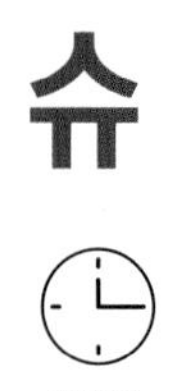

시험시간 **2시간** | 반죽법 **블렌딩법** | 생산량 **40개 정도**

요구 사항

※ 슈를 제조하여 제출하시오.

1. 배합표의 껍질 재료를 계량하여 재료별로 진열하시오(5분).
2. 껍질 반죽은 수작업으로 하시오.
3. 반죽은 직경 3cm 전후의 원형으로 짜시오.
4. 커스터드 크림을 껍질에 넣어 제품을 완성하시오.
5. 반죽은 전량을 사용하여 성형하시오.

배합표

반죽

재료명	비율(%)	무게(g)
물	125	325
버터	100	260
소금	1	(2)
중력분	100	260
달걀	200	520
계	526	1,367

토핑 및 충전물(계량시간에서 제외)

재료명	비율(%)	무게(g)
커스터드 크림	500	1,300

제조 공정

1 용기에 물, 소금, 버터를 넣고 불에 올려 팔팔 끓인다. 체에 친 중력분을 넣고 눌어붙지 않도록 약 1분 정도 나무주걱으로 저어❶ 호화시킨 후 불에서 내린다.

2 달걀을 소량씩 넣으면서 반죽에 끈기가 생기도록 계속 휘젓는다.❷ 반죽의 되기는 밀가루가 익은 정도와 달걀의 크기에 따라 달라질 수 있으므로 잘 살펴가며 섞는다. 반죽이 광택이 나고 떨어뜨렸을 때 모양이 남는 상태가 적당하다.

3 평철판에 기름을 아주 얇게 바른다.

4 짤주머니에 원형 깍지를 끼워 반죽을 넣고 직경 3cm 전후 크기의 균일한 모양으로 짠다.❸ 반죽 표면이 완전히 젖도록 물을 분무한다.❹

5 윗불 180~210℃, 밑불 200~210℃에서 20~30분 정도 굽는다.

6 초기에 밑불을 높게 하여 잘 부풀게 하는 것이 좋고, 굽는 중에는 오븐 문을 열지 않는다.

7 슈의 밑바닥에 작은 구멍을 낸 후 짤주머니를 이용해 커스터드 크림을 넣는다.

Note

- 밀가루가 완전히 호화되어야 하고 달걀은 반죽의 농도에 따라 조절한다.
- 굽기 전에 물을 충분히 분무한다.
- 굽는 중에 오븐을 열면 반죽이 가라앉는다.

브라우니

시험시간
1시간 50분

반죽법
1단계 변형반죽법

생산량
3호 원형팬 2개

요구 사항

※ 브라우니를 제조하여 제출하시오.

1. 배합표의 각 재료를 계량하여 재료별로 진열하시오(9분).
2. 브라우니는 수작업으로 반죽하시오.
3. 버터와 초콜릿을 함께 녹여서 넣는 1단계 변형반죽법으로 하시오.
4. 반죽 온도는 27℃를 표준으로 하시오.
5. 반죽은 전량을 사용하여 성형하시오.
6. 3호 원형팬 2개에 팬닝하시오.
7. 호두의 반은 반죽에 사용하고 나머지 반은 토핑하며, 반죽 속과 윗면에 골고루 분포되게 하시오(호두는 구워서 사용).

배합표

재료명	비율(%)	무게(g)
중력분	100	300
달걀	120	360
설탕	130	390
소금	2	6
버터	50	150
다크초콜릿 (커버처)	150	450
코코아파우더	10	30
바닐라향	2	6
호두	50	150
계	614	1,842

제조 공정

1 초콜릿과 버터를 중탕으로 녹인다.❶

2 다른 볼에서 달걀의 알끈을 풀고 설탕, 소금을 넣어 살짝 중탕 후 약간의 거품을 낸다.

3 중력분, 코코아파우더, 바닐라향을 체에 친다.❷

4 위 **1**, **2**, **3**의 재료를 모두 섞는다. 호두의 반을 섞어 반죽을 완성한다(반죽 온도 27℃).❸ ❹

5 3호 원형틀 2개에 반죽을 나눠 팬닝하고 남은 호두를 뿌린다.❺

6 윗불 180℃, 밑불 150℃에서 40분 정도 구운 후 냉각팬에 뺀다.

과일 케이크

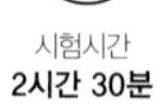

시험시간
2시간 30분

반죽법
별립법

생산량
지름 21cm 원형 4개

요구 사항

※ 과일 케이크를 제조하여 제출하시오.

1. 배합표의 각 재료를 계량하여 재료별로 진열하시오(13분).
2. 반죽은 별립법으로 제조하시오.
3. 반죽 온도는 23℃를 표준으로 하시오.
4. 제시한 팬에 알맞도록 분할하시오.
5. 반죽은 전량을 사용하여 성형하시오.

배합표

재료명	비율(%)	무게(g)
박력분	100	500
설탕	90	450
마가린	55	275
달걀	100	500
우유	18	90
베이킹파우더	1	5
소금	1.5	(8)
건포도	15	75
체리	30	150
호두	20	100
오렌지필	13	65
럼주	16	80
바닐라향	0.4	2
계	459.9	2,300

제조 공정

1 달걀을 흰자와 노른자로 분리한다.
2 용기에 마가린, 소금, 설탕 일부(전체 90% 중 50%)를 넣고 거품기를 사용하여 손으로 2/3 정도 크림 상태로 만든 다음 달걀 노른자를 조금씩 넣으면서 포마드 상태로 만든 후 바닐라향을 섞는다.❶
3 흰자를 50~60% 상태로 거품을 올려 남은 설탕 40%를 넣으면서 85~90%의 머랭을 만든다(중간 피크).
4 과일은 술을 부어 잘 버무리고 뚜껑을 덮어둔다.
5 **2**의 크림에 호두와 과일을 넣고 고르게 섞은 다음 **3**의 머랭 1/3을 넣고 머랭이 꺼지지 않을 정도로 섞는다.❷
6 박력분, 베이킹파우더, 우유를 넣은 후 나머지 머랭을 넣어 섞는다.❸
7 반죽 온도는 23℃, 비중은 0.80±0.05가 좋다.
8 둥근 틀에 종이를 깔고 틀 부피의 80% 정도 반죽을 채운다.❹
9 윗불 180℃, 밑불 180℃에서 30~35분 정도 굽는다.

Note

- 달걀노른자를 한꺼번에 넣고 휘저으면 노른자 내의 수분과 유지가 섞이지 못해 크림이 분리된다.
- 머랭의 거품은 거품기로 떠올렸을 때 모양이 약하게 휘는 정도가 적당하다.
- 충전물에 밀가루를 넣고 버무리면 밑으로 가라앉는 것을 방지할 수 있다.

파운드 케이크

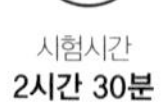
시험시간
2시간 30분

반죽법
크림법(0.75~0.80)

생산량
직사각형 4개

요구 사항

※ 파운드 케이크를 제조하여 제출하시오.

1. 배합표의 각 재료를 계량하여 재료별로 진열하시오(11분).
2. 반죽은 크림법으로 제조하시오.
3. 반죽 온도는 23℃를 표준으로 하시오.
4. 반죽의 비중을 측정하시오.
5. 윗면을 터트리는 제품을 만드시오.
6. 반죽은 전량을 사용하여 성형하시오.

배합표

재료명	비율(%)	무게(g)
박력분	100	800
설탕	80	640
버터	60	480
쇼트닝	20	160
유화제	2	16
소금	1	8
물	20	160
탈지분유	2	16
바닐라향	0.5	4
베이킹파우더	2	16
달걀	80	640
계	367.5	2,940

제조 공정

1 믹싱볼에 버터, 쇼트닝을 같이 넣고 섞어 부드럽게 만든다.❶

2 소금, 설탕, 유화제를 넣고 크림 상태로 만든다. 유지나 설탕이 완전히 녹아야 완성품의 표면이 매끄럽게 나온다.

3 달걀을 3~4회에 나누어 넣으면서 유지와 달걀의 분리가 없도록 부드러운 크림 상태로 만든다.

4 베이킹파우더, 밀가루, 탈지분유를 체질하여 넣고 가볍게 나무주걱으로 저어 끈기가 생기지 않도록 하면서 물을 넣어 반죽을 완료한다.❷

5 반죽 온도는 23℃를 유지하고 비중은 0.75~0.80 전후면 양호하다.

6 파운드 팬에 깔개종이를 깔고 틀 부피의 70% 정도 반죽을 채운다. 팬을 세로로 놓은 후 고무주걱을 이용하여 양쪽 끝부분의 반죽이 약간 높고 가운데 부분이 낮게 되도록 평평하게 해준다.❸

7 윗불 200℃, 밑불 180℃에서 30~35분 정도 굽는다. 처음에 윗불을 세게 하여 굽다가 윗면에 갈색이 나면 기름 묻힌 칼로 중앙을 세로로 터트린다(양끝은 0.5cm씩 남겨둠).❹ 껍질 색이 짙어지지 않고 터트린 부분으로 반죽이 올라오도록 뚜껑을 덮어 굽는다.

8 구워낸 제품 윗면에 달걀노른자와 설탕(10 : 3 비율) 섞은 것을 거품 없이 하여 칠한다. 이때 터진 부분에 많이 칠한다.

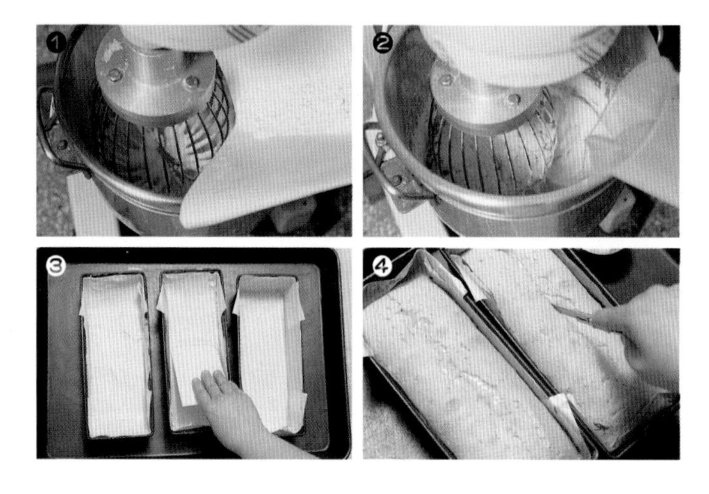

Note

- 깔개종이가 팬 위로 많이 나오거나 팬 높이까지 미치지 못하면 제품 모양이 나빠진다.
- 요구 사항이 윗면을 터트리는 제품이므로 인위적인 작업으로 보기 좋게 터트린다.

다쿠와즈

시험시간
1시간 50분

반죽법
거품형 쿠키 머랭법

요구 사항

※ 다쿠와즈를 제조하여 제출하시오.

1. 배합표의 각 재료를 계량하여 재료별로 진열하시오(5분).
2. 머랭을 사용하는 반죽을 만드시오.
3. 표피가 갈라지는 다쿠와즈를 만드시오.
4. 다쿠와즈 2개를 크림으로 샌드하여 1조의 제품으로 완성하시오.
5. 반죽은 전량을 사용하여 성형하시오.

배합표

반죽

재료명	비율(%)	무게(g)
달걀흰자	100	330
설탕	30	99
아몬드 분말	60	198
분당	50	165
박력분	16	52.8
계	256	844.8

토핑 및 충전물(계량시간에서 제외)

재료명	비율(%)	무게(g)
샌드용 크림	66	217.8

제조 공정

1 믹싱볼에 흰자를 넣고 거품기로 60% 정도 휘핑한다. 설탕을 조금씩 넣으면서 95% 정도의 머랭을 만든다.❶

2 분당, 아몬드 분말, 박력분을 체질하여 머랭이 보이지 않을 정도만 가볍게 혼합한다.❷

3 실리콘페이퍼를 평철판에 깔고 다쿠와즈틀을 얹어 짤주머니에 반죽을 담고 다쿠와즈 틀에 짜서 스크레이퍼, 자 등을 이용하여 윗면을 평평하게 펼친다. 다쿠와즈 팬을 사용하지 않을 경우에는 짤주머니에 원형의 깍지를 끼워 지름 5~6cm의 동심원으로 짜준다.❸

4 틀을 제거한 후 윗면에 분당을 고루 뿌려준다.

5 윗불 180℃, 밑불 160℃에서 약 20분간 굽는다.

6 구워낸 다쿠와즈에 크림을 샌드하여 2개를 붙여 낸다.

TIP 최상의 젖은 피크 상태의 머랭을 제조해야 한다.
건조재료 혼합 시 비중이 높아지지 않도록 가볍게 혼합한다.

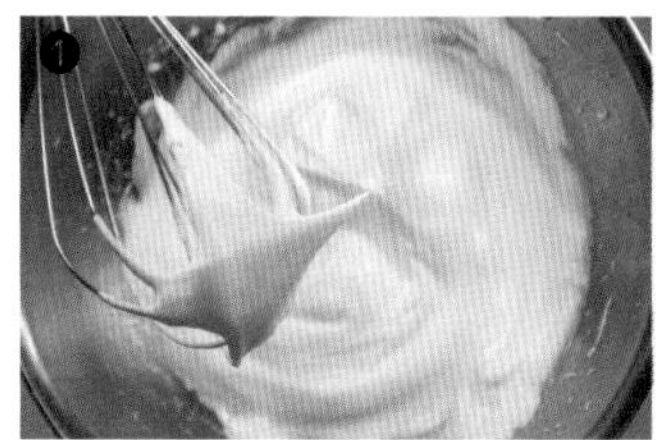

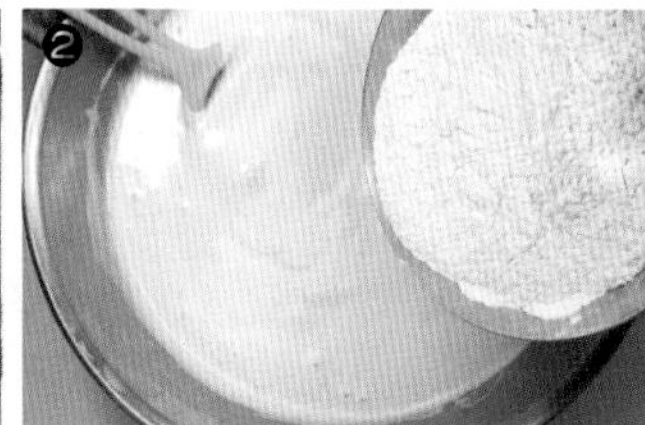

타르트

시험시간
2시간 20분

반죽법
크림법

생산량
10~12cm의 타르트 팬 8개

요구 사항

※ 타르트를 제조하여 제출하시오.

1. 배합표의 반죽용 재료를 계량하여 재료별로 진열하시오 (5분, 충전물·토핑 등의 재료는 휴지시간을 활용하시오).
2. 반죽은 크림법으로 제조하시오.
3. 반죽 온도는 20℃를 표준으로 하시오.
4. 반죽은 냉장고에서 20~30분 정도 휴지하시오.
5. 반죽은 두께 3mm 정도로 밀어 펴서 팬에 맞게 성형하시오.
6. 아몬드 크림을 제조해서 팬(Ø10~12cm) 용적에 60~70% 정도 충전하시오.
7. 아몬드슬라이스를 윗면에 고르게 장식하시오.
8. 8개를 성형하시오.
9. 광택제로 제품을 완성하시오.

배합표

반죽

재료명	비율(%)	무게(g)
박력분	100	400
달걀	25	100
설탕	26	104
버터	40	160
소금	0.5	2
계	191.5	766

충전물(계량시간에서 제외)

재료명	비율(%)	무게(g)
아몬드 분말	100	250
설탕	90	225
버터	100	250
달걀	65	162.5
브랜디	12	30
계	367	917.5

광택제 및 토핑(계량시간에서 제외)

재료명	비율(%)	무게(g)
에프리코트 혼당	100	150
물	40	60
아몬드슬라이스	66.6	100
계	206.6	310

제조 공정

1 버터를 부드럽게 풀어주고 설탕과 소금을 넣고 섞은 후 달걀을 넣고 크림화시킨다.❶

2 박력분을 체에 쳐서 넣고 가루가 보이지 않게 잘 섞은 후 반죽을 비닐로 싸 냉장고에서 20분간 휴지시킨다.❷

3 버터를 부드럽게 풀어 주고 설탕을 두 번에 나눠 섞은 후 달걀을 1개씩 넣고 크림화시킨다. 체에 친 아몬드 분말을 넣고 브랜디를 넣어 섞는다.❸

4 밀대를 이용하여 휴지한 타르트 반죽을 3mm 두께로 밀어 펴서 쇼트닝 바른 타르트 틀에 깐다. 반죽을 펴서 위로 나온 반죽을 밖으로 꺾고, 밀대로 밀어 여분의 반죽을 떼어낸다. 반죽의 바닥을 포크로 찔러 구멍을 낸다. **3**의 충전물을 짤주머니에 담아 타르트 반죽 위에 둥글게 돌려 짠 후 윗면에 아몬드슬라이스를 골고루 뿌린다(10~12cm 타르트팬 8개).❹ ❺

5 윗불 180℃, 밑불 180℃에서 30분 정도 노릇하게 굽는다.

6 살구잼과 물을 넣고 끓인다. 색이 약간 진해지고 되직하면 광택제가 완성된 것이다.

7 타르트를 틀에서 분리한 후 광택제를 발라 완성한다.❻

TIP 타르트 반죽을 일정한 두께로 밀어주어야 하고, 충전물도 평평하게 일정한 양을 담는다.

사과파이

시험시간
2시간 30분

반죽법
무팽창 블렌딩법

생산량
21cm의 3호 팬 2개

요구 사항

※ 사과파이를 제조하여 제출하시오.

1. 껍질 재료를 계량하여 재료별로 진열하시오(6분).
2. 껍질에 결이 있는 제품으로 제조하시오.
3. 충전물은 개인별로 각자 제조하시오.
4. 제시한 팬에 맞도록 윗껍질이 있는 파이로 만드시오.
5. 반죽은 전량을 사용하여 성형하시오.

배합표

껍질

재료명	비율(%)	무게(g)
중력분	100	400
설탕	3	12
소금	1.5	6
쇼트닝	55	220
탈지분유	2	8
물	35	140
계	196.5	786

토핑 및 충전물(계량시간에서 제외)

재료명	비율(%)	무게(g)
사과	100	900
설탕	18	162
소금	0.5	4.5
계핏가루	1	9
옥수수 전분	8	72
물	50	450
버터	2	18
계	179.5	1,615.5

제조 공정

1 찬물에 소금, 설탕을 녹인다.

2 중력분과 탈지분유를 섞어 체에 친 후 그 위에 쇼트닝을 얹어 콩알만한 크기로 자르면서 섞은 후❶ 다시 1과 섞는다. 전 재료가 수화되고 유지는 콩알 크기 정도로 반죽 속에 남아 있어야 한다.

3 표면이 마르지 않도록 비닐로 감싸 냉장온도에서 20~30분 정도 휴지시킨다.

4 충전물은 사과 껍질 제거 후 알맞은 크기(2 × 2cm)로 얇게 잘라 설탕물에 담가 변색을 방지한다.

5 버터를 제외한 페이스트용 재료를 용기에 넣고 가열하여 전분을 호화시킨 후 조려 버터를 혼합한 다음 사과와 섞는다.❷

6 휴지시킨 반죽을 팬 크기에 맞추어 3mm 두께로 밀어 팬에 깔고 가장자리를 잘라낸다.❸

7 충전물을 얹고 가장자리에 물을 바른 다음 덮개용 반죽으로 덮은 후 달걀노른자를 칠한다.❹ 덮개용 반죽은 2mm 두께로 밀어 그대로 한 장으로 덮거나 폭 1.2cm로 길게 잘라 격자 모양으로 얹는다.

8 윗불 180℃, 밑불 180℃에서 30분 정도 굽는다.

퍼프 페이스트리

시험시간
3시간 30분

반죽법
프랑스식법, 스트레이트법

생산량
나비 모양 64개

요구 사항

※ 퍼프 페이스트리를 제조하여 제출하시오.

1. 배합표의 각 재료를 계량하여 재료별로 진열하시오(6분).
2. 반죽은 스트레이트법으로 제조하시오.
3. 반죽 온도는 20℃를 표준으로 하시오.
4. 접기와 밀어 펴기는 세 겹 접기 4회로 하시오.
5. 정형은 감독위원의 지시에 따라 하고 평철판을 이용하여 굽기를 하시오.
6. 반죽은 전량을 사용하여 성형하시오.

배합표

재료명	비율(%)	무게(g)
강력분	100	800
달걀	15	120
반죽용 마가린	10	80
소금	1	8
찬물	50	400
충전용 마가린	90	720
계	266	2,128

제조 공정

1 믹싱볼에 밀가루, 소금, 달걀, 물을 넣고 저속으로 2분 믹싱 후 반죽용 마가린을 넣고, 고속으로 5분 믹싱하여 발전단계와 최종단계의 중간에 믹싱을 완료한다(반죽을 늘려 보았을 때 탄력성은 있으나 신장성이 없어 찢어질 정도). 이때 반죽 온도는 20℃를 유지시켜야 하며, 완성된 반죽은 비닐에 싸서 냉장고에서 30분 정도 휴지시킨다.❶

2 충전용 유지 부피의 1.5배 정도의 반죽을 두께가 고르고 모서리가 직각인 정사각형으로 밀어 편 후 충전용 유지(반죽의 되기와 같도록 함)를 올려 싸고❷ 세 겹 접어 밀어 펴기를 3~4회 한다.❸

3 매회 밀어 펴기 한 후 세 겹 접기 하여 냉장온도에서 20~30분 정도 휴지시킨다.

4 반죽을 두께 0.7~0.8cm, 가로 97cm, 세로 37cm의 직사각형으로 밀어 편다.

5 반죽의 결이 눌리지 않도록 절단기(칼)를 이용하여 네 군데 가장자리를 잘라내고 가로 12cm, 세로 4.5cm로 자른다(8줄 × 8단 = 64개).❹

6 절반을 비튼 8개를 평철판에 간격을 잘 맞추어 놓는다.❺ 비튼 부분을 살짝 눌러 풀리지 않도록 한다.

7 윗불 210℃, 밑불 160℃에서 10~15분간 굽는다.

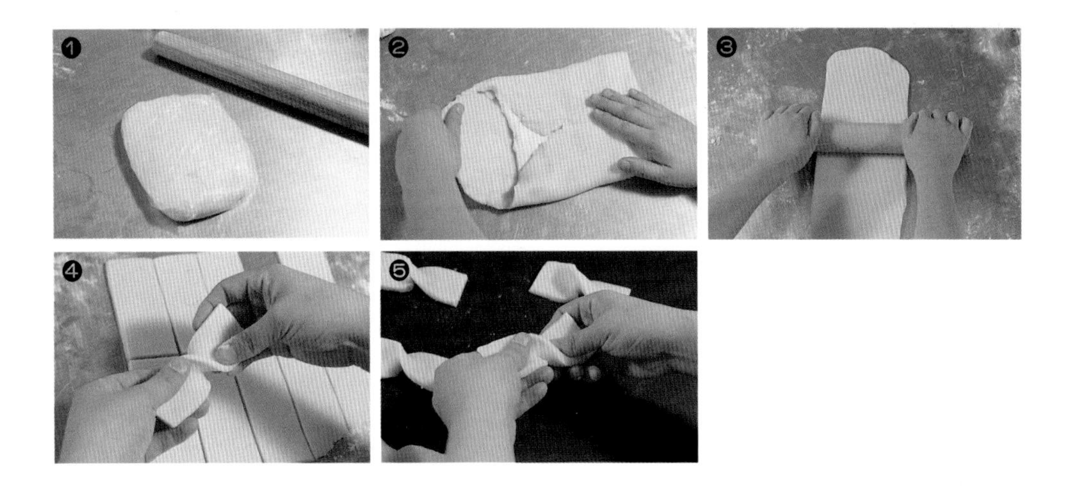

Note

- 충전용 유지가 단단하면 밀대로 두드려 부드럽게 하여 반죽의 온도와 동일하게 한다.
- 밀어 펴기 공정에서 덧가루는 가능한 한 적게 사용하고 붓으로 털어 가면서 접기와 밀기를 한다.
- 냉장고 혹은 냉동고에서 반드시 휴지시킨다.
- 굽는 중간에 오븐 문을 열면 주저앉으므로 절대 문을 열지 않는다.

시퐁 케이크

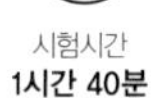

시험시간
1시간 40분

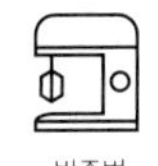

반죽법
시퐁법(0.45 ± 0.05)

생산량
시퐁형 4개

요구 사항

※ 시퐁 케이크(시퐁법)를 제조하여 제출하시오.

1. 배합표의 각 재료를 계량하여 재료별로 진열하시오(8분).
2. 반죽은 시퐁법으로 제조하고 비중을 측정하시오.
3. 반죽 온도는 23℃를 표준으로 하시오.
4. 비중을 측정하시오.
5. 시퐁팬을 사용하여 반죽을 분할하고 굽기 하시오.
6. 반죽은 전량 사용하여 성형하시오.

배합표

재료명	비율(%)	무게(g)
박력분	100	400
설탕(a)	65	260
설탕(b)	65	260
달걀	150	600
소 금	1.5	6
베이킹파우더	2.5	10
식용유	40	160
물	30	120
계	454	1,816

제조 공정

1 달걀을 흰자와 노른자로 분리한다.

2 노른자에 설탕(a), 소금을 넣고❶ 설탕이 녹을 때까지 중간 정도로 믹싱한 후 물을 넣어 섞는다. 체에 친 박력분, 베이킹파우더를 넣어❷ 덩어리가 없게 가볍게 섞은 후 식용유를 넣어 가라앉지 않게 잘 섞는다.

3 흰자를 60% 정도 거품을 올린 후 설탕(b)을 넣으면서 중간피크(80~90%)의 머랭을 만든다.❸

4 노른자 반죽에 머랭을 2~3회 나누어 넣어 가볍게 섞는다.

5 반죽 온도는 22℃를 유지하고 비중은 0.45 전후면 양호하다.

6 시퐁 팬에 기름칠을 하지 않고 분무기로 물을 고르게 뿌려 엎어놓거나 팬에 기름을 고르게 바른다.

7 공기층이 생기지 않도록 팬 부피의 60~70% 정도로 반죽을 넣는다. 소형 볼에 반죽을 담아 시퐁팬에 돌려가며 넣어 분할한다.❹ 반죽을 채운 팬을 작업대에 가볍게 부딪혀 큰 기포를 제거한다.

8 윗불 180℃, 밑불 160℃에서 25~30분간 굽는다.

9 구워진 시퐁팬을 뒤집어 식힌 뒤 꺼낸다.

Note

시퐁 팬을 냉각시킬 때 젖은 행주를 자주 갈아 주어 빨리 식게 하고, 바닥면이 위를 향하도록 하여 제출한다.

밤과자

시험시간
3시간

반죽법
중탕법

생산량
밤 모양 30~35개

요구 사항

※ 밤과자를 제조하여 제출하시오.

1. 배합표의 각 재료를 계량하여 재료별로 진열하시오(8분).
2. 반죽은 중탕하여 냉각시킨 후 반죽 온도는 20℃를 표준으로 하시오.
3. 반죽 분할은 20g씩 하고, 앙금은 45g으로 충전하시오.
4. 제품 성형은 밤 모양으로 하고 윗면은 달걀노른자와 캐러멜 색소를 이용하여 광택제를 칠하시오.
5. 반죽은 전량을 사용하여 성형하시오.

배합표

반죽

재료명	비율(%)	무게(g)
박력분	100	300
달걀	45	135
설탕	60	180
물엿	6	18
연유	6	18
베이킹파우더	2	6
버터	5	15
소금	1	3
계	225	675

토핑 및 충전물(계량시간에서 제외)

재료명	비율(%)	무게(g)
흰 앙금	525	1,575
참깨	13	39

제조 공정

1 전란, 설탕, 물엿, 소금, 연유, 버터를 넣고 중탕으로 녹인 후 20℃로 식힌다(설탕 입자가 없게 용해).

2 박력분과 베이킹파우더를 체에 쳐서 넣고 나무주걱으로 가볍게 섞어 반죽을 한다.❶ 이때 글루텐이 생기지 않도록 주의한다.

3 반죽을 비닐에 싸서 20~30분간 냉장 휴지시킨다.

4 덧가루를 사용하여 반죽을 앙금과 같은 정도의 되기로 조절한다.

5 반죽을 길게 늘린 후 20g씩 분할하여 둥글린다.❷

6 둥글리기 한 반죽을 작업대에 놓고 손바닥으로 눌러 납작하게 만든다.

7 한손으로 반죽을 잡고 돌리면서 앙금주걱으로 흰 앙금 45g을 조금씩 충전한다.❸

8 충전이 끝나면 이음매를 잘 봉한다.

9 이음매가 밑을 향하도록 하여 작업대에 놓고 살짝 누른 뒤, 양손으로 들어 올려 한쪽을 뾰족하게 해서 밤 모양으로 성형한다. 뾰족한 부분의 반대쪽에 물을 묻혀 참깨를 찍어 묻힌 후 평철판에 팬닝한다.❹

10 달걀노른자에 캐러멜 색소 혼합한 것을 깨가 묻은 부분을 제외한 윗면에 붓으로 바른다(2회).❺

11 윗불 170℃, 밑불 150℃에서 20분간 굽는다.

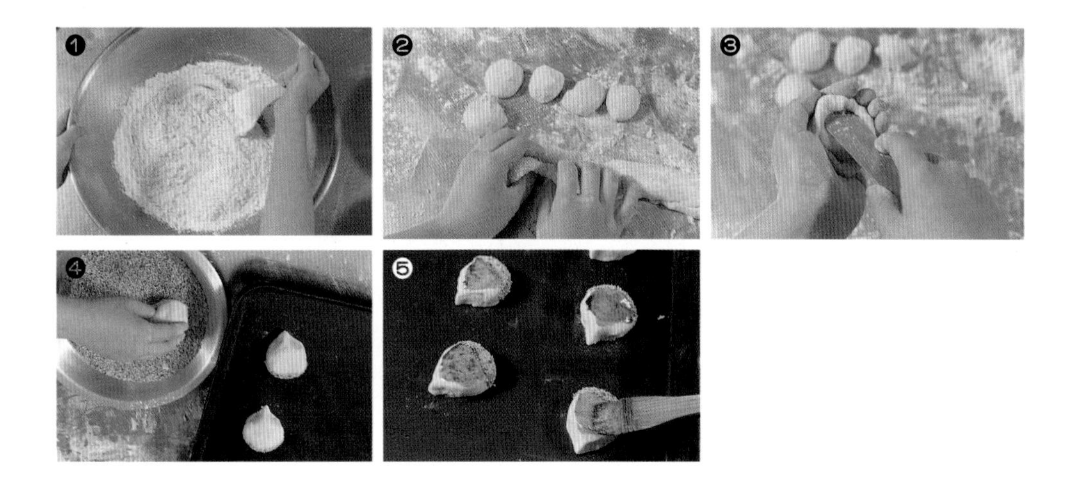

Note

- 충전용 앙금이 나오지 않도록 충전한다.
- 캐러멜 소스는 두 차례 칠한다. 한 번 칠한 후 마르면 다시 한 번 칠한다.

마데라 (컵)케이크

시험시간
2시간

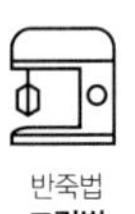
반죽법
크림법

생산량
22~24개

요구 사항

※ 마데라 (컵)케이크를 제조하여 제출하시오.

1. 배합표의 각 재료를 계량하여 재료별로 진열하시오(9분).
2. 반죽은 크림법으로 제조하시오.
3. 반죽 온도는 24℃를 표준으로 하시오.
4. 반죽 분할은 주어진 팬에 알맞은 양을 팬닝하시오.
5. 적포도주 퐁당을 1회 바르시오.
6. 반죽은 전량을 사용하여 성형하시오.

배합표

반죽

재료명	비율(%)	무게(g)
박력분	100	400
버터	85	340
설탕	80	320
소금	1	4
달걀	85	340
베이킹파우더	2.5	10
건포도	25	100
호두	10	40
적포도주	30	120
계	418.5	1,674

토핑 및 충전물(계량시간에서 제외)

재료명	비율(%)	무게(g)
분당	20	80
적포도주	5	20

제조 공정

1 박력분과 베이킹파우더는 함께 체에 쳐 둔다.

2 건포도에 소량의 적포도주를 넣어 재워 둔다.

3 믹싱볼에 버터를 넣고 거품기로 부드럽게 푼 다음 소금과 설탕을 두 번에 나눠 넣어 크림화한다.❶

4 달걀을 1개씩 넣으면서 거품기로 분리되지 않도록 휘핑하여 크림 상태로 만든다.❷

5 호두와 건포도에 약간의 밀가루를 섞은 후 **4**에 넣고, **1**의 체에 친 가루도 넣는다. 이때 적포도주를 넣는다.❸

6 반죽의 온도는 24℃로 한다.

7 머핀틀에 속지를 깔고 짤주머니에 반죽을 넣어 틀의 80% 정도가 차도록 일정한 양을 짜 넣는다.❹

8 윗불 180℃, 밑불 170℃에서 25~30분 정도 굽다가 100% 익으면 꺼낸다.

9 적포도주 20g과 슈거파우더 80g을 섞어 적포도주 퐁당을 만들고 꺼낸 케이크 위에 바른 후 오븐에 다시 넣어 7~8분 정도 건조시켜 퐁당이 하�게 되면 꺼낸다.❺

TIP 건포도와 호두에 소량의 밀가루를 버무려 넣으면 충전물이 바닥에 가라앉는 것을 방지할 수 있다.

❶

❷

❸

❹
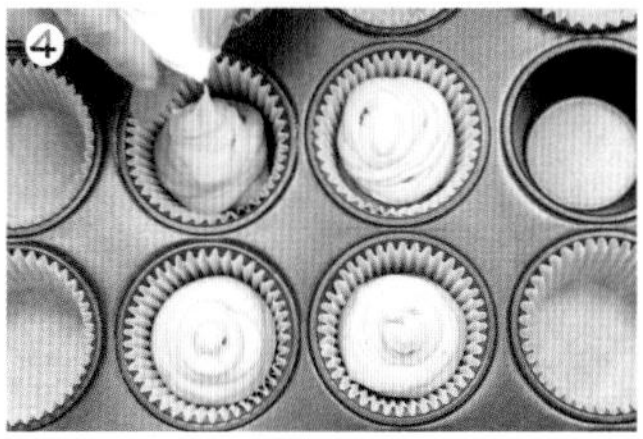

❺

버터 쿠키

시험시간
2시간

반죽법
크림법

요구 사항

※ 버터 쿠키를 제조하여 제출하시오.

1. 배합표의 각 재료를 계량하여 재료별로 진열하시오(6분).
2. 반죽은 크림법으로 수작업하시오.
3. 반죽 온도는 22℃를 표준으로 하시오.
4. 별 모양 깍지를 끼운 짤주머니를 사용하여 두 가지 모양 짜기를 하시오(8자형, 장미형).
5. 반죽은 전량을 사용하여 성형하시오.

배합표

재료명	비율(%)	무게(g)
박력분	100	400
버터	70	280
설탕	50	200
소금	1	4
달걀	30	120
바닐라향	0.5	2
계	251.5	1,006

제조 공정

1 볼에 버터를 넣고 부드럽게 푼 후 설탕, 소금을 섞어 크림화하면서 달걀을 1개씩 넣고 부드러운 크림을 만든다.❶ ❷
2 박력분과 바닐라향을 체에 쳐서 1에 넣고 나무주걱으로 가볍게 섞는다.❸
3 반죽 온도는 22℃로 한다.
4 짤주머니에 별 모양 깍지를 끼워 S자형으로 짜준다. 장미형은 가운데에서 작은 1자를 그리며 시계방향으로 한 바퀴 돌려 짠다.❹
5 실온에서 10분 정도 건조시킨다.
6 윗불 180℃, 밑불 150℃에서 돌려가며 15분 정도 굽는다.

치즈 케이크

시험시간
2시간 30분

반죽법
별립법(0.75~0.85)

생산량
푸딩컵 20개

요구 사항

※ 치즈 케이크를 제조하여 제출하시오.

1. 배합표의 각 재료를 계량하여 재료별로 진열하시오(9분).
2. 반죽은 별립법으로 제조하시오.
3. 반죽 온도는 20℃를 표준으로 하시오.
4. 반죽의 비중을 측정하시오.
5. 제시한 팬에 알맞도록 분할하시오.
6. 굽기는 중탕으로 하시오.
7. 반죽은 전량을 사용하시오.

배합표

재료명	비율(%)	무게(g)
중력분	100	80
버터	100	80
설탕(a)	100	80
설탕(b)	100	80
달걀	300	240
크림치즈	500	400
우유	162.5	130
럼주	12.5	10
레몬주스	25	20
계	1,400	1,120

제조 공정

1 볼에 버터와 크림치즈를 넣고 거품기로 부드럽게 풀어 준 후 레몬주스를 넣고 섞는다.❶

2 달걀을 노른자와 흰자로 분리하고 노른자에 설탕(a)을 넣어 휘핑한 후 럼을 넣어 섞는다. **1**과 혼합한 후 체에 친 중력분을 넣고, 우유를 섞는다.❷

3 흰자를 60% 거품 내다 설탕(b)을 넣고 80% 정도의 머랭을 만들어 **2**의 반죽에 두 번에 나누어 넣어 섞어준다.❸

4 반죽 온도는 20℃로 하고, 비중은 0.75~0.85로 한다.

5 팬에 동량으로 팬닝한 후 중탕법으로 윗불 150℃, 밑불 150℃의 오븐에서 50~60분간 굽는다.❹

6 윗면이 터지지 않도록 가끔 오븐 문을 열어주며 굽는다.

TIP 평철판에 물을 부을 때 컵에 물이 들어가지 않도록 주의한다.
흰자 머랭을 지나치게 많이 휘핑하면 구울 때 윗면이 터질 수 있다.

호두파이

시험시간
2시간 30분

반죽법
파이 반죽

생산량
7개

요구 사항

※ **호두파이를 제조하여 제출하시오.**

1. 껍질 재료를 계량하여 재료별로 진열하시오(7분).
2. 껍질에 결이 있는 제품으로 제조하시오(손 반죽으로 하시오).
3. 껍질 휴지는 냉장온도에서 실시하시오.
4. 충전물은 개인별로 각자 제조하시오(호두는 구워서 사용).
5. 구운 후 충전물의 층이 선명하도록 제조하시오.
6. 제시한 팬에 맞는 껍질을 제조하시오.
7. 반죽은 전량을 사용하여 성형하시오.

배합표

껍질

재료명	비율(%)	무게(g)
중력분	100	400
노른자	10	40
소금	1.5	6
설탕	3	12
생크림	12	48
버터	40	160
냉수	25	100
계	191.5	766

토핑 및 충전물(계량시간에서 제외)

재료명	비율(%)	무게(g)
호두	100	250
설탕	100	250
물엿	100	250
계핏가루	1	2.5
물	40	100
달걀	240	600
계	581	1,452.5

제조 공정

1 호두는 180℃ 오븐에서 5분 정도 살짝 구워둔다.❶

2 볼에 냉수, 설탕, 소금을 녹인 다음 생크림을 혼합하고 노른자를 잘 풀어 섞는다.

3 중력분은 체에 쳐서 볼에 넣고, 쇼트닝을 넣어 스크레이퍼를 이용하여 쇼트닝 입자가 콩알보다 작도록(좁쌀 정도 크기) 바슬바슬한 상태로 만든다.

4 **2**와 **3**을 섞어 한 덩어리를 만들어 비닐로 싼 후 냉장실에서 20~30분 정도 휴지시킨다.❷

5 볼에 설탕과 계핏가루를 섞고 물, 물엿을 넣은 다음 중탕으로 설탕이 녹을 때까지 젓는다. 다른 볼에 달걀을 넣고 거품기로 거품이 나지 않게 저어 알끈을 풀어 준 후 중탕으로 녹인 액체를 넣어 골고루 섞어 체에 걸러준다.❸

6 **4**의 휴지시킨 반죽을 7등분하고 덧가루를 뿌린 후 0.3cm 두께로 밀어 파이팬에 깔고 바닥을 눌러준 뒤 스크레이퍼로 가장자리를 잘라 낸다. 포크로 바닥에 구멍을 낸 후 구운 호두를 넣고 **5**의 충전물을 틀 높이의 80% 정도 부어준다.❹

7 철판에 호두파이 팬을 올려놓고 윗불 180℃, 밑불 220℃에서 30~40분 정도 굽는다.

TIP 파이 반죽은 많이 치대지 않는다. 파이틀에 쇼트닝을 살짝 바르고 밀가루를 뿌려 구운 후 잘 떨어지게 한다.

초코 롤

시험시간	반죽법	생산량
1시간 50분	**공립법(0.4±0.05)**	**둥글게 만 원통형 1개**

요구 사항

※ 초코 롤을 제조하여 제출하시오.

1. 배합표의 각 재료를 계량하여 재료별로 진열하시오(7분).
2. 반죽은 공립법으로 제조하시오.
3. 반죽온도는 24℃를 표준으로 하시오.
4. 반죽의 비중을 측정하시오.
5. 제시한 철판에 알맞도록 팬닝하시오.
6. 반죽은 전량을 사용하시오.
7. 충전용 재료는 가나슈를 만들어 사용하시오.

배합표

반죽

재료명	비율(%)	무게(g)
박력분	100	168
달걀	285	480
설탕	128	216
코코아파우더	21	36
베이킹소다	1	2
물	7	12
우유	17	30
계	559	944

토핑 및 충전물(계량시간에서 제외)

재료명	비율(%)	무게(g)
다크커버츄어	119	200
생크림	119	200
럼	12	20

제조 공정

1 믹싱볼에 달걀, 설탕을 넣고 저속→중속→고속→중속→저속 순으로 믹싱하여 반죽이 간격을 유지하면서 천천히 떨어지는 상태로 만든다.❶

2 1의 반죽에 체에 친 박력분과 코코아파우더, 베이킹소다를 넣고 가볍게 혼합한 후 물과 우유를 넣으면서 되기를 조절한다.❷ ❸

3 반죽 온도는 24℃를 유지하고 비중은 0.45 전후면 양호하다.

4 철판에 깔개종이를 깔고 반죽을 부어 윗면을 스크레이퍼로 평평하게 팬닝한다. 큰 기포를 없애 준다.❹ ❺

5 윗불 200℃, 밑불 160℃에서 15~20분간 굽는다.

6 다크커버처는 중탕으로 녹여 액상으로 만든다. 생크림은 휘핑하여 럼주를 넣는다. 휘핑한 생크림과 중탕으로 녹인 다크커버처를 섞는다.❻ 충천크림은 따뜻할 때 사용해야 굳지 않는다.

7 물에 적셔 꽉 짠 면포를 깔고 그 위에 구워낸 시트를 뒤집어 뺀다. 종이를 떼어내고 6의 충전크림을 스패튤러를 이용하여 얇게 바르고 말기 시작하는 부분 양쪽 끝을 스페튤러로 칼집을 내어 잘 말리도록 하고 나무 밀대를 이용하여 만다.❼ ❽

흑미쌀 롤 케이크

시험시간
1시간 50분

반죽법
공립법(0.4±0.05)

생산량
둥글게 만 원통형 1개

요구 사항

※ 흑미쌀 롤 케이크(공립법)를 제조하여 제출하시오.

1. 배합표의 각 재료를 계량하여 재료별로 진열하시오(7분).
2. 반죽은 공립법으로 제조하시오.
3. 반죽온도는 25℃를 표준으로 하시오.
4. 반죽의 비중을 측정하시오.
5. 제시한 팬에 알맞도록 분할하시오.
6. 반죽은 전량을 사용하여 성형하시오.

배합표

반죽

재료명	비율(%)	무게(g)
박력쌀가루	100	250
흑미쌀가루	20	50
설탕	120	300
달걀	184	460
소금	1	2.5
베이킹파우더	1	2.5
우유	72	180
계	498	1,245

토핑 및 충전물(계량시간에서 제외)

재료명	비율(%)	무게(g)
생크림	60	150

제조 공정

1 믹싱볼에 달걀, 설탕을 넣고 저속→중속→고속→중속→저속 순으로 믹싱하여 반죽이 간격을 유지하면서 천천히 떨어지는 상태로 만든다.

2 **1**의 반죽에 체에 친 박력쌀 가루와 흑미쌀 가루를 넣고, 소금과 베이킹파우더 섞는다. 우유를 넣으면서 되기를 조절한다.❶ ❷ ❸

3 반죽 온도는 24℃를 유지하고 비중은 0.45 전후면 양호하다.❹

4 철판에 깔개종이를 깔고 반죽을 부어 윗면을 스크레이퍼로 평평하게 팬닝한다. 큰 기포를 없애 준다.❺ ❻

5 윗불 200℃, 밑불 160℃에서 15~20분간 굽는다.

6 생크림을 휘핑한다.

7 물에 적셔 꽉 짠 면포를 깔고 그 위에 구워낸 시트를 뒤집어 뺀다. 종이를 떼어내고 **6**의 충전크림을 스페튤러를 이용하여 얇게 바르고 말기 시작하는 부분 양쪽 끝을 스페튤러로 칼집을 내어 잘 말리도록 하고 나무 밀대를 이용하여 만다.❼ ❽

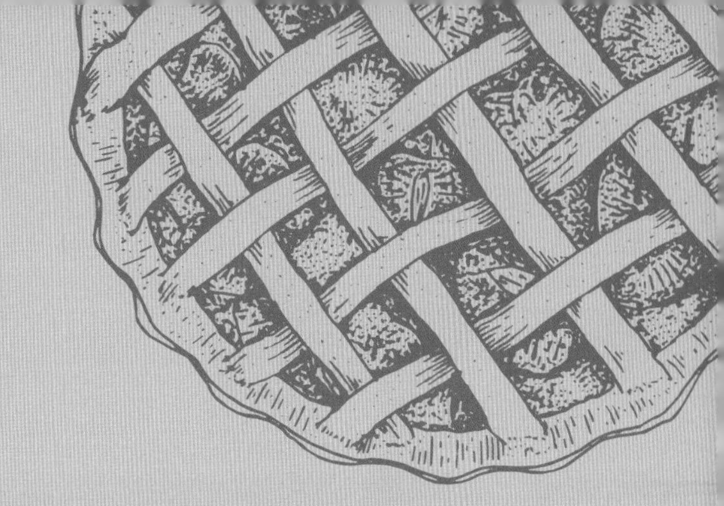

CHAPTER 2

제빵 실기

빵도넛 | 소시지빵
식빵 | 단팥빵
브리오슈 | 그리시니
밤식빵 | 베이글
스위트 롤 | 우유식빵
블란서빵(프랑스빵) | 단과자빵(트위스트형)
단과자빵(크림빵) | 풀먼식빵
단과자빵(소보로빵) | 더치빵
호밀빵 | 버터톱식빵
옥수수식빵 | 데니시 페이스트리
모카빵 | 버터 롤
쌀식빵 | 통밀빵
페이스트리식빵 |

빵도넛

시험시간
3시간

반죽법
스트레이트법
(80~85%, 27℃)

생산량
48개
(8자형, 꽈배기형)

분할량
45g, 48개

요구 사항

※ 빵도넛을 제조하여 제출하시오.

1. 배합표의 각 재료를 계량하여 재료별로 진열하시오(12분).
2. 반죽을 스트레이트법으로 제조하시오(단, 유지는 클린업 단계에서 첨가하시오).
3. 반죽 온도는 27℃를 표준으로 하시오.
4. 분할무게는 45g씩으로 하시오.
5. 모양은 8자형 또는 트위스트형(꽈배기형)으로 만드시오(단, 감독위원이 지정하는 모양으로 변경할 수 있다).
6. 반죽은 전량을 사용하여 성형하시오.

배합표

재료명	비율(%)	무게(g)
강력분	80	880
박력분	20	220
설탕	10	110
쇼트닝	12	132
소금	1.5	16.5
분유	3	33
이스트	5	55
제빵개량제	1	11
바닐라향	0.2	2.2
달걀	15	165
물	46	506
넛메그	0.3	3.3
계	194	2,134

제조 공정

1 **반죽** 쇼트닝을 제외한 전 재료를 믹싱볼에 넣은 후 1단으로 1분 수화시키고, 2단으로 2분 믹싱한다. 클린업 단계에서 쇼트닝을 첨가하고 1단으로 2분, 2단으로 7~8분간 믹싱한다. 반죽 온도는 요구 사항대로 27℃ 전후가 되도록 한다.❶

2 **1차 발효** 온도 27℃, 습도 75~80%에서 60~90분간 1차 발효시킨다.

3 **분할** 45g씩 48개로 분할한다.

4 **둥글리기** 왼쪽 손바닥을 위로 펴고 그 위에 반죽을 올려놓은 뒤 오른손으로 살짝 움켜쥐고 돌려 오른손 손가락이 왼쪽 손바닥을 긁듯이 둥글리기 한다.❷

5 **중간 발효** 실온에서 10~15분간 중간 발효시킨다.

6 **성형** 가스 빼기를 한 후 성형한다. 8자형은 반죽을 20cm 길이로 밀어 늘린 후 8자형으로 꼬아 만든다.❸ 꽈배기형은 반죽을 25cm 길이로 밀어 늘린 다음 양끝을 잡고 서로 반대로 돌려 꼰 후 들어 올려 양끝을 붙이면서 서로 꼬이게 한다.❹

7 **팬닝** 같은 모양 12개를 간격을 잘 맞추어 철판에 놓는다.

8 **2차 발효** 온도 35~38℃, 습도 75~80%에서 30~35분간 2차 발효시킨다(다른 단과자빵보다 2차 발효를 적게 하고, 손으로 들어 올려도 형태가 흐트러지지 않는 정도로 발효). 튀기기 전에 표피를 건조시키면 좋다.

9 **튀기기** 185~190℃의 온도에서 한 면을 1분 30초씩 속이 익도록 튀긴 후 조금 식혀 설탕을 골고루 묻힌다. 기름 흡수를 최소화하고 제품의 부피를 유지하기 위해 여러 번 뒤집지 않는다.

10 **마무리** 식은 후 계핏가루와 설탕을 5 : 95의 비율로 섞어 적당량을 도넛에 골고루 묻힌다.

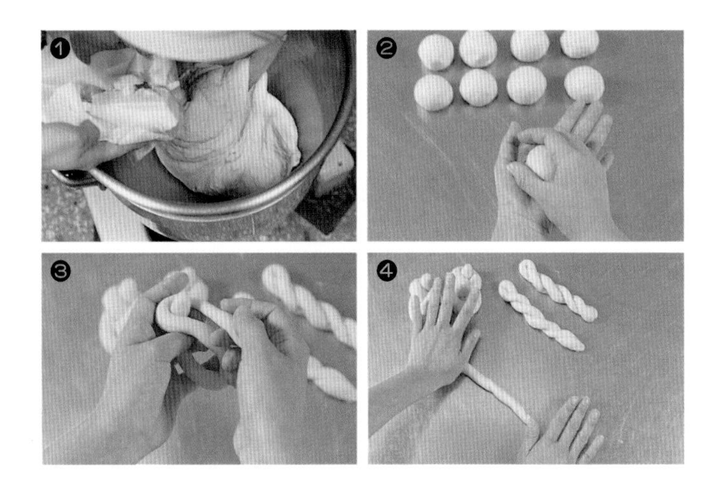

TIP 2차 발효를 오래 하면 튀길 때 가스가 빠져 모양이 좋지 않으므로 발효를 약간 덜 해야 예쁜 모양이 된다. 온도계를 사용하여 온도 체크를 자주 한다.

Note

- 반죽을 기름에 넣어 보아 가라앉았다가 바로 떠오를 때의 온도는 약 180℃ 정도이다.
- 튀길 때 한 번만 뒤집어야 측면 라인 색이 선명하다.

소시지빵

시험시간
4시간

반죽법
스트레이트법

생산량
18~21개

분할량
70g

요구 사항

※ 소시지빵을 제조하여 제출하시오.

1. 반죽 재료를 계량하여 재료별로 진열하시오(10분).
   (토핑 및 충전물 재료의 계량은 휴지시간을 활용하시오.)
2. 반죽은 스트레이트법으로 제조하시오.
3. 반죽 온도는 27℃를 표준으로 하시오.
4. 반죽 분할무게는 70g씩으로 하시오.
5. 반죽은 전량을 사용하여 분할하고, 완제품(토핑 및 충전물 완성) 18개를 제조하여 제출하시오.
6. 충전물은 발효시간을 활용하여 제조하시오.
7. 정형 모양은 낙엽 모양과 꽃잎 모양의 2가지로 만들어서 제출하시오.

배합표

반죽

재료명	비율(%)	무게(g)
강력분	80	640
중력분	20	160
생이스트	4	32
제빵개량제	1	8
소금	2	16
설탕	11	88
마가린	9	72
탈지분유	5	40
달걀	5	40
물	52	416
계	189	1,512

토핑 및 충전물(계량시간에서 제외)

재료명	비율(%)	무게(g)
프랑크소시지	100	720
양파	72	504
마요네즈	34	238
피자치즈	22	154
케첩	24	168
계	252	1,784

제조 공정

1 반죽 마가린을 제외한 전 재료를 믹싱볼에 넣은 후 1단에서 1분 수화시키고, 2단에서 2~3분 믹싱하여 클린업 단계에서 마가린을 넣고 최종단계(부드럽고 매끄러우며 신장성이 최대인 단계)에서 믹싱을 완료한다. 반죽 온도는 요구 사항대로 27℃ 전후가 되도록 한다.❶ ❷

2 1차 발효 27℃, 75~80% 발효실에서 30~40분간 1차 발효시킨다(부피가 2~3배 될 때까지 함).

3 분할 70g씩 분할한다(총 21개).

4 둥글리기 왼쪽 손바닥을 위로 펴고 그 위에 반죽을 올려놓은 뒤 오른손으로 살짝 움켜쥐고 돌려 오른손 손가락이 왼쪽 손바닥을 긁듯이 둥글리기 한다.❸

5 중간 발효 반죽이 마르지 않도록 비닐을 덮어 실온에서 10~15분간 중간 발효시킨다(부피가 2배 정도 되도록 함).

6 성형하기
- 낙엽(나뭇잎) 모양 : 반죽을 밀대로 밀거나 길게 늘인 후 소시지를 넣고 감싸서 평철판에 팬닝한다.❹ 가위나 칼을 이용하여 비스듬하게 일정한 간격으로 4/5까지 자른 뒤(9~10번 정도 자름) 서로 엇갈려 낙엽 모양으로 꼰다.
- 꽃잎 모양 : 반죽을 밀대로 밀거나 길게 늘인 후 소시지를 넣고 감싸서 평철판에 팬닝한다. 비스듬하게 가위나 칼을 이용하여 일정한 간격으로 4/5까지 자른 뒤(6~7번 정도 자름) 잘린 반죽을 가운데부터 꽃잎 모양으로 돌려 꼰다.❺

7 팬닝 같은 모양 6개를 간격을 잘 맞추어 철판에 놓은 후 달걀물을 바른다.

8 2차 발효 온도 38~43℃, 습도 85~90%의 발효실에서 20~30분간 2차 발효시키되 윗면이 살짝 흔들리는 정도로 한다.

9 토핑 양파를 다져 마요네즈와 섞고, 2차 발효시킨 반죽 위에 골고루 얹은 후 피자치즈를 얹고 케첩을 짤주머니에 넣어 일정하게 짜준다.❻

10 굽기 윗불 190℃, 밑불 160℃에서 20~25분간 굽는다.

11 마무리 충분히 식힌 후 냉각팬에 흰 종이를 깔고 제출한다.

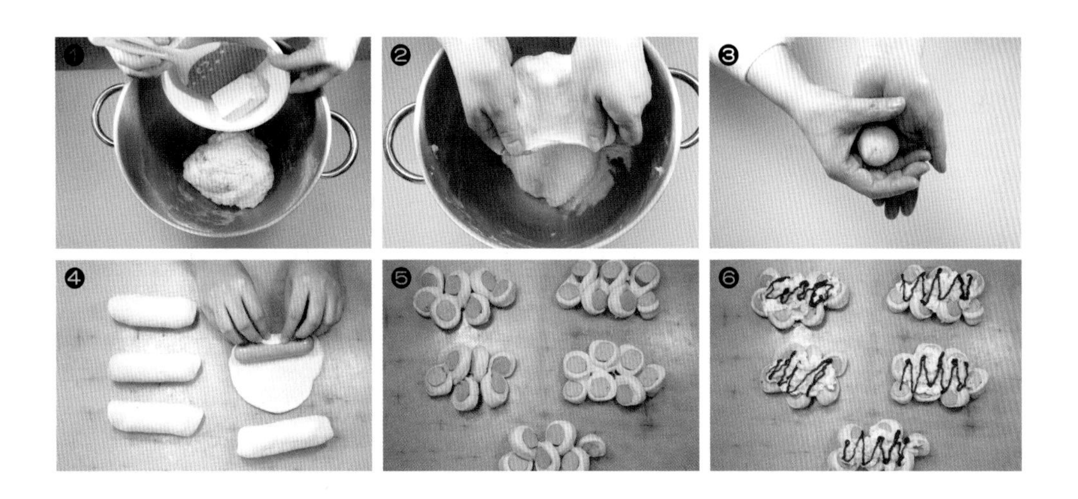

식빵

시험시간
2시간 40분

반죽법
비상 스트레이트법 (120%, 30℃)

생산량
삼봉형 4개

분할량
170g, 2개

요구 사항

※ 식빵을 제조하여 제출하시오.

1. 배합표의 각 재료를 계량하여 재료별로 진열하시오(8분).
2. 비상스트레이트법 공정에 의해 제조하시오(단, 반죽 온도는 30℃로 한다).
3. 표준분할무게는 170g으로 하고, 제시된 팬의 용량을 감안하여 결정하시오(단, 분할무게 × 3을 1개의 식빵으로 한다).
4. 반죽은 전량을 사용하여 성형하시오.

배합표

재료명	비율(%)	무게(g)
강력분	100	1,200
물	63	756
이스트	4	48
제빵개량제	2	24
설탕	5	60
쇼트닝	4	48
분유	3	36
소금	2	24
계	183	2,196

제조 공정

1 반죽 쇼트닝을 제외한 전 재료를 믹싱볼에 넣은 후 1단으로 1분 수화시키고, 2단으로 2분 믹싱한다. 클린업 단계에서 쇼트닝을 첨가하고 일반 식빵보다 20~25% 정도 더 믹싱한다(1단으로 2분, 2단으로 15분). 최종단계 후기의 반죽을 만든다. 요구사항대로 30℃ 전후가 되도록 한다.❶

2 1차 발효 온도 30℃, 습도 75~80%에서 15~30분간 1차 발효시킨다.

3 분할 170g씩 12개로 분할한다.

4 둥글리기 작업대 위에 덧가루를 약간 뿌린 후, 반죽을 놓고 두 손으로 가볍게 감싸쥐면서 작업대에 손날을 대고 원형을 그려가며 표면이 매끄럽도록 둥글리기 한다.❷

5 중간 발효 실온에서 10~15분간 중간 발효시킨다. 이때 표피가 건조되지 않도록 조치한다.

6 성형 두께가 일정하도록 반죽을 밀대로 밀어 펴면서 큰 가스를 뺀다. 세 겹 접기 후 둥글게 말기 하여 이음매를 잘 봉한다.❸

7 팬닝 기름칠한 팬에 이음매가 바닥 쪽으로 가도록 세 덩이씩 팬닝한다. 밑면이 평평하게 잘 나오게 하기 위해서는 반죽을 넣고 가볍게 눌러준다.❹

8 2차 발효 온도 38℃, 습도 80~95%에서 반죽이 팬 옆면과 동일한 높이가 되도록 2차 발효시킨다(40~45분 정도).❺

9 굽기 윗불 170℃, 밑불 190℃에서 30~40분간 굽는다. 충분히 구워야 주저앉지 않는다.

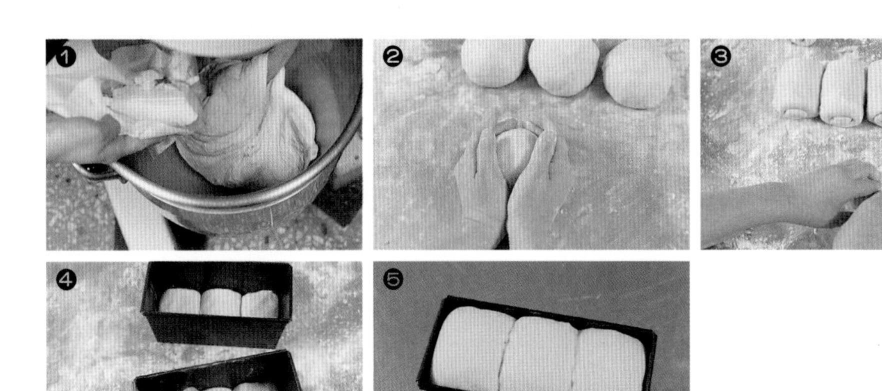

Note

필수적 조치사항(6가지)

- 1차 발효시간을 줄인다. 비상 스트레이트법은 15~30분, 비상 스펀지법은 30분 정도가 적당하다.
- 반죽시간을 20~25% 늘려 반죽의 신장성을 향상시킨다.
- 이스트를 2배 사용하여 발효속도를 촉진시킨다.
- 반죽의 희망 온도를 30~31℃로 조절한다.
- 가수량을 1% 줄여 반죽의 되기와 발달 정도를 조절한다.
- 설탕을 1% 줄여 껍질 색을 조절한다.

선택적 조치사항(4가지)

- 소금 양을 1.75%까지 줄여 발효속도를 촉진시킨다.
- 분유 양을 1% 정도 줄여 발효속도를 촉진시킨다.
- 이스트 푸드 양을 0.5%까지 늘려 발효속도를 촉진시킨다.
- 식초를 0.25~0.5% 추가 사용하여 발효속도를 촉진시킨다.

단팥빵

시험시간
3시간

반죽법
비상 스트레이트법
(120%, 30℃)

생산량
둥근 모양 55개

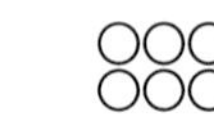
분할량
40g, 45개

요구 사항

※ 단팥빵을 제조하여 제출하시오.

1. 배합표의 각 재료를 계량하여 재료별로 진열하시오(9분).
2. 반죽은 비상 스트레이트법으로 제조하시오(단, 유지는 클린업 단계에 첨가하고, 반죽 온도는 30℃로 한다).
3. 반죽 1개의 분할 무게는 40g, 팥앙금 무게는 30g으로 제조하시오.
4. 반죽은 전량을 사용하여 성형하시오.

배합표

반죽

재료명	비율(%)	무게(g)
강력분	100	900
물	48	432
이스트	7	63
제빵개량제	1	9
소금	2	18
설탕	16	144
마가린	12	108
분유	3	27
달걀	15	135
계	204	1,836

토핑 및 충전물(계량시간에서 제외)

재료명	비율(%)	무게(g)
통팥앙금	150	1,350

제조 공정

1 반죽 마가린을 제외한 전 재료를 믹싱볼에 넣은 후 1단으로 1분 수화시키고, 2단으로 2분 믹싱한다. 클린업 단계에서 마가린을 첨가하고 일반 단과자빵보다 20~25% 정도 더 믹싱한다(1단으로 2분, 2단으로 15분). 최종단계 후기의 반죽을 만들고, 요구 사항대로 30℃ 전후가 되도록 한다.❶

2 1차 발효 온도 30℃, 습도 75~80%에서 15~25분간 1차 발효시킨다.

3 분할 40g씩 45개로 분할한다.

4 둥글리기 양손에 덧가루를 약간 묻힌 후 왼쪽 손바닥을 위로 펴고 그 위에 반죽을 올려놓은 뒤 오른손으로 살짝 움켜쥐고 돌려 오른손 손가락이 왼쪽 손바닥을 긁듯이 둥글리기 한다.❷

5 중간 발효 10~15분간 중간 발효시킨다. 이때 표피가 건조되지 않도록 비닐로 잘 덮는다.

6 성형 가스 빼기를 한 후 반죽을 눌러 펴서 앙금 30g이 가운데에 오도록 헤라를 이용하여 정리하고 생지 든 손의 손가락을 돌리면서 싼다.❸

7 팬닝 앙금이 새어 나오지 않게 잘 봉한 다음 봉한 부분이 밑으로 가도록 철판에 간격을 맞추어 12개씩 놓고 윗면이 평평하도록 눌러준다. 가운데를 전구로 눌러 철판이 보이도록 완전히 구멍을 낸 후 달걀노른자를 바른다.❹

8 2차 발효 온도 38℃, 습도 85%에서 가스보유력이 최대인 상태로 2차 발효시킨다(40~45분 정도).

9 굽기 윗불 190℃, 밑불 165℃에서 10~15분간 굽는다. 오븐 위치에 따라 온도 차이가 있으므로 윗면 색이 약간 나면 철판의 위치를 바꾸어 고르게 색이 나도록 한다.

TIP 달걀물은 전란 : 물 = 1 : 1의 비율로 하거나 노른자 1개에 물 20g을 섞는다.

Note

필수적 조치사항(6가지)

- 1차 발효시간을 줄인다. 비상 스트레이트법은 15~30분, 비상 스펀지법은 30분 정도가 적당하다.
- 반죽시간을 20~25% 늘려 반죽의 신장성을 향상시킨다.
- 이스트를 2배 사용하여 발효속도를 촉진시킨다.
- 반죽의 희망 온도를 30~31℃로 조절한다.
- 가수량을 1% 줄여 반죽의 되기와 발달 정도를 조절한다.
- 설탕을 1% 줄여 껍질 색을 조절한다.

선택적 조치사항(4가지)

- 소금 양을 1.75%까지 줄여 발효속도를 촉진시킨다.
- 분유 양을 1% 정도 줄여 발효속도를 촉진시킨다.
- 이스트 푸드 양을 0.5%까지 늘려 발효속도를 촉진시킨다.
- 식초를 0.25~0.5% 추가 사용하여 발효속도를 촉진시킨다.

브리오슈

시험시간
3시간 30분

반죽법
스트레이트법
(100%, 29℃)

생산량
오뚜기 모양 50개

분할량
40g, 50개

요구 사항

※ 브리오슈를 제조하여 제출하시오.

1. 배합표의 각 재료를 계량하여 재료별로 진열하시오(10분).
2. 반죽은 스트레이트법으로 제조하시오(단, 유지는 클린업 단계에 첨가하시오).
3. 반죽 온도는 29℃를 표준으로 하시오.
4. 분할무게는 40g씩이며, 오뚜기 모양으로 제조하시오.
5. 반죽은 전량을 사용하여 성형하시오.

배합표

재료명	비율(%)	무게(g)
강력분	100	900
물	30	270
이스트	8	72
소금	1.5	13.5(14)
마가린	20	180
버터	20	180
설탕	15	135
분유	5	45
달걀	30	270
브랜디	1	9
계	230.5	2,074.5 (2,075)

제조 공정

1 반죽 버터와 마가린을 제외한 전 재료를 믹싱볼에 넣은 후 1단으로 2분 수화시키고, 2단으로 2분 믹싱한다. 클린업 단계에서 유지를 첨가하고(유지의 함량이 40%이므로 클린업 단계에서 조금씩 나눠 투입함) 1단으로 2분, 2단으로 7~8분 믹싱한다. 반죽 온도는 요구 사항대로 29℃ 전후가 되도록 한다.

2 1차 발효 온도 30℃, 습도 75~80%에서 50~80분간 1차 발효시킨다.

3 분할 40g씩 50개로 분할한다.

4 둥글리기 왼쪽 손바닥을 위로 펴고 그 위에 반죽을 올려놓은 뒤 오른손으로 살짝 움켜쥐고 돌려 오른손 손가락이 왼쪽 손바닥을 긁듯이 둥글리기 한다.❶

5 중간 발효 실온에서 15~20분간 중간 발효시킨다.

6 성형 가스 빼기를 한 후 브리오슈 특유의 모양(오뚜기 모양)을 만든다. 반죽의 1/4을 떼어 각각 둥글리기 한다.❷ 큰 것은 모양을 잡아 브리오슈 팬에 놓고 손가락으로 정가운데를 눌러 바닥이 보일 때까지 완전히 뚫고, 작은 반죽은 아래쪽을 뾰족하게 밀어 구멍 뚫은 곳에 꽂아 놓는다. 반죽의 1/4이 되는 곳을 손날로 눌러 비빈 후 윗부분을 잡아 돌리면서 눌러 오뚜기 모양으로 만드는 방법도 있다.❸

7 2차 발효 온도 35~43℃, 습도 80~85%에서 25~40분간 2차 발효시킨다.

8 굽기 달걀노른자를 바른 후 윗불 185℃, 밑불 185℃에서 12~18분간 굽는다.❹

Note

브리오슈의 성형 방법

- 반죽의 1/4 지점을 손날로 눌러 비벼 오뚜기 모양으로 만드는 방법
- 반죽을 1/4 정도 잘라내어 각각 둥글리기를 한 후 붙이는 방법

※ 1/4 정도 자른 반죽을 깊숙이 찔러 넣어야 떨어지지 않는다.

그리시니

시험시간 **2시간 30분**	반죽법 **스트레이트법**	생산량 **42개**	분할량 **30g, 42개**

요구 사항

※ 그리시니를 제조하여 제출하시오.

1. 배합표의 각 재료를 계량하여 재료별로 진열하시오(8분).
2. 전 재료를 동시에 투입하여 믹싱하시오(스트레이트법).
3. 반죽 온도는 27℃를 표준으로 하시오.
4. 1차 발효시간은 30분 정도로 하시오.
5. 분할무게는 30g, 길이는 35~40cm로 성형하시오.
6. 반죽은 전량을 사용하여 성형하시오.

배합표

재료명	비율(%)	무게(g)
강력분	100	700
설탕	1	7
건조 로즈마리	0.14	1
소금	2	14
이스트	3	21
버터	12	84
올리브유	2	14
물	62	434
계	182.14	1,275

제조 공정

1 반죽 전 재료를 믹싱볼에 넣고 믹싱을 시작한다. 로즈마리는 칼로 한 번 잘라서 믹싱할 때 함께 넣는다. 발전 단계에서 믹싱을 완료하고 반죽 온도를 27℃로 만든다.❶

2 1차 발효 온도 27℃, 습도 75~80%의 발효실에서 20분간 1차 발효시킨다.

3 둥글리기 30g × 10개씩(1판) 분할하여 둥글리기 한다(총 42개).❷

4 중간 발효 반죽이 마르지 않도록 비닐을 덮어 5~10분간 중간 발효시킨다.

5 성형 반죽을 모두 10cm 정도로 밀어 비닐을 씌우고, 처음에 만 것부터 마르지 않게 비닐을 씌워가며 다시 35~40cm의 일정한 두께로 민다.❸

6 팬닝 일정한 간격을 두고 평철판에 10개를 팬닝한다.

7 2차 발효 온도 32~35℃, 습도 75~80%에서 20분 정도 2차 발효시킨다.

8 굽기 윗불 190~200℃, 밑불 180℃에서 20분 정도 굽는다.

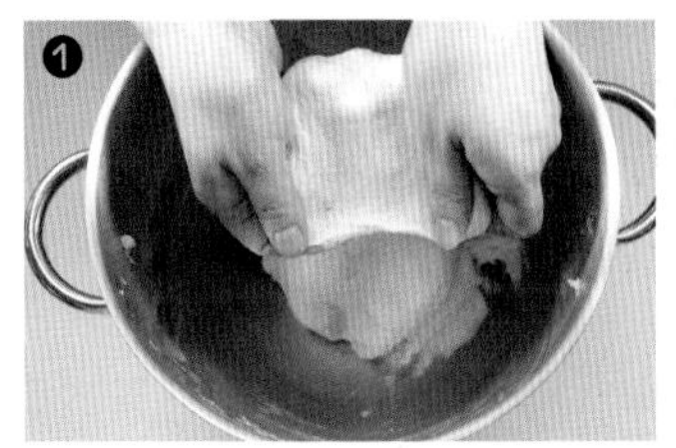

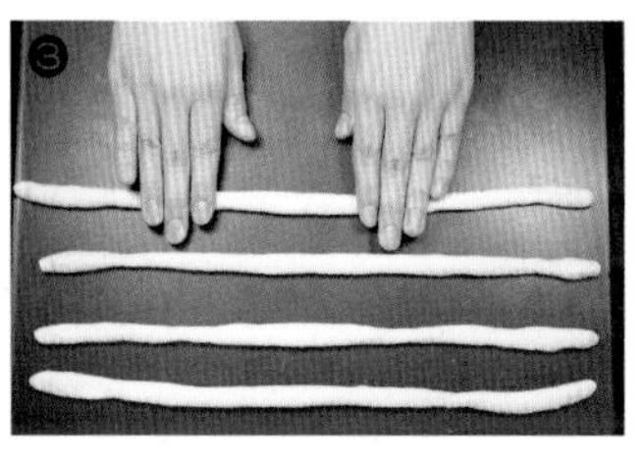

Note

한번에 35~40cm로 밀기는 쉽지 않으므로 처음에는 10cm 정도로 밀고 비닐을 씌워 둔 후 처음 민 것부터 다시 35~40cm로 밀면 작업하기가 쉽다.

밤식빵

시험시간
4시간

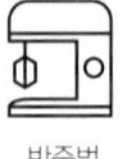
반죽법
스트레이트법

생산량
5개

분할량
450g, 5개

요구 사항

※ 밤식빵을 제조하여 제출하시오.

1. 반죽 재료를 계량하여 재료별로 진열하시오(10분).
2. 반죽은 스트레이트법으로 제조하시오.
3. 반죽 온도는 27℃를 표준으로 하시오.
4. 분할무게는 450g으로 하고, 성형 시 450g의 반죽에 80g의 통조림 밤을 넣고 정형하시오(한 덩이, one loaf).
5. 토핑물을 제조하여 굽기 전에 토핑하고 아몬드를 뿌리시오.
6. 반죽은 전량을 사용하여 성형하시오.

배합표

반죽

재료명	비율(%)	무게(g)
강력분	80	960
중력분	20	240
물	52	624
이스트	4	48
제빵개량제	1	12
소금	2	24
설탕	12	144
버터	8	96
분유	3	36
달걀	10	120
계	192	2,304

토핑 및 충전물(계량시간에서 제외)

재료명	비율(%)	무게(g)
마가린	100	100
설탕	60	60
베이킹파우더	2	2
달걀	60	60
중력분	100	100
아몬드 슬라이스	50	50
계	372	372
밤다이스 (시럽 제외)	35	420

제조 공정

1 반죽 밤과 버터를 제외한 전 재료를 넣고 저속에서 믹싱한다.❶ ❷ 중속에서 2~3분간 믹싱한 후 클린업 단계에서 버터를 넣고 고속에서 글루텐 100%, 반죽 온도 27℃로 만든다(부드럽고 매끄러우며 신장성이 최대인 단계 : 최종단계).

2 1차 발효 온도 27℃, 습도 75~80%의 발효실에서 50분간 1차 발효시킨다(부피가 2~3배 될 때까지 함).

3 둥글리기 450g씩 5개로 분할하여 둥글리기 한다.

4 중간 발효 반죽이 마르지 않도록 비닐로 덮어 10~20분간 중간 발효시킨다(부피가 2배 정도 되도록 함).

5 성형 밀대로 가스를 빼며 일정한 두께의 타원형으로 민다. 80g의 밤을 골고루 펴서 깔고 위에서부터 돌돌 말아 이음매를 단단히 봉한다.❸

6 팬닝 이음매를 아래로 하여 식빵팬에 1개의 덩어리를 넣고 밑면이 평평하도록 가볍게 눌러준다.❹

7 2차 발효 온도 38~40℃, 습도 85~90%에서 20~30분간 2차 발효시킨다. 틀의 가장 높은 부분에서 아래 1cm까지 발효시킨다.

8 토핑 마가린을 거품기로 풀어주며 설탕을 넣고 크림화시킨다. 달걀을 조금씩 넣으면서 크림 상태로 만든 후 체에 친 밀가루와 베이킹파우더를 넣어 섞는다. 납작깍지를 끼운 짤주머니에 토핑 반죽을 넣은 후 2차 발효시킨 빵 반죽 위에 3~4줄 정도 얇게 골고루 짜고 아몬드 슬라이스를 뿌린다(구운 후 토핑이 면을 완전히 덮어야 함).❺ ❻

9 굽기 윗불 170℃, 밑불 190℃에서 약 30분간 굽는다.

Note

- 밤을 넣고 성형 시 밤이 밖으로 나오면 타므로 나오지 않게 말아야 한다.
- 토핑은 구울 때 흘러서 빵 표면을 완전히 덮어야 한다.

베이글

시험시간
3시간 30분

반죽법
스트레이트법

생산량
19개

분할량
80g, 19개

요구 사항

※ 베이글을 제조하여 제출하시오.

1. 배합표의 각 재료를 계량하여 재료별로 진열하시오(7분).
2. 반죽은 스트레이트법으로 제조하시오.
3. 반죽 온도는 27℃를 표준으로 하시오.
4. 1개당 분할중량은 80g으로 하고 링 모양으로 정형하시오.
5. 반죽은 전량을 사용하여 성형하시오.
6. 2차 발효 후 끓는물에 데쳐 팬닝하시오.
7. 팬 2개에 완제품 16개를 구워 제출하시오.

배합표

재료명	비율(%)	무게(g)
강력분	100	900
물	60	540
이스트	3	27
제빵개량제	1	9
소금	2.2	(20)
설탕	2	18
식용유	3	27
계	171.2	1,541

제조 공정

1 반죽 모든 재료를 믹싱볼에 넣고 1단에서 1분 믹싱 후 2단에서 10~15분 정도 믹싱하여 글루텐 100%, 반죽 온도 27℃로 만든다(부드럽고 매끄러우며 신장성이 최대인 단계 : 최종단계).❶

2 1차 발효 온도 27℃, 습도 75~80%의 발효실에서 50~60분간 1차 발효시킨다(부피가 3배 될 때까지).

3 분할 반죽을 80g씩 분할하여 둥글리기 한다(총 16개).❷

4 중간 발효 반죽이 마르지 않도록 비닐을 덮어 실온에서 10분간 중간 발효시킨다(부피가 2배 정도 되도록 함).

5 성형 반죽을 밀대로 밀거나 손바닥으로 납작하게 늘려 접어 막대형으로 돌돌 만다. 반죽의 끝부분을 밀대로 납작하고 얇게 밀어준 뒤 다른 한쪽 끝을 넣고 감싸 연결한다.❸

6 2차 발효 평철판에 팬닝하고 온도 30~35℃, 습도 75~80%에서 20~30분 정도 상태를 보며 2차 발효시킨다(80% 발효 상태).

7 데치기 90~95℃의 물에 앞면부터 닿도록 넣고 바로 뒤집어 20초 정도 앞뒤로 데쳐 물기를 빼고 앞면이 위로 올라오도록 팬닝한다.❹

8 굽기 윗불 220℃, 밑불 180℃의 오븐에서 20분 정도 굽는다.

TIP 일정한 두께로 밀어서 이음새를 잘 붙여야 풀어지지 않는다.
베이글은 끓는물에 데쳐야 반죽 표면이 호화되어 딱딱한 껍질과 광택을 낸다.

스위트 롤

시험시간
4시간

반죽법
스트레이트법
(100%, 27℃)

생산량
야자잎형 8개,
트리플리프형 6개

요구 사항

※ 스위트 롤을 제조하여 제출하시오.

1. 배합표의 각 재료를 계량하여 재료별로 진열하시오(9분).
2. 반죽은 스트레이트법으로 제조하시오(단, 유지는 클린업 단계에 첨가하시오).
3. 반죽 온도는 27℃를 표준으로 사용하시오.
4. 야자잎형, 트리플리프(세잎새형)의 두 가지 모양으로 만드시오.
5. 계피설탕은 각자가 제조하여 사용하시오.
6. 반죽은 전량을 사용하여 성형하시오.

배합표

반죽

재료명	비율(%)	무게(g)
강력분	100	1,200
물	46	552
이스트	5	60
제빵개량제	1	12
소금	2	24
설탕	20	240
쇼트닝	20	240
분유	3	36
달걀	15	180
계	212	2,544

토핑 및 충전물(계량시간에서 제외)

재료명	비율(%)	무게(g)
충전용 설탕	15	180
충전용 계핏가루	1.5	18

제조 공정

1 반죽 쇼트닝을 제외한 전 재료를 믹싱볼에 넣은 후 1단으로 1분 수화시키고, 2단으로 2분 믹싱한다. 클린업 단계에서 쇼트닝을 첨가하고 최종단계(부드럽고 매끄러우며 신장성이 최대인 단계)에서 믹싱을 끝낸다(1단으로 2분, 2단으로 10분). 반죽 온도는 요구 사항대로 27℃ 전후가 되도록 한다.❶

2 1차 발효 온도 27℃, 습도 75~80%에서 60~80분간 1차 발효시킨다.

3 성형 가로 80cm, 세로 30cm, 두께 0.6cm로 전 반죽을 직사각형으로 밀어 편다. 가로 부분 한쪽에 1cm 정도 물칠을 한다. 걸쭉하게 녹인 버터를 두껍지 않게 고르게 바르고, 충전용 설탕과 계핏가루를 섞어 가장자리까지 고르게 뿌린다.❷

원통형으로 단단히 말고 두께가 같도록 95cm로 늘린다(원통 굵기는 직경 6cm 정도가 적당함). 성형 방법대로 반죽을 잘라 야자잎형 8~10개, 트리플리프형 6~8개로 성형한다.❸

4 팬닝 같은 모양끼리 간격을 잘 맞추어 철판에 놓은 다음 달걀물을 바른다.❹

5 2차 발효 온도 38℃, 습도 85%에서 25~35분 정도 2차 발효시킨다.

6 굽기 윗불 210℃, 밑불 160℃에서 10~15 정도 굽는다.

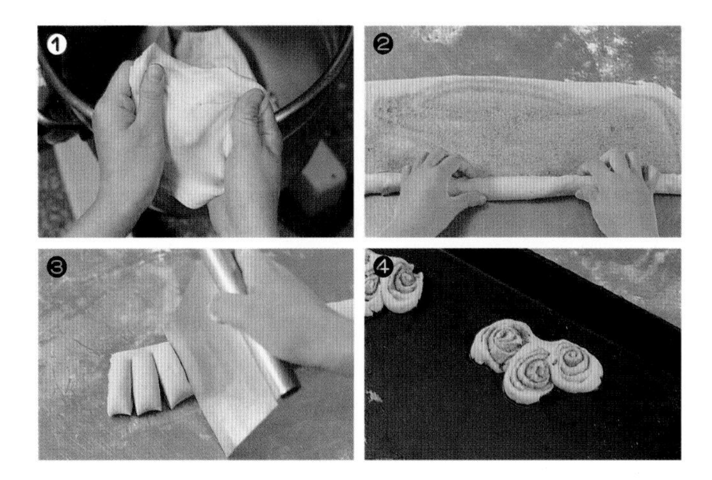

Note

야자잎형

원통형 반죽을 폭 4cm로 자른 후 가운데를 두께의 2/3 정도 잘라 이등분한 다음, 한쪽 같은 방향으로 벌려 놓는다.

트리플리프형(세잎새형)

원통형 반죽을 폭 5cm로 자른 후 두 군데를 두께의 2/3 정도 잘라 3등분한 다음, 한쪽 방향으로 벌려 놓는다.

우유식빵

시험시간
4시간

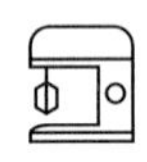

반죽법
스트레이트법
(100%, 27℃)

생산량
삼봉형 4개

분할량
180g, 12개

요구 사항

※ 우유식빵을 제조하여 제출하시오.

1. 배합표의 각 재료를 계량하여 재료별로 진열하시오(7분).
2. 반죽은 스트레이트법으로 제조하시오(단, 유지는 클린업 단계에 첨가하시오).
3. 반죽 온도는 27℃를 표준으로 하시오.
4. 표준분할무게는 180g으로 하고, 제시된 팬의 용량을 감안하여 결정하시오(단, 분할무게 × 3을 1개의 식빵으로 함).
5. 반죽은 전량을 사용하여 성형하시오.

배합표

재료명	비율(%)	무게(g)
강력분	100	1,200
우유	72	864
이스트	3	36
제빵개량제	1	12
소금	2	24
설탕	5	60
쇼트닝	4	48
계	187	2,244

제조 공정

1 반죽 쇼트닝을 제외한 전 재료를 믹싱볼에 넣은 후 1단으로 1분 수화시키고, 2단으로 2분 믹싱한다. 클린업 단계에서 쇼트닝을 첨가하고 믹싱한다(1단으로 2분, 2단으로 15분). 최종단계 후기의 반죽을 만들고, 요구 사항대로 27℃ 전후가 되도록 한다.❶

2 1차 발효 온도 27℃, 습도 75~80%에서 80~90분간 1차 발효시킨다(부피가 3~3.5배 부푼 상태로, 반죽 상태와 반죽 온도에 따라 발효시간을 조절함).

3 분할 180g씩 12개로 분할한다.

4 둥글리기 작업대 위에 덧가루를 약간 뿌린 후 반죽을 놓고 두 손으로 반죽을 가볍게 감싸쥐면서 작업대에 손날을 대고 원형을 그리며 표면이 매끄럽도록 둥글리기 한다.❷

5 중간 발효 10~20분간 중간 발효시킨다. 표면이 마르지 않게 조치하고 실온이 높은 경우 시간을 짧게 하며 실온이 낮은 경우 길게 한다.

6 성형 두께가 일정하도록 반죽을 밀대로 밀어 펴면서 큰 가스를 빼 준다. 세 겹으로 접고 둥글게 말기 하여 이음매를 잘 봉한다.❸

7 팬닝 기름칠한 팬에 이음매가 바닥 쪽으로 가도록 세 덩이씩 팬닝한다. 세 덩어리가 차지한 간격과 둥글게 말린 방향이 같도록 한다.❹

8 2차 발효 온도 35~43℃, 습도 85%에서 반죽이 팬 위로 1cm 더 올라오도록 2차 발효시킨다(45~50분 정도).

9 굽기 윗불 200℃, 밑불 180℃에서 40~45분간 굽는다. 충분히 구워야 주저앉지 않으며, 우유 속의 유당에 의해 일반 식빵보다 껍질 색이 빨리 나므로 굽기에 주의한다.

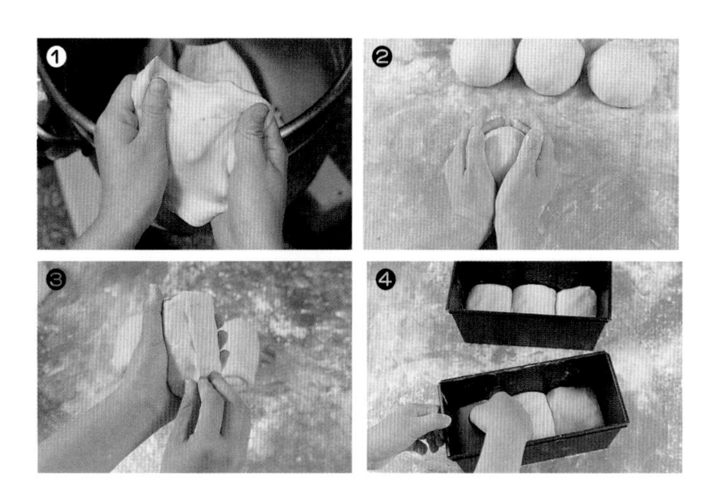

불란서빵 (프랑스빵)

시험시간
4시간

반죽법
스트레이트법
(100%, 24℃)

생산량
바게트 모양 8개

분할량
200g, 8개

요구 사항

※ 불란서빵(프랑스빵)을 제조하여 제출하시오.

1. 배합표의 각 재료를 계량하여 재료별로 진열하시오(5분).
2. 반죽은 스트레이트법으로 제조하시오.
3. 반죽 온도는 24℃를 표준으로 하시오.
4. 반죽은 200g씩 분할하고, 막대 모양으로 만드시오(단, 막대 길이는 30cm, 세 군데에 자르기를 하시오).
5. 반죽은 전량을 사용하여 성형하시오.
6. 평철판을 사용하여 구우시오.

배합표

재료명	비율(%)	무게(g)
강력분	100	1,000
물	65	650
이스트	3.5	35
제빵개량제	1.5	15
소금	2	20
계	172	1,720

제조 공정

1 **반죽** 전 재료를 믹싱볼에 넣은 후 1단으로 2분 수화시키고, 2단으로 7~8분 믹싱한다. 반죽 온도는 요구 사항대로 24℃ 전후가 되도록 한다.❶

2 **1차 발효** 온도 27℃, 습도 65~75%에서 70~120분간 1차 발효시킨다.

3 **분할** 200g씩 8개로 분할한다.

4 **둥글리기** 타원형으로 둥글리기 한다.

5 **중간 발효** 실온에서 15~30분간 중간 발효시킨다.

6 **성형** 주먹을 쥔 상태로 반죽을 눌러 편다(가스를 완전히 제거하지 않기 위해). 밀대로 길이 30cm 정도가 되도록 길게 밀어 편다.❷ 몇 번에 나누어 조금씩 접어 둥근 막대 모양으로 만들어 이음매를 잘 봉한다.

7 **팬닝** 반죽 3개를 이음매가 바닥으로 가게 하여 간격을 맞추어 철판에 놓는다.

8 **2차 발효** 온도 30~33℃, 습도 75%에서 50~70분간 2차 발효시킨다. 일반 빵보다 온도를 낮춰 2차 발효를 오래 하는 것이 좋으며, 칼집을 넣기 위해 건발효를 시킨다(철판을 흔들어 보았을 때 조금 흔들릴 정도).

9 **칼집 넣기** 칼날을 15°로 비스듬히 누여 발효된 반죽에 7cm 길이의 일정한 간격으로 칼집을 넣는다(칼집을 넣는 이유는 다른 곳이 터지는 것을 방지하고 부풀림을 좋게 하여 속결을 부드럽게 하기 위함임).❸

10 **굽기** 굽기 전 물을 분무한 뒤 윗불 180~200℃, 밑불 200~250℃에서 30~35분 정도 굽는다. 옆면도 색이 나도록 옆으로 세워 굽는다(오븐에 스팀을 넣는 이유는 커팅 부분을 보기 좋게 터지게 하고 부피가 큰 제품을 얻으며, 껍질의 광택이 좋게 하기 위함임).

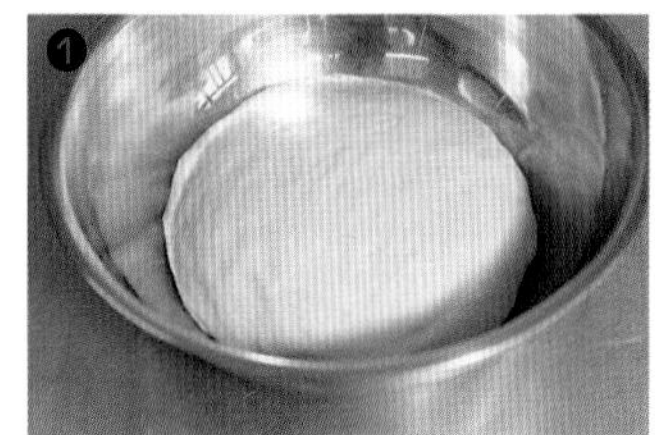
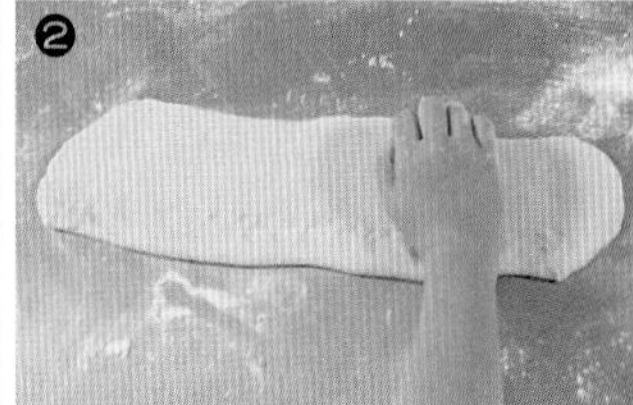
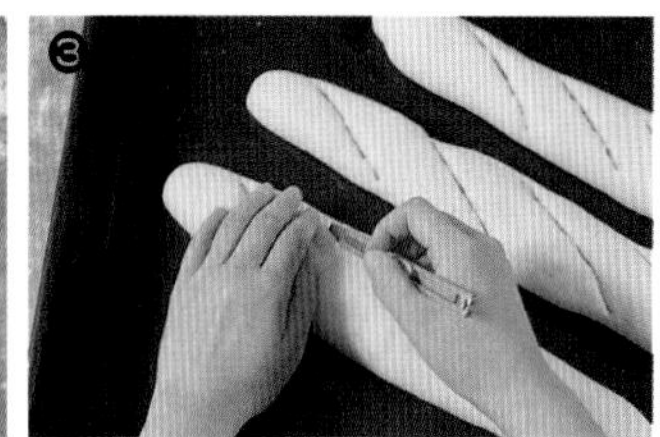

Note

A **맥아를 사용하는 이유** : 반죽에 가스를 내는 설탕 같은 당류가 없으므로 밀가루의 전분을 분해하여 탄산가스를 내어 발효속도를 촉진시킬 수 있도록 아밀라아제를 함유하고 있는 맥아를 사용한다.

B **비타민 C를 사용하는 이유** : 비타민 C는 원래 반죽의 글루텐 연결고리를 끊는 환원제이지만 반죽 속에 산소가 없어지기 전까지는 산화제로 반죽을 서로 연결하여 탄산가스가 나가지 못하게 막아 반죽을 부풀려 부피가 무게에 비해 크며 속이 텅 빈 것 같은 가벼운 제품을 만든다.

C 철판에 굽기를 할 경우에는 반죽을 80% 정도 하여 탄력성이 있어 모양이 유지되도록 하며, 바게트 전용 팬에 굽기를 할 경우에는 100% 반죽하여 부피를 최대한 키우도록 한다.

D 중간 발효는 되도록 오래 하여 손으로 반죽을 눌러 펴도 힘없이 펴질 정도가 되게 한다.

E 2차 발효실의 온도는 일반 식빵보다 낮게 하여 천천히 오래 발효시키며, 습도는 굽기 전 칼집을 넣기 위해 물기가 없을 정도로 낸다.

단과자빵 (트위스트형)

	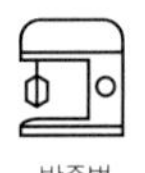		
시험시간 **4시간**	반죽법 **스트레이트법** (100%, 27℃)	생산량 **8자형, 달팽이형, 더블8자형**	분할량 **50g, 46개**

요구 사항

※ 단과자빵(트위스트형)을 제조하여 제출하시오.

1. 배합표의 각 재료를 계량하여 재료별로 진열하시오(9분).
2. 반죽은 스트레이트법으로 제조하시오(단, 유지는 클린업 단계에 첨가하시오).
3. 반죽 온도는 27℃를 표준으로 하시오.
4. 반죽분할 무게는 50g이 되도록 하시오.
5. 모양은 8자형, 달팽이형, 더블8자형 중 감독위원이 요구하는 두 가지 모양으로 만드시오.
6. 반죽은 전량을 사용하여 성형하시오.

배합표

재료명	비율(%)	무게(g)
강력분	100	1,200
물	47	564
이스트	4	48
제빵개량제	1	12
소금	2	24
설탕	12	144
쇼트닝	10	120
분유	3	36
달걀	20	240
계	199	2,388

제조 공정

1 **반죽** 쇼트닝을 제외한 전 재료를 믹싱볼에 넣은 후 1단으로 1분 수화시키고, 2단으로 2분 믹싱한다. 클린업 단계에서 쇼트닝을 첨가하고 최종단계(부드럽고 매끄러우며 신장성이 최대인 단계)에서 믹싱을 끝낸다(1단으로 2분, 2단으로 10분). 반죽 온도는 요구 사항대로 27℃ 전후가 되도록 한다.❶

2 **1차 발효** 온도 27℃, 습도 75~80%에서 80~100분간 1차 발효시킨다.

3 **분할** 50g씩 45~46개로 분할한다.

4 **둥글리기** 양손에 덧가루를 약간 묻힌 후 왼쪽 손바닥을 위로 펴고 그 위에 반죽을 올려놓은 뒤, 오른손으로 반죽을 살짝 움켜쥐고 오른손 손가락 끝이 왼쪽 손바닥을 긁듯이 둥글리기 한다.❷

5 **중간 발효** 10~15분간 중간 발효시킨다.

6 **성형** 5~10개씩 작업대 위에 놓고 가운데 부분을 누른 뒤 가운데 부분에서 양 가장자리 쪽으로 밀어 늘려 길게 만들고, 잠시 휴지를 준 후 다시 길게 밀어 늘린다(글루텐이 휴지되므로 잘 밀어 펴짐).
   - 8자형 : 반죽을 30cm 길이로 밀어 늘린 후 8자형으로 꼬아 만든다.
   - 더블8자형 : 반죽을 30~35cm 길이로 밀어 늘려 2중 8자형으로 꼬아 만든다.❸
   - 달팽이형 : 반죽 한쪽을 비스듬히 얇게 하면서 30~35cm 길이로 늘린 후 굵은 쪽을 중심으로 하여 돌려 감는다.❹

7 **2차 발효** 온도 38℃, 습도 85%에서 30~35분 정도 2차 발효시킨다.

8 **팬닝** 같은 모양 12개를 간격을 잘 맞추어 철판에 놓은 다음 달걀물 칠을 한다(달걀물 칠은 두 번 하는 것이 광택이 나고 좋음).

9 **굽기** 윗불 190℃, 밑불 160℃에서 10~15분 정도 굽는다.

단과자빵 (크림빵)

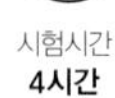

시험시간
4시간

반죽법
스트레이트법
(100%, 27℃)

생산량
반달 모양 48개

분할량
45g, 48개

요구 사항

※ 단과자빵(크림빵)을 제조하여 제출하시오.

1. 배합표의 각 재료를 계량하여 재료별로 진열하시오(9분).
2. 반죽은 스트레이트법으로 제조하시오(단, 유지는 클린업 단계에 첨가하시오).
3. 반죽 온도는 27℃를 표준으로 하시오.
4. 반죽 1개의 분할무게는 45g, 1개당 크림 사용량은 30g으로 제조하시오.
5. 제품 중 20개는 크림을 넣은 후 굽고, 나머지는 반달형으로 크림을 충전하지 말고 제조하시오.
6. 반죽은 전량을 사용하여 성형하시오.

배합표

반죽

재료명	비율(%)	무게(g)
강력분	100	1,100
물	53	583
이스트	4	44
제빵개량제	2	22
소금	2	22
설탕	16	176
쇼트닝	12	132
분유	2	22
달걀	10	110
계	201	2,211

토핑 및 충전물(계량시간에서 제외)

재료명	비율(%)	무게(g)
커스터드 크림	65	715

제조 공정

1 반죽 쇼트닝을 제외한 전 재료를 믹싱볼에 넣은 후 1단으로 1분 수화시키고, 2단으로 2분 믹싱한다. 클린업 단계에서 쇼트닝을 첨가하고 최종단계(부드럽고 매끄러우며 신장성이 최대인 단계)에서 믹싱을 끝낸다(1단으로 2분, 2단으로 10분). 반죽 온도는 요구 사항대로 27℃ 전후가 되도록 한다.❶

2 1차 발효 온도 27℃, 습도 75~80%에서 80~100분간 1차 발효시킨다.

3 분할 45g씩 48개로 분할한다.

4 둥글리기 양손에 덧가루를 약간 묻힌 후 왼손을 반듯하게 펴고 그 위에 반죽을 올려놓다. 오른손 손가락을 벌려 반죽을 살짝 움켜쥐고 오른손 손가락 끝이 왼쪽 손바닥을 긁듯이 하여 둥글리기 한다.❷

5 중간 발효 표피가 건조되지 않도록 비닐을 덮어 상온에서 10~15분간 중간 발효시킨다.

6 성형 비충전형은 반죽을 눌러 가스 빼기를 한 후 타원형이 되도록 밀대로 밀고, 붓으로 반죽의 1/2에 식용유를 얇게 바른다.❸ 반달 모양이 되도록 밥으로 접고 칼집은 넣지 않는다.

7 충전형은 중앙에 커스터드 크림을 30g 넣고 붙인 후 스크레이퍼로 5개의 칼집을 넣는다.❹ ❺

8 팬닝 철판에 팬닝 후 달걀물을 바른다.

9 2차 발효 온도 38℃, 습도 85%에서 30~35분 정도 2차 발효시킨다.

10 굽기 윗불 190℃, 밑불 160℃에서 10~15분간 굽는다. 오븐 위치에 따라 온도 차이가 있으므로 윗면 색이 약간 나면 철판의 위치를 바꾸어 고르게 색이 나도록 한다.

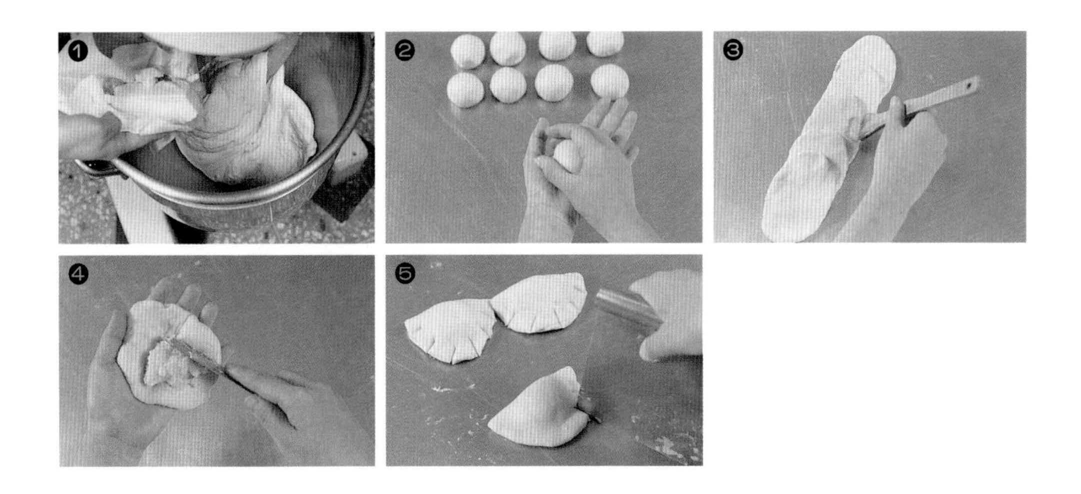

풀먼식빵

시험시간
4시간

반죽법
스트레이트법
(100%, 27℃)

생산량
풀먼식빵 5개

분할량
250g, 10개

요구 사항

※ 풀먼식빵을 제조하여 제출하시오.

1. 배합표의 각 재료를 계량하여 재료별로 진열하시오(9분).
2. 반죽은 스트레이트법으로 제조하시오(단, 유지는 클린업 단계에 첨가하시오).
3. 반죽 온도는 27℃를 표준으로 하시오.
4. 표준분할무게는 250g으로 하고, 제시된 팬의 용량을 감안하여 결정하시오(단, 분할무게 × 2를 1개의 식빵으로 한다).
5. 반죽은 전량을 사용하여 성형하시오.

배합표

재료명	비율(%)	무게(g)
강력분	100	1,400
물	58	812
이스트	3	42
제빵개량제	1	14
소금	2	28
설탕	6	84
쇼트닝	4	56
달걀	5	70
분유	3	42
계	182	2,548

제조 공정

1 반죽 쇼트닝을 제외한 전 재료를 믹싱볼에 넣은 후 1단으로 1분 수화시키고, 2단으로 2분 믹싱한다. 클린업 단계에서 쇼트닝을 첨가하고 최종단계(부드럽고 매끄러우며 신장성이 최대인 단계)에서 믹싱을 끝낸다(1단으로 2분, 2단으로 10분). 반죽 온도는 요구 사항대로 27℃ 전후가 되도록 한다.❶

2 1차 발효 온도 27℃, 습도 75~80%에서 75~80분간 1차 발효시킨다. 손가락 테스트로 종점을 알 수 있다.❷

3 분할 250g씩 10개로 분할한다.

4 둥글리기 작업대 위에 덧가루를 약간 뿌린 후 반죽을 놓고 두 손으로 반죽을 가볍게 감싸면서 작업대에 손날을 대고 원형을 그리며 표면이 매끄럽도록 둥글리기 한다.

5 중간 발효 표피가 건조되지 않도록 조치한 후 실온에서 10~15분간 중간 발효시킨다.

6 성형 반죽을 밀대로 두께가 일정하도록 밀어 펴면서 큰 가스를 빼 준다. 세 겹 접기를 한 후 둥글게 말아 이음매를 잘 봉한다.❸

7 팬닝 기름칠한 팬에 이음매가 바닥 쪽으로 가도록 두 덩이씩 팬닝한다.❹

8 2차 발효 온도 38℃, 습도 80%에서 반죽이 팬 위로 1cm 덜 올라온 지점까지 2차 발효시켜(40~50분 정도) 뚜껑을 덮는다.❺

9 굽기 윗불 190℃, 밑불 180℃에서 40~45분간 굽는다. 일반 식빵보다 10분 정도 더 구워 주저앉지 않도록 한다.

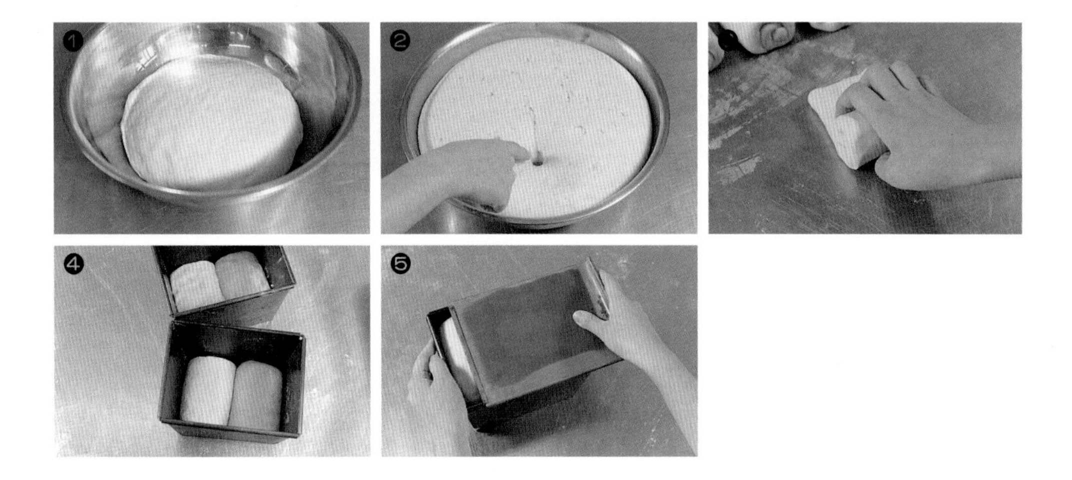

Note

손가락 테스트

발효된 반죽을 손가락으로 눌러 보아 눌린 자국이 그대로 있으면 발효가 다 된 것이다. 발효가 짧으면 눌렸던 반죽이 다시 올라와 자국이 없어진다.
팬 뚜껑 밑면에 기름칠을 해 주어야 굽기가 완료되었을 때 팬에서 잘 분리된다.

단과자빵 (소보로빵)

시험시간
4시간

반죽법
스트레이트법
(100%, 27℃)

생산량
둥근 모양 49개

분할량
46g, 49개

요구 사항

※ 단과자빵(소보로빵)을 제조하여 제출하시오.

1. 빵반죽 재료를 계량하여 재료별로 진열하시오(9분).
2. 반죽은 스트레이트법으로 제조하시오(단, 유지는 클린업 단계에 첨가하시오).
3. 반죽 온도는 27℃를 표준으로 하시오.
4. 반죽 1개의 분할무게는 46g, 1개당 소보로 사용량은 약 26g으로 제조하시오.
5. 토핑용 소보로는 배합표에 의거하여 직접 제조하여 사용하시오.
6. 반죽은 전량을 사용하여 성형하시오.

배합표

반죽

재료명	비율(%)	무게(g)
강력분	100	1,100
물	47	517
이스트	4	44
제빵개량제	1	11
소금	2	22
마가린	18	198
분유	2	22
달걀	15	165
설탕	16	176
계	205	2,255

토핑용 소보로(계량시간에서 제외)

재료명	비율(%)	무게(g)
중력분	100	500
설탕	60	300
마가린	50	250
땅콩버터	15	75
달걀	10	50
물엿	10	50
분유	3	15
베이킹파우더	2	10
소금	1	5
계	251	1,255

제조 공정

1 **반죽** 마가린을 제외한 전 재료를 믹싱볼에 넣은 후 1단으로 1분 수화시키고, 2단으로 2분 믹싱한다. 클린업 단계에서 마가린을 첨가하고 최종단계(부드럽고 매끄러우며 신장성이 최대인 단계)에서 믹싱을 끝낸다(1단으로 2분, 2단으로 10분). 반죽 온도는 요구 사항대로 27℃ 전후가 되도록 한다.❶

2 **1차 발효** 온도 27℃, 습도 75~80%에서 60분간 1차 발효시킨다.

3 **분할** 46g씩 49개로 분할한다.

4 **둥글리기** 양손에 덧가루를 약간 묻힌 후 왼손을 반듯하게 펴고 그 위에 반죽을 올려놓는다. 오른손 손가락을 벌려 반죽을 살짝 움켜쥐고 오른손 손가락 끝이 왼쪽 손바닥을 긁듯이 하여 둥글리기 한다.❷

5 **중간 발효** 표피가 건조되지 않도록 비닐을 덮어 상온에서 10~15분간 중간 발효시킨다.

6 **소보로 토핑 제조하기** 중력분, 분유, 베이킹파우더를 섞어 체에 친다. 스테인리스 볼에 마가린, 땅콩버터, 물엿, 설탕, 소금을 넣어 거품기로 부드럽게 푼 후 달걀을 조금씩 넣으면서 크림화시킨다. 크림화 후 체에 친 가루를 넣고 스크레이퍼 혹은 손끝으로 포슬포슬한 토핑을 완성한다.❸

7 **소보로 토핑 묻히기** 중간 발효된 빵 반죽에 물칠을 한 후❹ 소보로 토핑 위에 물 묻은 부분을 올려 손으로 세게 누르면서 소보로 토핑이 반죽에 묻도록 한다.❺

8 **팬닝** 토핑이 묻은 쪽이 위로 오게 하여 팬에 올린다.

9 **2차 발효** 온도 38℃, 습도 85%에서 30~35분 정도 2차 발효시킨다.

10 **굽기** 윗불 190℃, 밑불 160℃에서 10~15분간 굽는다. 오븐 속 위치에 따라 온도 차이가 있으므로 윗면 색이 약간 나면 철판의 위치를 바꾸어 고르게 색이 나도록 한다.

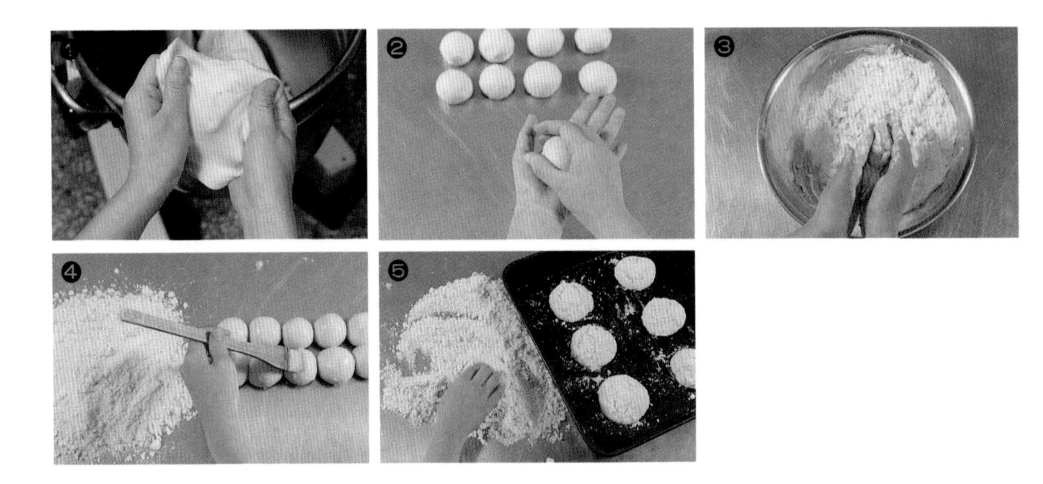

더치빵

시험시간
4시간

반죽법
스트레이트법
(100%, 27℃)

생산량
타원형 6개

분할량
300g, 6개

요구 사항

※ 더치빵을 제조하여 제출하시오.

1. 더치빵 반죽 재료를 계량하여 재료별로 진열하시오(9분).
2. 반죽은 스트레이트법으로 제조하시오(단, 유지는 클린업 단계에 첨가하시오).
3. 반죽 온도는 27℃를 표준으로 하시오.
4. 빵 반죽에 토핑할 시간을 맞추어 발효시키시오.
5. 빵 반죽은 1개당 300g씩 분할하시오.
6. 반죽은 전량을 사용하여 성형하시오.

배합표

반죽

재료명	비율(%)	무게(g)
강력분	100	1,100
물	60	660
이스트	3	33
제빵개량제	1	11
소금	1.8	20
설탕	2	22
쇼트닝	3	33
탈지분유	4	44
흰자	3	33
계	177.8	1,956

토핑 및 충전물(계량시간에서 제외)

재료명	비율(%)	무게(g)
멥쌀가루	100	200
중력분	20	40
이스트	2	4
설탕	2	4
소금	2	4
물	85	170
마가린	30	60
계	241	482

제조 공정

1 **반죽** 쇼트닝을 제외한 전 재료를 믹싱볼에 넣은 후 1단으로 1분 수화시키고, 2단으로 2분 믹싱한다. 클린업 단계에서 쇼트닝을 첨가하고 1단으로 2분, 2단으로 9~10분 믹싱한다. 반죽 온도는 요구 사항대로 27℃ 전후가 되도록 한다.❶

2 **1차 발효** 온도 27℃, 습도 75~80%에서 60분간 1차 발효시킨다.

3 **토핑 만들기** 토핑용 반죽은 물에 생이스트를 넣어 고르게 잘 풀고 마가린을 제외한 모든 재료를 넣어 고르게 섞는다(토핑용 반죽 온도는 27℃). 1차 발효 조건에서 1시간 발효시킨 후 포마드 상태의 마가린을 넣어 고르게 섞이도록 한다.

4 **분할** 300g씩 6개로 분할한다.

5 **둥글리기** 양손으로 반죽을 감싸쥐어 둥글리면서 표면을 매끄럽게 한다.❷

6 **중간 발효** 실온에서 10~20분간 중간 발효시킨다.

7 **성형·팬닝** 가스를 뺀 후 타원형으로 만들어(길이 30cm 정도) 이음매가 밑을 향하게 하고 간격을 맞추어 철판에 놓는다.❸

8 **2차 발효** 온도 35~38℃, 습도 80%에서 2차 발효시킨다(25~35분 정도).

9 **토핑** 반죽을 실온에서 5분 정도 말려 토핑용 반죽을 스패튤러나 헤라를 이용하여 빵반죽 윗부분부터 옆면으로 골고루 연결되도록 매끄럽게 발라준다.❹

10 **굽기** 윗불 180℃, 밑불 160℃에서 30~40분 정도 굽는다.

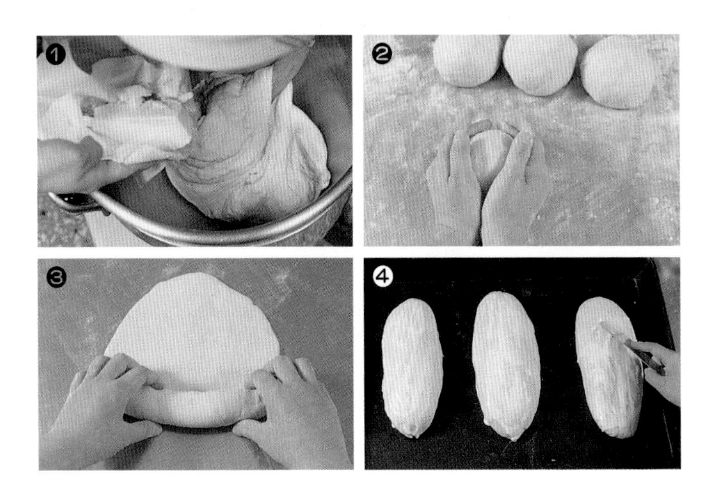

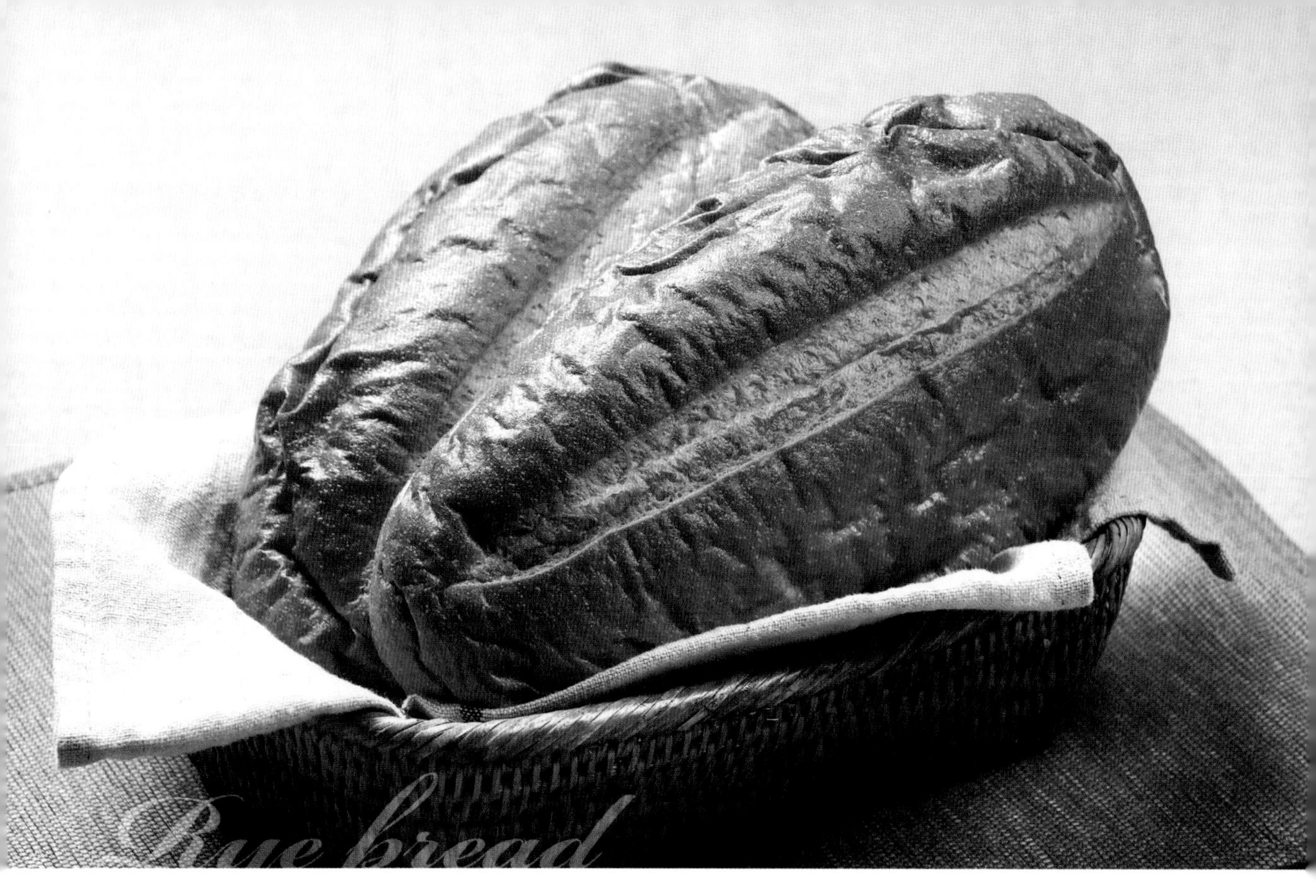

호밀빵

시험시간
4시간

반죽법
스트레이트법
(80%, 25℃)

생산량
타원형 6개

분할량
330g, 6개

요구 사항

※ 호밀빵을 제조하여 제출하시오.

1. 배합표의 각 재료를 계량하여 재료별로 진열하시오(10분).
2. 반죽은 스트레이트법으로 제조하시오.
3. 반죽 온도는 25℃를 표준으로 하시오.
4. 표준분할무게는 330g으로 하시오.
5. 제품의 형태는 타원형(럭비공 모양)으로 제조하고, 칼집 모양을 가운데에 일자(一)로 내시오.
6. 반죽은 전량을 사용하여 성형하시오.

배합표

재료명	비율(%)	무게(g)
강력분	70	770
호밀가루	30	330
이스트	2	22
제빵개량제	1	11
물	60~63	660~693
소금	2	22
황설탕	3	33
쇼트닝	5	55
분유	2	22
당밀	2	22
계	177~180	1,947~1,980

제조 공정

1 **반죽** 쇼트닝과 전 재료를 넣은 후 1단에서 1분 수화시키고, 2단에서 2~3분 믹싱한다. 클린업 단계에서 쇼트닝을 넣고 일반 식빵의 90% 정도 믹싱한다(반죽 온도 25℃).❶

2 **1차 발효** 27℃, 75~80%의 발효실에서 70분간 1차 발효시킨다(부피가 2~3배 될 때까지 함).

3 **둥글리기** 330g씩 분할하여 둥글리기 한다(총 6개).

4 **중간 발효** 반죽이 마르지 않도록 비닐을 덮어 실온에서 10분간 중간 발효시킨다(부피가 2배 정도 되도록 함).

5 **성형** 반죽을 눌러 가스를 뺀 후 일정한 두께의 타원형으로 밀어 럭비공 모양으로 돌돌 말아 놓는다.❷

6 **팬닝** 이음매를 아래로 향하게 하여 평철판에 3개를 간격에 맞춰 팬닝한다.

7 **2차 발효** 온도 32~35℃, 습도 85%에서 30~40분간 2차 발효시킨다(반죽을 흔들었을 때 약간 흔들리는 정도).

8 **칼집 내기** 가운데에 일자(—)로 약간 깊게 칼집 1개를 넣고 스프레이로 물을 뿌린다.❸

9 **굽기** 윗불 200℃, 밑불 180℃에서 15분 정도 굽다가 윗불을 180~190℃로 줄인 후 10~15분 정도 더 구워 약간 진한 갈색이 되도록 한다.

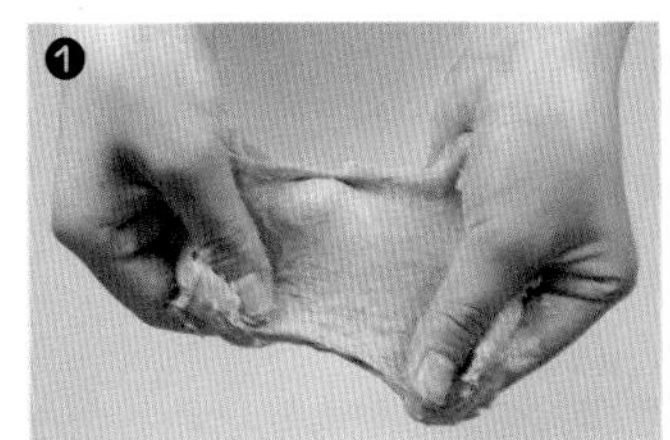

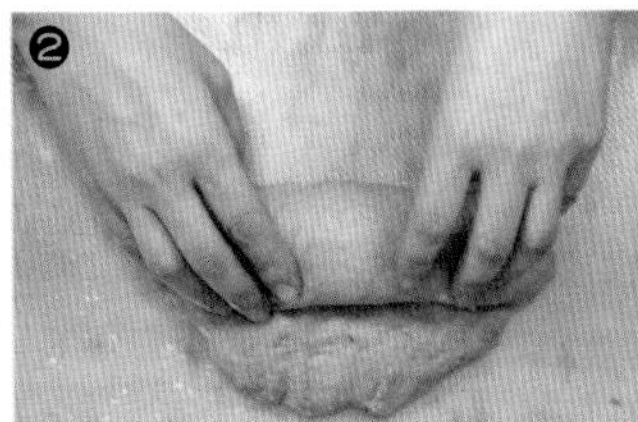

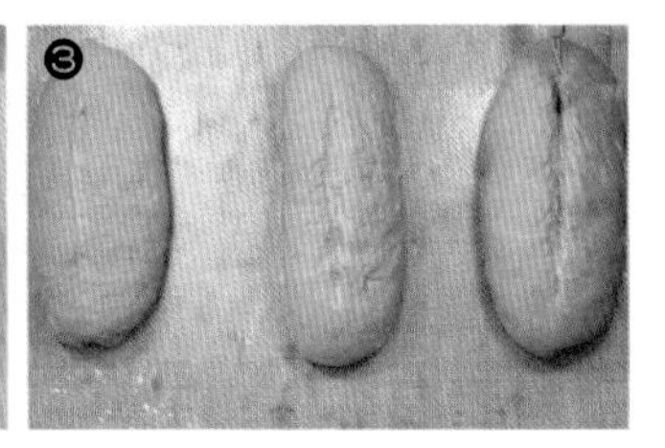

Note

호밀가루를 넣은 경우에는 일반 빵 반죽보다 믹싱을 적게 한다. 믹싱을 과하게 하면 반죽의 탄력성이 적어지고 점성이 커져 질어진다.

버터톱식빵

시험시간
3시간 30분

반죽법
스트레이트법

생산량
원로프형 5개

분할량
460g, 5개

요구 사항

※ 버터톱식빵을 제조하여 제출하시오.

1. 배합표의 각 재료를 계량하여 재료별로 진열하시오(9분).
2. 반죽은 스트레이트법으로 만드시오(단, 유지는 클린업 단계에서 첨가하시오).
3. 반죽 온도는 27℃를 표준으로 하시오.
4. 분할무게를 460g으로 하여 5개를 만드시오(한 덩이 : one loaf).
5. 윗면을 길이로 자르고 버터를 짜 넣는 형태로 만드시오.
6. 반죽은 전량을 사용하여 성형하시오.

배합표

반죽

재료명	비율(%)	무게(g)
강력분	100	1,200
물	40	480
이스트	4	48
제빵개량제	1	12
소금	1.8	21.6(22)
설탕	6	72
버터	20	240
탈지분유	3	36
달걀	20	240
계	195.8	2,349.6 (2,350)

토핑 및 충전물(계량시간에서 제외)

재료명	비율(%)	무게(g)
버터(바르기용)	5	60

제조 공정

1 반죽 버터를 제외한 모든 재료를 믹싱볼에 넣어 믹싱한 후 클린업 단계에서 버터를 투입한다. 최종단계(부드럽고 매끄러우며 신장성이 최대인 단계)에서 반죽을 완료하고, 반죽 온도는 27℃가 되도록 한다.❶ ❷

2 1차 발효 온도 27℃, 습도 75%에서 50~60분간 1차 발효시킨다.

3 분할 5분 내에 460g씩 5개로 나눈다.

4 둥글리기 반죽 표면이 매끄럽도록 둥글리기 한다.

5 중간 발효 표면이 마르지 않도록 비닐을 덮어 실온에서 10~20분간 중간 발효시킨다.

6 성형 중간 발효된 반죽을 밀대로 일정한 두께로 밀어 단단하게 말아 봉합한다.❸

7 팬닝 얇게 기름칠한 식빵 팬에 봉합 부분이 밑으로 향하도록 팬닝한다.

8 2차 발효 온도 35~38℃, 습도 85%에서 40~45분 정도 2차 발효시킨다. 반죽이 팬 높이보다 1cm 아래까지 올라오도록 발효시킨다. 발효 후 윗면 중앙을 길게 일자(一)로 자른 다음, 부드러운 버터를 짤주머니에 담아 자른 부분에 짜준다.❹

9 굽기 윗불 180~200, 밑불 200℃ 전후에서 25~30분 정도 굽는다.

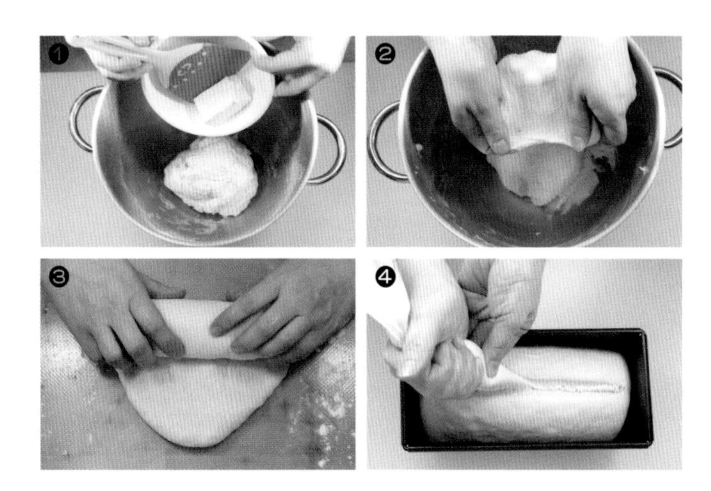

옥수수식빵

시험시간	반죽법	생산량	분할량
4시간	**스트레이트법(90%, 27℃)**	**삼봉형 4개**	**180g, 12개**

요구 사항

※ 옥수수식빵을 제조하여 제출하시오.

1. 배합표의 각 재료를 계량하여 재료별로 진열하시오(10분).
2. 반죽은 스트레이트법으로 제조하시오(단, 유지는 클린업 단계에서 첨가 하시오).
3. 반죽 온도는 27℃를 표준으로 하시오.
4. 표준분할무게는 180g으로 하고, 제시된 팬의 용량을 감안하여 결정하시오(단, 분할무게 × 3을 1개의 식빵으로 한다).
5. 반죽은 전량을 사용하여 성형하시오.

배합표

재료명	비율(%)	무게(g)
강력분	80	1,040
옥수수분말	20	260
물	60	780
이스트	2.5	32.5(33)
제빵개량제	1	13
소금	2	26
설탕	8	104
쇼트닝	7	91
탈지분유	3	39
달걀	5	65
계	188.5	2,450.5 (2,451)

제조 공정

1 반죽 쇼트닝을 제외한 전 재료를 믹싱볼에 넣은 후 1단으로 1분 수화시키고, 2단으로 2분 믹싱한다. 클린업 단계에서 쇼트닝을 첨가하고 믹싱한다(1단으로 2분, 2단으로 7~8분). 요구 사항대로 27℃ 전후가 되도록 한다.❶

2 1차 발효 온도 27℃, 습도 75~80%에서 70~80분간 1차 발효시킨다(부피가 2.5~3배 부푼 상태로, 반죽 상태와 반죽 온도에 따라 발효시간을 조절함).

3 분할 180g씩 12개로 분할한다.

4 둥글리기 작업대 위에 덧가루를 약간 뿌린 후 반죽을 놓고 두 손으로 반죽을 가볍게 감싸쥐면서 작업대에 손날을 대고 원형을 그리며 표면이 매끄럽도록 둥글리기 한다.❷

5 중간 발효 반죽 표면이 건조되지 않도록 조치하며 10~20분 정도 중간 발효시킨다.

6 성형 밀대로 반죽의 두께가 일정하도록 밀어 펴면서 큰 가스를 빼 준다. 세 겹 접기 후 둥글게 말기를 하여 이음매를 잘 봉한다.❸

7 팬닝 기름칠한 팬에 이음매가 바닥 쪽으로 가도록 세 덩이씩 팬닝한다.❹

8 2차 발효 온도 35~40℃, 습도 85%에서 반죽이 팬보다 1cm 정도 더 올라오도록 2차 발효시킨다(45~50분 정도).

9 굽기 윗불 200℃, 밑불 180℃에서 40~45분간 굽는다. 일반 빵보다 분할량이 10% 많으므로 충분히 구워야 주저앉지 않는다.

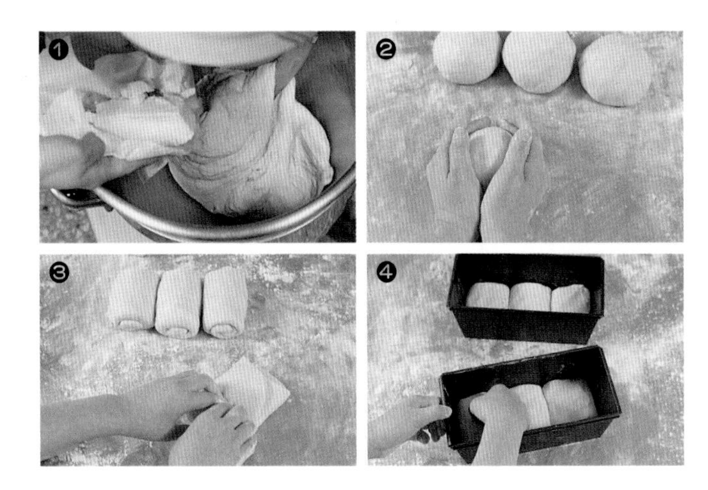

Note

- 옥수수분말의 사용량이 많을수록 글루텐의 함량이 적어지므로 반죽 시간을 짧게 한다.
- 옥수수식빵은 오븐 팽창이 보통 식빵보다 작으므로 10% 더 분할하고, 분할량이 10% 많으므로 충분히 구워 주저앉지 않도록 한다.

데니시 페이스트리

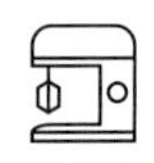

시험시간
4시간 30분

반죽법
스트레이트법 (60~80%, 20℃)

생산량
초승달형, 바람개비형, 달팽이형

요구 사항

※ 데니시 페이스트리를 제조하여 제출하시오.

1. 배합표의 각 재료를 계량하여 재료별로 진열하시오(9분).
2. 반죽을 스트레이트법으로 제조하시오.
3. 반죽 온도는 20℃를 표준으로 하시오.
4. 모양은 초승달형, 바람개비형, 달팽이형 중 감독위원이 선정한 두 가지를 만드시오.
5. 접기와 밀어펴기는 세 겹 접기 3회로 하시오.
6. 반죽은 전량을 사용하여 성형하시오.

배합표

반죽

재료명	비율(%)	무게(g)
강력분	80	720
박력분	20	180
물	45	405
이스트	5	45
소금	2	18
설탕	15	135
마가린	10	90
분유	3	27
달걀	15	135
계	194	1,755

토핑 및 충전물(계량시간에서 제외)

재료명	비율(%)	무게(g)
파이용 마가린	총 반죽의 30%	526.5(527)

제조 공정

1 **반죽** 마가린을 제외한 전 재료를 믹싱볼에 넣고 1단으로 4분 정도 믹싱한다. 마가린을 넣고 저속으로 2분, 고속으로 4분 반죽한다. 믹싱이 지나치면 완제품의 껍질이 벗겨지기 쉽다. 반죽 온도는 요구 사항대로 20℃가 되도록 한다.

2 **휴지** 반죽 두께를 얇게 하여 마르지 않게 비닐로 싼 후 실온에서 5~6분 정도 두었다가 냉장고에 30분간 넣어 휴지시킨다.

3 **유지 넣어 밀어 펴기** 반죽 두께가 고르고 모서리가 직각인 정사각형으로 밀어 편 후 충전용 유지를 올려 싼다.❶

4 **성형** 세 겹 접기를 3회 한다.❷ ❸ 과다한 덧가루는 제품의 향과 결을 나쁘게 하므로 여분의 덧가루는 매번 붓으로 턴다(매번 접기를 한 후 반죽을 냉장고에 넣어 휴지시킨 후 반복함). 최종접기 후 3~5mm 두께로 밀어 펴고 각종 모양대로 재단한다. 같은 모양끼리 간격을 잘 맞추어 철판에 놓고 고르게 달걀물 칠을 한다(초승달형❹ ❺, 바람개비형❻, 달팽이형❼).

5 **2차 발효** 온도 30℃, 습도 75~80%에서 20~40분간 발효시킨다.

6 **굽기** 윗불 210℃, 밑불 180℃에서 8~15분간 굽는다. 굽기 온도가 너무 낮으면 증기압이 생겨 부피가 작고 무거운 제품이 되며, 너무 높으면 껍질이 빨리 형성되어 갈라지고 부피가 작으며 기름기가 많은 제품이 된다.

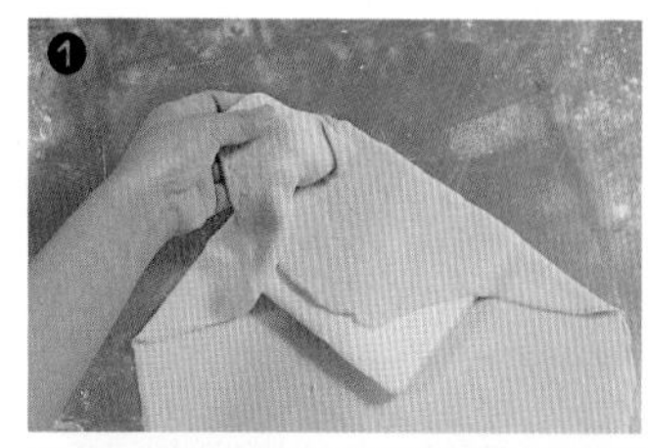
❶

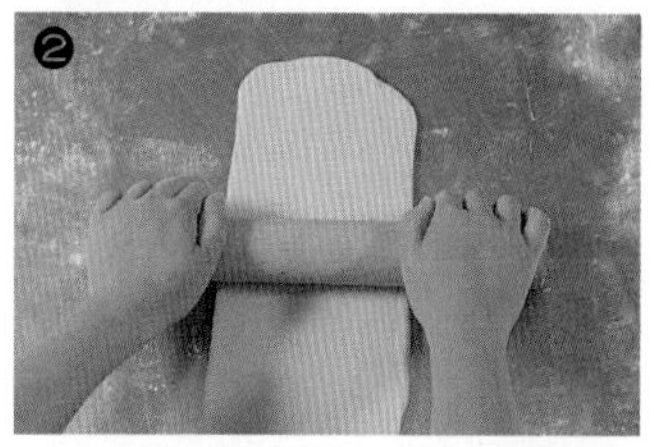
❷

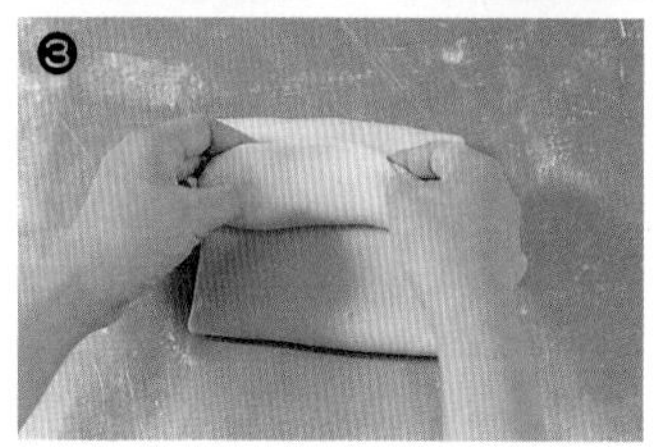
❸

❹ ❺ ❻ ❼

Note

A **초승달형** : 반죽을 두께 2.5~3mm로 고르게 밀어 편 후 높이 20cm, 밑변 10cm의 이등변삼각형으로 자르고 밑변 쪽에서 꼭짓점 방향으로 말아 양끝을 구부려 초승달 모양으로 만든다.

B **바람개비형** : 반죽을 두께 2.5~5mm로 밀어 편 후 10cm의 정사각형으로 자른다. 각 꼭짓점에서 중심 방향으로 2/3 정도 자르고 네 꼭짓점 끝을 중심에 붙여 바람개비 모양으로 만든다.

C **달팽이형** : 1cm의 두께로 반죽을 밀어 편 후 가로 1cm, 세로 30cm의 긴 막대 모양으로 자른다. 양끝을 잡고 비튼 후 한쪽 끝을 중심으로 하여 돌돌 말아 성형한다. 이때 너무 단단히 말기를 하면 구울 때 위로 튀어 올라온다.

모카빵

시험시간
4시간

반죽법
스트레이트법
(100%, 27℃)

생산량
타원형 9~10개

분할량
250g, 9~10개

요구 사항

※ 모카빵을 제조하여 제출하시오.

1. 배합표의 빵반죽 재료를 계량하여 재료별로 진열하시오(11분).
2. 반죽은 스트레이트법으로 제조하시오(단, 유지는 클린업 단계에서 첨가하시오).
3. 반죽 온도는 27℃를 표준으로 하시오.
4. 반죽 1개의 분할무게는 250g, 비스킷은 1개당 100g씩으로 제조하시오.
5. 제품의 형태는 타원형(럭비공 모양)으로 제조하시오.
6. 토핑용 비스킷은 주어진 배합표에 의거하여 직접 제조하시오.
7. 반죽은 전량을 사용하여 성형하시오.

배합표

반죽

재료명	비율(%)	무게(g)
강력분	100	1,100
물	45	495
이스트	5	55
제빵개량제	1	11
소금	2	22
설탕	15	165
버터	12	132
탈지분유	3	33
달걀	10	110
커피	1.5	16.5(17)
건포도	15	165
계	209.5	2,304.5 (2,305)

토핑용 비스킷(계량시간에서 제외)

재료명	비율(%)	무게(g)
박력분	100	500
버터	20	100
설탕	40	200
달걀	24	120
베이킹파우더	1.5	7.5(8)
우유	12	60
소금	0.6	3
계	198.1	990.5 (991)

제조 공정

1 반죽 버터와 건포도를 제외한 전 재료를 믹싱볼에 넣은 후 1단으로 1분 수화시키고, 2단으로 2분 믹싱한다. 클린업 단계에서 버터를 첨가하고 1단으로 2분, 2단으로 9~10분 믹싱한다. 건포도는 믹싱의 최종단계(부드럽고 매끄러우며 신장성이 최대인 단계)에 저속으로 가볍게 섞는다(건포도는 건포도 양의 12%의 물과 버무려 밀봉하여 4시간 둠).

2 1차 발효 온도 27℃, 습도 75~80%에서 50~80분간 1차 발효시킨다.

3 토핑 만들기 버터를 부드럽게 풀어준 후 설탕, 소금을 넣고 믹싱하면서 달걀을 투입하여 크림화한다. 박력분과 베이킹파우더를 넣고 나무주걱으로 저은 뒤 물에 녹인 커피를 섞어준다. 비닐에 싸서 냉장휴지시킨다.

4 분할 250g씩 9~10개로 분할한다.

5 둥글리기 양손으로 반죽을 감싸쥐어 둥글리면서 표면을 매끄럽게 한다.

6 중간 발효 실온에서 10~150분간 중간 발효시킨다.

7 성형 가스를 뺀 후 타원형으로 모양을 만든다.❶ ❷ 토핑용 비스킷 반죽을 100g씩 분할해 밀어 펴고(3~4mm 두께) 반죽 위에 덮어씌운다.❸

8 팬닝 이음매가 밑을 향하도록 하여 간격을 맞추어 철판에 놓는다.❹

9 2차 발효 온도 35~38℃, 습도 85%에서 2차 발효시킨다(25~35분 정도).

10 굽기 윗불 190, 밑불 160℃에서 30분 정도 굽는다.

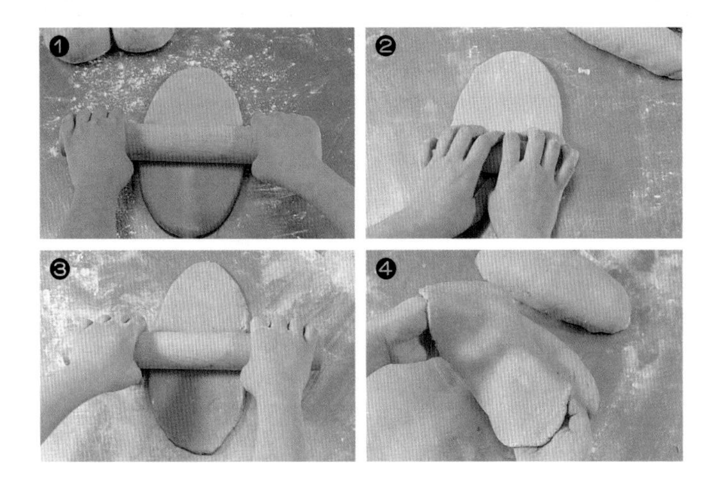

버터 롤

시험시간	반죽법	생산량	분할량
4시간	**스트레이트법** **(80%, 24℃)**	**롤 모양 49개**	**40g, 49개**

요구 사항

※ 버터 롤을 제조하여 제출하시오.

1. 배합표의 각 재료를 계량하여 재료별로 진열하시오(9분).
2. 반죽은 스트레이트법으로 제조하시오(단, 유지는 클린업 단계에 첨가하시오).
3. 반죽 온도는 27℃를 표준으로 하시오.
4. 반죽 1개의 분할무게는 40g으로 제조하시오.
5. 제품의 형태는 번데기 모양으로 제조하시오.
6. 반죽은 전량을 사용하여 성형하시오.

배합표

재료명	비율(%)	무게(g)
강력분	100	1,100
설탕	10	110
소금	2	22
버터	15	165
탈지분유	3	33
달걀	8	88
이스트	4	44
제빵개량제	1	11
물	53	583
계	196	2,156

제조 공정

1 반죽 버터를 제외한 전 재료를 믹싱볼에 넣은 후 1단으로 2분 수화시키고, 2단으로 2분 믹싱한다. 클린업 단계에서 유지를 첨가하고(클린업 단계에서 조금씩 나눠 투입함), 1단으로 2분, 2단으로 7~8분 믹싱한다. 반죽 온도는 요구 사항대로 27℃ 전후가 되도록 한다.❶

2 1차 발효 온도 27℃, 습도 75~80%에서 60~80분간 1차 발효시킨다.

3 분할 40g씩 분할한다.

4 둥글리기 왼쪽 손바닥을 위로 펴고 그 위에 반죽을 올려놓은 뒤 오른손으로 살짝 움켜쥐고 돌려 오른손 손가락이 왼쪽 손바닥을 긁듯이 둥글리기 한다.❷

5 중간 발효 표면이 마르지 않도록 조치하며 실온에서 10~15분간 중간 발효시킨다.

6 성형 손바닥으로 반죽을 비벼서 한쪽 끝을 뾰족하게 만든다.❸ 뾰족한 부분을 아래로 향하게 하여 밀대로 0.2cm 두께로 민 후 윗부분부터 아래로 말아 감는다.❹ ❺

7 팬닝 이음매가 아래를 향하도록 철판에 간격을 맞추어 놓은 후 달걀노른자 물을 윗면에 고르게 바른다.

8 2차 발효 온도 35~38℃, 습도 85%에서 30~40분 정도 2차 발효시킨다.

9 굽기 윗불 190℃, 밑불 160℃에서 12~15분 정도 굽는다.

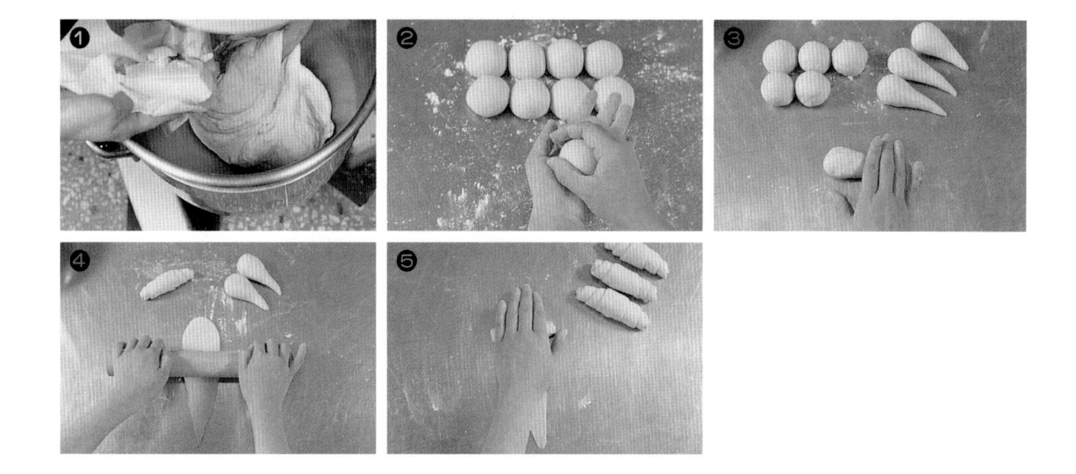

Note

버터 양이 많은 반죽이므로 클린업 단계에서 버터를 2회 나누어 넣으면 반죽시간을 줄일 수 있다.

쌀식빵

시험시간
4시간

반죽법
스트레이트법

생산량
삼봉식빵 4개

분할량
198g, 12개

요구 사항

※ 쌀식빵을 제조하여 제출하시오.

1. 배합표의 각 재료를 계량하여 재료별로 진열하시오(9분).
2. 반죽은 스트레이트법으로 제조하시오(단, 유지는 클린업 단계에서 첨가하시오).
3. 반죽 온도는 27℃를 표준으로 하시오.
4. 분할무게는 198g씩으로 하고, 제시된 팬의 용량을 감안하여 결정하시오(단, 분할무게 × 3을 1개의 식빵으로 한다).
5. 반죽은 전량을 사용하여 성형하시오.

배합표

재료명	비율(%)	무게(g)
강력분	70	910
쌀가루	30	390
물	63	819
이스트	3	39
소금	1.8	23.4(24)
설탕	7	91
쇼트닝	5	65
탈지분유	4	52
제빵개량제	2	26
계	185.8	2,415.4 (2,416)

제조 공정

1 반죽 쇼트닝을 제외한 전 재료를 넣은 후 1단에서 1분 수화시키고, 2단에서 2~3분 믹싱한다. 클린업 단계에서 쇼트닝을 넣고 2단으로 12분 정도 더 믹싱하고, 반죽 온도는 27℃로 만든다(부드럽고 매끄러우며 신장성도 좋은 상태 : 최종단계).❶ ❷

2 1차 발효 온도 27℃, 습도 75~80%의 발효실에서 20분 정도 1차 발효시킨다.

3 분할 반죽무게 198g이 되도록 총 12개로 분할하여 둥글리기 한다.

4 중간 발효 반죽이 마르지 않도록 비닐을 덮어 10분 동안 중간 발효시킨다(부피가 2배 정도가 되도록 함).

5 성형 밀대로 가스를 빼며 일정한 두께로 밀어 세 겹 접기 한 후 좌우대칭이 되도록 둥글게 말아 이음매를 단단히 봉해 삼봉형으로 성형한다.❸

6 팬닝 이음매를 아래로 향하게 하여 식빵팬에 세 덩이씩 넣고 밑면이 평평하고 삼봉형이 잘 나오도록 가볍게 누른다.

7 2차 발효 온도 38~40℃, 습도 85~90%에서 30~40분 정도 2차 발효시킨다.
2차 발효 완성지점은 식빵팬틀의 높이까지가 되도록 한다.❹

8 굽기 윗불 180℃, 밑불 180℃에서 30~40분 정도 굽는다.

Note

쌀식빵은 일반 식빵보다 반죽 치는 시간과 1차 발효시간을 짧게 한다. 또한 쌀식빵은 글루텐 함량이 적으므로 성형할 때 반죽이 찢어지지 않도록 주의한다.

통밀빵

시험시간
4시간

반죽법
스트레이트법

생산량
18개

분할량
100g, 18개

요구 사항

※ 통밀빵을 제조하여 제출하시오.

1. 배합표의 각 재료를 계량하여 재료별로 진열하시오(10분).
   (단, 토핑용 오트밀은 계량 시간에서 제외한다.)
2. 반죽은 스트레이트법으로 제조하시오.
3. 반죽 온도는 25℃를 표준으로 하시오.
4. 표준 분할 무게는 100g으로 하시오.
5. 제품의 형태는 밀대(봉)형(22~23cm)으로 제조하고, 표면에 물을 발라 오트밀을 보기 좋게 적당히 묻히시오.
6. 반죽은 전량을 사용하여 성형하시오.

배합표

반죽

재료명	비율(%)	무게(g)
강력분	80	800
통밀가루	20	200
이스트	2.5	25
제빵개량제	1	10
물	63~65	630~650
소금	1.5	15
설탕	3	30
버터	7	70
탈지분유	3	30
몰트액	1.5	15
계	182.5~184.5	1,825~1,845

토핑 및 충전물(계량시간에서 제외)

재료명	비율(%)	무게(g)
(토핑용)오트밀	–	200g

제조 공정

1 반죽 버터를 제외한 전 재료를 믹싱볼에 넣고 1단으로 1분 수화시키고, 2단으로 2분 믹싱한다. 클린업 단계에서 버터를 첨가하고 2단으로 15분 정도 믹싱하여 최종단계 후기의 반죽을 만든다. 요구 사항대로 반죽온도 25℃ 전후가 되도록 한다.❶

2 1차 발효 온도 30℃, 습도 75~80%에서 60분간 1차 발효시킨다.

3 분할 100g씩 18개로 분할한다.

4 둥글리기 작업대 위에 덧가루를 약간 뿌린 후, 반죽을 놓고 두 손으로 반죽을 가볍게 감싸쥐면서 작업대에 손날을 대고 원형을 그려가며 표면이 매끄럽도록 둥글리기 한다.❷

5 중간 발효 실온에서 중간 발효를 10~15분간 한다. 이때 표피가 건조되지 않도록 조치한다.

6 성형 반죽을 손으로 밀어 밀대(봉)형의 길이 22~23cm로 일정하게(바게트 성형 방법처럼 긴 원통형으로) 밀어둔다.❸ 윗면에 물을 뿌리고 오트밀을 충분히 묻힌다.❹

7 팬닝 팬에 오트밀 묻힌 반죽을 팬닝한다.

8 2차 발효 온도 38℃, 습도 80~95%에서 2차 발효시킨다(30~35분 정도).❺

9 굽기 윗불 200℃, 밑불 180℃에서 25~30분간 굽는다.❻

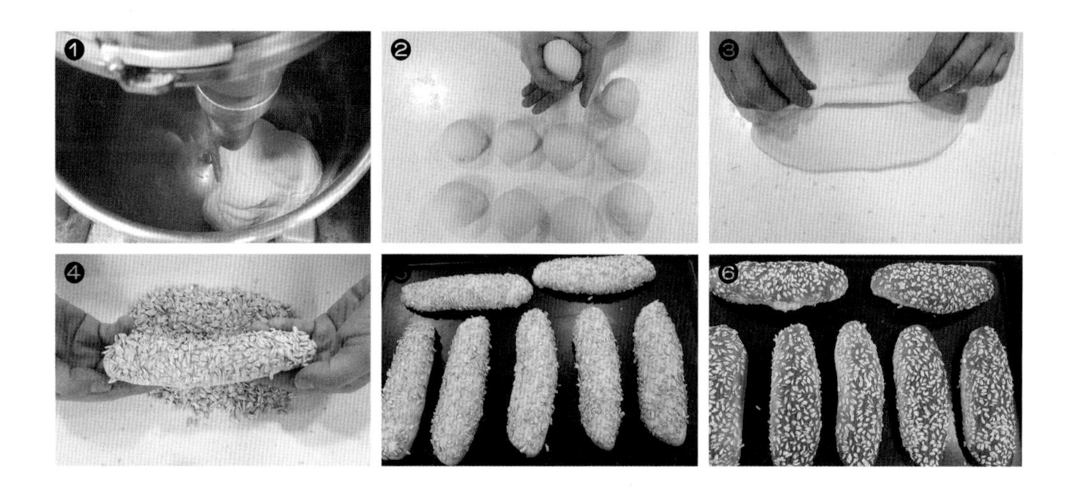

페이스트리 식빵

시험시간 **4시간 30분**

반죽법 **스트레이트법**

생산량 **4개**

분할량 **220g, 12개**

요구 사항

※ 페이스트리식빵을 제조하여 제출하시오.

1. 배합표의 각 재료를 계량하여 재료별로 진열하시오(10분).
2. 반죽은 스트레이트법으로 제조하시오(단, 유지는 클린업 단계에 첨가하시오).
3. 반죽 온도는 20℃를 표준으로 하시오.
4. 접기와 밀기는 3겹 접기, 3회 밀기 하시오.
5. 트위스트형(세가닥 엮기)으로 성형하시오.
6. 반죽은 전량을 사용하여 성형하고, 4개를 제조하여 제출하시오.

배합표

반죽

재료명	비율(%)	무게(g)
강력분	75	825
중력분	25	275
물	44	484
이스트	6	66
소금	2	22
마가린	10	110
달걀	15	165
설탕	15	165
탈지분유	3	33
제빵개량제	1	11
계	196	2,156

토핑 및 충전물(계량시간에서 제외)

재료명	비율(%)	무게(g)
파이용 마가린	총 반죽의 30%	646.8(647)

제조 공정

1 반죽 버터를 제외한 전 재료를 믹싱볼에 넣고 1단으로 1분 수화시키고, 2단으로 2분 믹싱한다. 클린업 단계에서 버터를 첨가하고 2단으로 15분 정도 믹싱하여 최종단계 후기의 반죽을 만든다. 요구 사항대로 반죽온도 20℃ 전후가 되도록 한다.❶

2 반죽 휴지 반죽을 실온에서 30분 정도 휴지시킨다.❷ 이때 표피가 건조되지 않도록 조치한다.

3 충전용 마가린은 반죽에 넣기 좋은 모양으로 준비해 둔다.

4 성형 휴지한 반죽은 충전용 마가린을 쌀 수 있도록 밀대로 밀어준 후 충전용 마가린을 넣고 싼다.❸ 밀대로 밀어 세 겹 접기를 3회 반복한다.❹ 두 번 접기 후 10분 정도 실온에서 비닐 덮어 휴지 후 밀어주면 세 번째 접기가 쉽다. 길이 23~25cm(식빵틀 길이에 맞추어), 너비 42~45cm의 크기로 밀어 3.5cm 너비로 일정하게 자른다(12개). 3개씩 조합하여 트위스트형(세 가닥 엮기)으로 성형한 후 식빵틀에 넣는다.❺ ❻

5 발효 온도 38℃, 습도 80~95%에서 발효시킨다(30~35분 정도).❼

6 굽기 윗불 200℃, 밑불 180℃에서 35~40분간 굽는다.❽

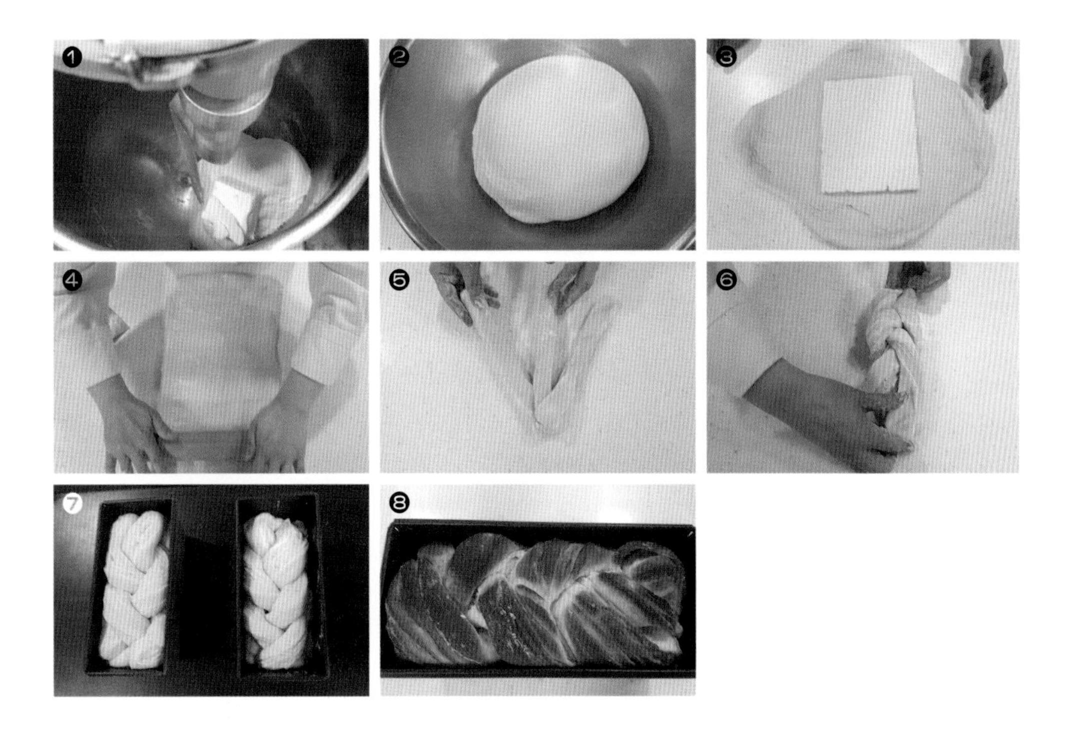

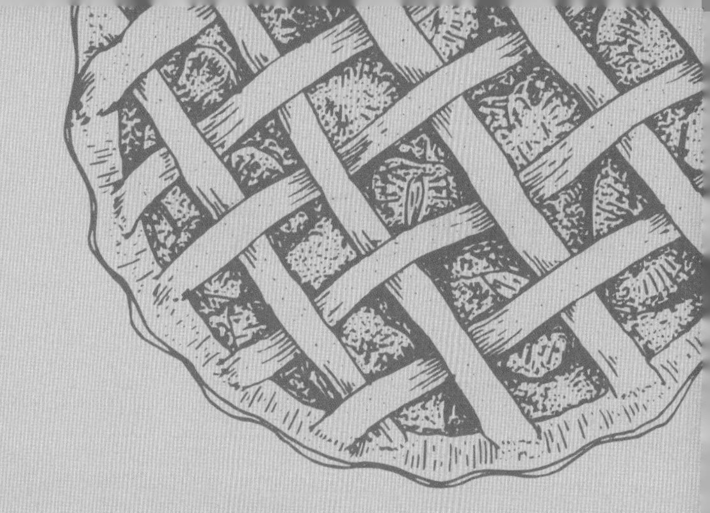

CHAPTER 3

유럽풍 베이커리 제품

쿠키류

다이아몬드 쿠키 | 더블초코칩 쿠키 | 로셸코코 | 머랭 쿠키 | 시가레트 쿠키
아몬드 타일 쿠키 | 초콜릿 아몬드 바통 | 크리스털 쿠키

파이 & 타르트류

갈레트 | 과일 타르트 | 레몬 머랭 타르트 | 시스터 타르트 | 어니언 키쉬
코코넛 파이 | 클라푸티 | 피칸 파이

베이킹쿠키류

머핀 | 부셰 | 스콘 | 커피 브라우니 | 피낭시에 | 퍼프 페이스트리

케이크류

마블 파운드 케이크 | 웜 블랙 초콜릿 케이크 | 치즈 케이크

브레드류

구겔호프 | 보헤미안 | 조프트 | 치즈 롤 | 파네토네 | 쿠헨타이크

기타

플로팅 아일랜드

Diamond Cookie

다이아몬드 쿠키

평철판 **온도** 170℃ **시간** 5~10분

재료 및 분량

재료	분량
중력분	250g
슈거파우더	60g
설탕	55g
아몬드파우더	40g
버터	200g
달걀노른자	2개
소금	2g
달걀흰자	2개 분량
설탕	1C

만드는 법

1 중력분, 슈거파우더, 설탕, 아몬드파우더는 체에 친다.

2 실온에 둔 버터를 부드럽게 한 후, 달걀노른자와 소금을 넣고 잘 섞는다. **1**의 가루를 넣고 가볍게 반죽해 10분간 냉동실에 넣어둔다.

3 반죽이 작업할 수 있는 정도가 되면 직경 2.5~3cm 정도 굵기의 소시지 모양으로 길게 만든 후, 기름종이에 싸서 30분 이상 냉동실에 넣어둔다.

4 **3**의 겉면에 달걀흰자을 묻히고 설탕을 입혀 0.7cm 두께로 썬다.

5 철판에 팬닝할 때 구워진 정도를 알기 위해 초콜릿과 흰 것을 섞어 놓고 170℃로 예열한 오븐에서 5~10분 정도 굽는다.

TIP 초코 쿠키는 밀가루 220g, 코코아 가루 30g을 넣어 만든다.

Double Chocochip Cookie

더블 초코칩 쿠키

평철판 **온도** 175℃ **시간** 12~15분

재료 및 분량

무염버터	60g
흑설탕	90g
물엿	40g
바닐라에센스	1/2t
소금	1/4t
달걀	1개
박력분	80g
중력분	60g
코코아파우더	20g
베이킹파우더	1t
리얼다크초코칩	90g
다진 호두	50g

만드는 법

1 버터는 실온에 두었다가 크림화한다. 흑설탕, 물엿, 바닐라에센스, 소금을 넣고 잘 섞은 후, 달걀을 넣고 혼합한다.

2 박력분, 중력분, 코코아파우더, 베이킹파우더는 체에 쳐 놓는다.

3 **1**에 **2**의 체에 친 가루를 넣고 나무주걱으로 가루가 보이지 않게 잘 섞는다.

4 **3**에 리얼다크초코칩과 다진 호두를 넣고 잘 섞은 후, 아이스크림 스쿱을 이용하여 30g씩 팬닝한다.

5 175℃로 예열한 오븐에 넣고 9분 정도 굽다가 꺼내어 아랫면이 평평한 그릇으로 쿠키의 윗면을 살짝 눌러 납작하게 한 후, 다시 3~5분 정도 더 구워낸다.

Rochellecoco

로셸코코

평철판 온도 180℃ 시간 30분

재료 및 분량

박력분	100g
설탕	375g
코코넛가루	525g
버터	150g
달걀	5~6개

만드는 법

1 박력분은 체에 친 후, 설탕, 코코넛가루와 잘 섞는다.

2 버터는 중탕하여 녹이고 달걀은 풀어 놓는다.

3 **1**에 **2**의 버터와 달걀을 넣어 가루가 보이지 않도록 주걱으로 잘 섞어서 반죽한다.

4 짤주머니에 **3**의 반죽을 넣고 팬에 직경 3cm의 원형으로 짜준다.

5 180℃로 예열한 오븐에서 갈색이 날 때까지 30분 정도 굽는다.

Meringue Cookie

머랭 쿠키

평철판 **온도** 100℃ **시간** 1시간 이상

재료 및 분량

달걀흰자 ······ 4개
설탕 ······ 1C
주석산(cream of tartar) ······ 1t

만드는 법

1 **프렌치 머랭 만들기** 달걀흰자를 거품 내다가 거품이 반 이상 형성되면 주석산과 설탕을 약간씩 넣어가며 계속 거품을 내준다. 거품이 80% 정도 만들어지면 나머지 설탕을 전부 넣고 거품을 내어 윤기 있고 뚜렷한 봉우리가 생길 때까지 휘핑한다.

2 팬에 기름종이를 깔고 조개껍질 모양으로 짜서 100℃(warm)의 오븐에서 1시간 이상 건조시킨다.

TIP 머랭 쿠키는 갈색이 나게 굽는 것이 아니라 처음의 색이 그대로 유지되도록 건조시켜 바삭하게 만드는 쿠키이다.

Cigarette Cookie
시가렛 쿠키

평철판 **온도** 190℃ **시간** 5분

재료 및 분량

버터	50g(3½T)
슈거파우더	75g(1/2C)
달걀흰자	2개
박력분	50g(5T)

만드는 법

1 버터를 부드럽게 한 후, 슈거파우더를 넣어 섞는다.

2 달걀흰자를 중탕하여 체온보다 약간 낮은 온도로 따뜻하게 한 후, **1**에 아주 조금씩 첨가하면서 액상의 반죽을 만든다.

3 박력분은 체에 쳐서 **2**의 반죽에 넣어 가볍게 섞는다.

4 팬에 실리콘패드를 깔고 반죽을 1t 정도의 분량으로 떠놓은 후, 숟가락 뒷면에 물을 묻혀 반죽을 직경 6~7cm 정도의 원형으로 얇게 편다.

5 밑에 팬을 여러 장 겹쳐 바닥이 타지 않도록 하면서 190℃로 예열한 오븐에서 5분 정도 굽는다.

6 둥근 튀김용 젓가락 같은 막대기를 준비한다. 쿠키가 다 구워지면 오븐에서 꺼내자마자 뜨거울 때 막대기에 얼른 돌려 말아 주고 마지막 부분을 꾹 눌러서 붙도록 하여 시가렛 모양으로 만든다.

Almond Tile Cookie

아몬드 타일 쿠키

평철판 　온도 190℃ 　시간 5분

재료 및 분량

- 달걀흰자 ········· 2개(1/4C)
- 슈거파우더 ········· 1/2C
- 박력분 ········· 3T
- 아몬드 ········· 2/3C
  (슬라이스, 껍질 벗긴 것-silvered)
- 녹인 버터 ········· 2T
- 오렌지즙 ········· 1T
- 오렌지 껍질 ········· 1/4개

만드는 법

1. 달걀흰자, 슈거파우더, 박력분을 넣고 잘 섞은 후 아몬드, 녹인 버터, 오렌지즙, 가늘게 채 썬 오렌지 껍질을 넣고 섞어 반죽을 만든다.
2. 1의 반죽을 30분 정도 냉장휴지시킨다. 팬에 실리콘 패드를 깔고 간격을 넓게 두면서 반죽을 1t 정도의 분량으로 떠놓고 포크 뒷부분에 물을 묻혀가며 눌러 편다.
3. 밑에 팬을 여러 장 겹쳐 바닥이 타지 않도록 하면서 190℃로 예열한 오븐에서 5분 정도 굽는다.
4. 다 구워지면 오븐에서 꺼내자마자 뜨거울 때 바케트용 철판이나 밀대에 얹어 동그랗게 구부려 식힌다.

TIP 바닥의 색이 투명하게 보일 정도로 얇고 평평하게 편다.

Chocolate Almond Bâtons

초콜릿 아몬드 바통

평철판 **온도** 180℃ **시간** 10분

재료 및 분량

달걀흰자	8개
설탕	100g
주석산	1t
아몬드파우더	350g
헤이즐넛파우더	150g
박력분	1½C
슈거파우더	400g
바닐라에센스	2t
아몬드 플레이크 or 헤이즐넛 플레이크	

만드는 법

1 프렌치 머랭을 만든다.

2 아몬드파우더, 헤이즐넛파우더, 박력분, 슈거파우더를 섞고 체에 친다.

3 **2**에 **1**을 2~3회 나누어 넣으면서 아주 가볍게 저어 섞는다. 가루가 없어지면 반죽에 바닐라에센스를 넣고 가볍게 섞는다.

4 팬에 제과용 종이를 크기에 맞게 잘라 깐다. 직경 1cm의 원형 팁을 낀 짤주머니에 **3**의 반죽을 넣고 5cm 정도 길이로 짠다. 묽은 반죽이므로 옆으로 퍼져서 2.5cm 정도의 너비가 된다(길쭉한 타원형 모양).

5 짜놓은 **4**의 반죽 위에 헤이즐넛이나 아몬드 플레이크를 많이 뿌린 후, 종이 윗부분을 들고 조심스럽게 플레이크를 작업 테이블 위로 털어 낸다. 플레이크가 짜놓은 반죽에 묻고 나머지는 털어져 나오도록 한다.

6 180℃로 예열한 오븐에서 10분 정도 구운 후, 쿠키가 붙어 있는 종이 뒷면에 분무기로 물을 뿌려 잠시 두었다가 쿠키에서 종이를 떼어낸다.

7 중탕하여 녹인 초콜릿을 쿠키 가운데에 발라 두 개를 붙여주고 잠깐 냉동한 후 꺼낸다.

TIP 프렌치 머랭–p.313 머랭 쿠키 참조

Crystal cookie

크리스털 쿠키

평철판 **온도** 170℃ **시간** 12분

재료 및 분량

버터	150g
박력분	300g
베이킹파우더	1t
슈거파우더	100g
달걀	1개
바닐라에센스	1t
소금	3g
우유(농도 조절용)	

크리스털 재료

설탕	500g
물	100g
물엿	50g
색소	약간

만드는 법

1. 버터는 실온에 보관한 후 부드럽게 한다. 박력분과 베이킹파우더는 섞어서 체에 치고, 버터를 넣어 잘 섞는다.
2. **1**에 슈거파우더와 달걀, 바닐라에센스, 소금을 넣고 잘 섞어 반죽을 만든다. 반죽이 되직하면 우유를 넣어 반죽의 질감을 조절한다. 반죽은 냉장고에서 3시간 정도 휴지시킨다.
3. 반죽을 5mm 두께로 밀어 모양틀로 찍고 모양의 가운데에 크리스털을 부어 모양을 내기 위한 원형 구멍을 만든다.
4. **3**의 모양낸 반죽에 붓으로 달걀흰자를 칠한 후 170℃로 예열한 오븐에서 12분 정도 굽는다.
5. **크리스털 만들기** 냄비에 설탕, 물, 물엿을 넣고 끓인다. 끓인 시럽을 찬물에 한 방울 떨어뜨려 보았을때 시럽이 퍼지지 않을 때까지 끓여 농도를 맞춘다. 크리스털에 여러 가지 색소를 넣어 색을 낸다.
6. 작업대에 식용유를 얇게 바르고 쿠키를 얹은 후, **5**의 크리스털을 쿠키의 가운데 구멍에 부어 굳힌다.

TIP 크리스털을 만들 때 많이 저으면 색이 탁해지므로 가볍게 섞고 크리스털이 굳기 전에 쿠키에 부어야 한다.

Gallette Parisienne

갈레트

평철판 **온도** 160~170℃ **시간** 20~25분

재료 및 분량

A 푀이테 반죽

재료	분량
중력분	500g
버터	50g
소금	10g
달걀	1개
오렌지주스	25㎖
우유	50~100㎖
롤인용 버터	250g

B 아몬드 크림

재료	분량
버터	125g
T.P.T	250g
박력분	30g
달걀	3개
술(rum)	2T

만드는 법

A 푀이테 반죽(3겹 접기 × 4회, 4겹 접기 × 1회) 만들기

1 중력분과 버터를 부슬부슬한 가루(crumble)가 되도록 섞은 후 소금, 달걀, 오렌지주스, 우유 혼합한 것을 넣고 반죽하여 둥글게 뭉친다. 반죽에 열십자(+) 표시를 하여 비닐에 넣고 30분간 냉장휴지한다.

2 **1**의 반죽이 버터와 비슷하게 굳어지면 2cm 두께의 직사각형 형태로 밀어 편다. 반죽 가운데에 롤인용 버터를 놓고 반죽을 접어 버터를 덮은 후 정사각형으로 만든다(1회 접기).

3 **2**의 정사각형 반죽 너비는 그대로 유지시키고 길이를 세 배로 길게 민 후, 세 겹으로 접어 다시 정사각형을 만들고(2회 접기) 냉동휴지한다.

TIP T.P.T(Tant Pour Tant, 탕푸르탕)는 아몬드파우더와 분당을 1 : 1의 비율로 섞은 것을 말한다.

4 반죽의 접힌 면이 위아래로 오게 하고 좌우로 세 배의 길이가 되도록 민다. 다시 세 겹 접기 했다가 밀기를 2회 반복하여(3, 4회 접기) 잠시 냉동휴지한다.

5 마지막으로 **4**의 반죽을 밀어서 네 겹으로 접은 후, 다시 밀어 펴서 모양을 낸다.

B 아몬드 크림 만들기

버터를 부드럽게 하고, T.P.T와 박력분을 넣고 가볍게 섞은 후, 달걀을 하나씩 나누어 넣어가며 섞다가 마지막으로 럼을 넣고 섞는다.

TIP 아몬드 크림에 커스터드 크림을 30% 정도 혼합하여 사용하면 더 부드럽다.

■ 완성품 만들기

1 퓌이테 반죽(A)을 3mm 두께로 밀어 편 후 원하는 크기보다 5~6cm 더 큰 원형으로 두 장을 자른다. 그중 한 장을 팬 위에 놓고 가장자리에 달걀노른자를 바른다.

2 팬 위의 반죽 가장자리를 6cm 정도 남기고 작은 원형을 그린다. 작은 원형에 맞게 아몬드 크림(B)을 듬뿍 넣어 모자처럼 만든다.

3 전체를 다른 큰 원형의 반죽으로 덮어 6cm 정도 되는 달걀노른자 바른 가장자리 부분을 눌러 붙인다. 특히, 아몬드 크림이 들어 있는 부분의 경계선은 손가락으로 꾹꾹 눌러 경계를 분명하게 해준다.

4 **1**에서 남은 반죽을 초승달 모양으로 잘라 **3**의 가운데 부분에 해바라기꽃 모양으로 붙인다.

5 30분간 두었다가 **4**의 윗면에 노른자를 두 번 바르고 무늬를 낸 후, 160~170℃로 예열한 오븐에서 20~25분 정도 굽는다.

Assorted Fruit Tart

과일 타르트

여러 형태의 소형 타르트 팬 | **온도** 200℃ | **시간** 10분

재료 및 분량

Ⓐ 쇼트 페이스트리

버터	60g
슈거파우더	75g
달걀노른자 1개 + 물 30g → ⓐ	
소금	약간
바닐라에센스	1t(optional)
중력분	125g

Ⓑ 페이스트리 크림

우유	1/2C
바닐라빈	1/2개
설탕	40g + 20g
달걀노른자	1개
박력분	20g
옥수수전분	20g
우유	2T
버터	60g

Ⓒ 아몬드 크림

버터	4T(65g)
설탕	65g
달걀	1개
아몬드파우더	65g
옥수수전분	5g
술(rum)	
바닐라에센스	

장식

나빠쥬(nappage, fruit glaze, apricot syrup)

슈거파우더

Ⓐ 쇼트 페이스트리 만들기

1 버터는 실온에 두어 부드럽게 한 후 슈거파우더를 넣고 잘 섞는다.

2 달걀노른자와 물을 섞어 ⓐ를 만들고 소금을 넣어 잘 섞는다. **1**에 조금씩 넣어가며 섞은 후 바닐라에센스를 첨가한다.

3 **2**에 중력분을 넣고 섞은 후, 반죽을 작업대에 놓고 손바닥으로 으깨어 매끄럽게 되도록 한다(fraiser). 랩으로 싸서 1시간 이상 냉장휴지시킨다.

B 페이스트리 크림 만들기

1 냄비에 우유, 바닐라빈, 설탕 40g을 넣고 끓인다.

2 다른 냄비에 달걀노른자, 박력분, 전분, 설탕 20g, 우유 2T을 넣고 끓인다.

3 **2**에 **1**을 넣어 빠르게 저으면서 섞은 후, 체에 한 번 내리고 불 위에서 눌러 붙지 않도록 저으면서 걸쭉해질 때까지 가열한다.

4 적당한 농도가 되면 불을 끄고 버터를 넣어 섞는다.

5 넓고 평평한 팬에 **4**의 크림을 넣고, 랩을 크림에 밀착시켜 덮은 후 냉장휴지시킨다.

C 아몬드 크림 만들기

1 버터를 부드럽게 한 후, 설탕과 섞어 휘핑하여 크림색이 되면 달걀을 하나씩 넣어 잘 섞는다.

2 **1**에 아몬드파우더와 옥수수전분을 넣고 가볍게 섞은 후, 럼과 바닐라에센스를 넣어 완성한다.

완성품 만들기

1 작업대에 밀가루를 뿌린 후, 쇼트 페이스트리(A)를 놓고 붙지 않도록 중간중간 밀가루를 뿌려가며 반죽을 부드럽게 한다.

2 **1**의 반죽을 2~3cm 정도의 일정한 두께가 되도록 밀대로 얇게 밀고 롤러나 포크로 구멍을 내어 열기가 나갈 수 있도록 한다.

3 높이 1.5cm, 직경 7cm의 소형 타르트 팬에 버터를 바르고 작업대 위에 타르트 팬을 나란히 놓은 후, **2**의 반죽을 위에 얹고 팬보다 크게 자른다. 각 팬마다 반죽이 안으로 들어가도록 하여 손가락으로 팬의 가장자리까지 반죽이 붙도록 눌러준다.

4 밀대를 이용하여 작은 타르트 팬의 가장자리 반죽을 잘라준 후 10분 정도 냉동휴지시킨다.

5 **4**에 아몬드 크림(C)을 짜서 1/3 정도 채워 넣고 200℃로 예열한 오븐에서 10분 정도 구워준다.

6 **5**가 식으면 페이스트리 크림(B)을 위에 짜고 윗면을 평평하게 한 후, 과일로 장식한다.

7 과일로 장식한 부분에 나빠쥬를 발라 윤기 나게 하고 슈거파우더를 체로 쳐서 위에 뿌려 장식한다.

Lemon Meringue Tart

레몬 머랭 타르트

직경 10cm의 원형 타르트 팬 3개 | 온도 150℃ | 시간 20분

재료 및 분량

A 쇼트 페이스트리

버터	60g
슈거파우더	75g
달걀노른자 1개 + 물 30g → ⓐ	
소금	약간
바닐라에센스	1t(optional)
중력분	125g

B 레몬 충전물

레몬주스	5T
레몬 껍질 갈은 것	2T
버터	80g(5½T)
달걀	3개
달걀노른자	2개
설탕	180g

C 이탈리안 머랭

설탕	240g(1C)
물	
달걀흰자	4개

장식

레몬 1/2개, 슈거파우더

만드는 법

A 쇼트 페이스트리 만들기

1 버터는 실온에 두어 부드럽게 한 후 슈거파우더를 넣고 잘 섞는다.

2 달걀노른자와 물을 섞어 ⓐ를 만들고, 소금을 넣어 잘 섞는다. **1**에 조금씩 넣어가며 섞은 후 바닐라에센스를 첨가한다.

3 **2**에 중력분을 넣고 섞은 후, 반죽을 작업대에 놓고 손바닥으로 으깨어 매끄럽게 되도록 한다(fraiser). 랩으로 싸서 1시간 이상 냉장휴지시킨다.

4 작업대에 밀가루를 뿌린 후, **3**의 반죽을 놓고 붙지 않도록 중간중간 밀가루를 뿌려가며 반죽을 부드럽게 한다.
5 **4**의 반죽을 3~4mm 정도의 일정한 두께가 되도록 밀대로 밀고 롤러나 포크로 구멍을 내어 열기가 나갈 수 있도록 한다.
6 1.5cm 높이의 타르트 팬에 버터를 바르고 **5**의 반죽을 팬에 잘 맞도록 넣은 후 윗부분을 밀대로 밀어 남은 부분을 잘라낸다.
7 팬의 가장자리로 반죽을 밀어내어 위로 반죽이 약간 올라오게 하고 모양내는 집게나 손으로 가장자리에 모양을 낸 후 다시 10분 정도 냉장휴지시킨다.
8 **7**의 쉘을 구울 때 특정 부분이 부풀어 오르는 것을 방지하기 위하여 위에 특수 랩이나 왁스페이퍼를 깔고 무거운 알루미늄 소재의 구슬(beeds)을 채워 넣은 후 굽는다.
9 180℃로 예열한 오븐에서 20분 정도 구운 후 구슬을 꺼내고, 식으면 틀에서 쉘을 꺼낸다. 소형 칼로 쉘의 가장자리를 깔끔하게 다듬는다.

B 레몬 충전물 만들기

1 레몬주스와 레몬 껍질 갈은 것(lemon zest)을 잘 섞은 후, 가열하여 뜨거워지면 불을 끈다. 버터 분량의 1/3 정도를 넣고 약간 더 가열하여 버터를 녹인다.
2 달걀, 달걀노른자, 설탕을 잘 섞어서 **1**에 넣은 후, 계속 저으면서 걸쭉하게 되도록 6~10분 정도 끓인다.
3 큰 볼에 나머지 버터를 잘게 잘라놓고 **2**를 부어 버터가 녹아 부드럽게 되도록 잘 젓는다.
4 얼음 속에 **3**의 볼을 담가 빠르게 식힌다.

C 이탈리안 머랭 만들기

1 냄비에 설탕을 넣고 물이 설탕 위로 0.5cm 정도 올라오도록 부어 121℃까지 끓인다.
2 달걀흰자를 먼저 거품내기 시작한 후, 여기에 **1**의 시럽이 조금씩 그릇을 타고 들어가도록 부어가며 계속 믹싱하여 100% 머랭을 만든다.

■ 완성품 만들기

1 A에 B의 충전물을 3/4 정도만 채운 다음 이탈리안 머랭을 위에 얹어 150℃로 예열한 오븐에서 머랭의 색이 부분부분 갈색이 될 때까지 20분 정도 구워낸다.
2 **1**에 얇게 슬라이스한 레몬과 슈거파우더로 장식한다.

Tatin Sister's Tart

시스터 타르트

지름 24cm의 오븐용 프라이팬 　 **온도** 200℃

재료 및 분량

A 페이스트리

4회 접기, 반죽 650g

재료	분량
중력분	1¾C(250g)
버터(반죽용)	3½T(50g)
소금	1t(6g)
찬물	1/2C
롤인용 버터	200g

B 사과 충전물(apple filling)

재료	분량
설탕	1¼C(250g)
버터	3½T(50g)
사과	800g
설탕	2T
버터	30g
바닐라에센스	
계핏가루	

만드는 법

A 페이스트리 만들기

1 중력분과 버터(50g)를 부슬부슬한 가루(crumble)가 되도록 섞은 후 소금을 녹인 찬물을 넣고 반죽하여 둥글게 뭉친다. 반죽에 열십자(十) 표시를 하여 비닐에 넣고 30분간 냉장 휴지시킨다.

2 1의 반죽이 버터와 비슷하게 굳어지면 2cm 두께의 직사각형 형태로 밀어 편다. 반죽 가운데에 롤인용 버터를 놓고 반죽을 접어 버터를 덮은 후 정사각형으로 만들어 준다(1회 접기).

3 가로 40cm, 두께 3~5mm 정도로 밀어 편 후, 3등분으로 접어 다시 냉장 휴지시킨다 (2회 접기).

4 **3**과 같이 밀어 펴고 접기를 반복하여 4회 접기를 한 후, 냉장 휴지시킨다.

TIP 손가락으로 눌러 자국을 내서 접기 횟수를 표시한다.

B 사과 충전물 만들기

1 오븐에 넣을 수 있는 프라이팬에 설탕만 넣고 가열하여 갈색의 캐러멜을 만든다. 갈색이 되기 시작하면 버터를 넣고 기호에 따라 바닐라에센스와 계핏가루를 마지막에 넣는다.

2 사과는 4등분하여 씨를 빼고 껍질을 벗긴다. 사과의 둥근 부분이 **1**의 팬 바닥으로 향하게 하여 사과가 꽉 채워지게 팬 윗부분까지 수북이 담아 가스레인지에서 가열한다.

3 캐러멜 냄새가 나면서 지글지글 끓으면 사과 윗부분에 설탕을 뿌리고 버터를 잘게 잘라 듬성듬성 얹은 후, 200℃로 예열한 오븐에 넣어 구워낸다. 어느 정도 갈색이 나고 사과가 익으면 오븐에서 꺼낸 후, 도마나 쟁반을 이용하여 윗면을 평평하게 눌러준다.

C 완성품 만들기

1 4회 접기 한 페이스트리(A)는 4mm 두께로 밀어 펴서 사과 충전물을 만들어 놓은 팬(B) 위가 덮일 수 있도록 원형으로 잘라 덮은 후, 윗면을 손으로 꾹꾹 눌러서 다시 오븐에 넣어 굽는다.

2 윗면이 갈색이 되면 오븐에서 꺼내어 왁스페이퍼로 덮고 철판(racker)으로 눌러준 후, 가능하면 팬을 얼음 위에서 빠른 속도로 식힌다.

3 차갑게 식은 팬을 불 위에서 잠깐 가열하여 캐러멜을 녹이고 팬을 흔들어보아 타르트가 흔들리면 큰 접시에 뒤집어 서빙한다.

TIP 바닐라 아이스크림(vanilla ice cream)과 함께 먹으면 더욱 맛있게 즐길 수 있다.

Onion Quiche

어니언 키쉬

지름 24cm의 원형 파이 팬 | 온도 170℃ | 시간 40분

재료 및 분량

파이쉘 반죽

재료	분량
중력분	200g
소금	약간
버터	100g
얼음물	4T

파이 속재료

재료	분량
양파	4개(300g 정도)
버터	1½T
소금	1t
후춧가루	약간
슬라이스치즈	100g(5장)
베이컨	100g
달걀	2개
휘핑크림(무당)	180g

만드는 법

1 중력분은 체에 친 후, 소금과 버터를 넣고 포크로 가루가 되도록 자르듯이 섞는다. 얼음물을 조금씩 넣어가며 살살 손으로 반죽한다.

2 **1**의 반죽을 3mm 두께로 밀어 팬에 공기가 들어가는 부분이 없게 잘 밀착시켜 반죽을 놓은 다음, 옆 가장자리는 모양을 만들고 나머지 부분은 포크로 찍어 구멍을 내준다.

3 양파는 잘게 다진 후 버터, 소금, 후춧가루를 넣고 물기가 없어질 때까지 볶는다.

4 슬라이스치즈는 서로 붙지 않게 물기를 묻혀 다진다.

5 베이컨을 잘게 썰고 물에 데쳐 기름과 냄새를 제거한다.

6 **3**, **4**, **5**의 재료와 달걀, 휘핑크림을 섞어 만들어 놓은 **2**의 파이쉘에 넣은 후, 170℃로 예열한 오븐에서 30~40분 정도 구워낸다. 키쉬가 완전히 식은 후 자르고, 다시 뜨겁게 전자레인지에 데워서 서빙한다.

Coconut Pie

코코넛 파이

지름 24cm의 원형 파이 팬 **온도** 150~160℃ **시간** 50분

재료 및 분량

파이쉘 반죽

중력분	200g
소금	약간
버터	100g
얼음물	4T

파이 속재료

달걀	3개
설탕	180g
우유	3/4C
버터	100g
코코넛파우더	100g

만드는 법

1 파이쉘 반죽을 만든다.

2 달걀을 잘 풀은 다음 설탕을 넣고 저어준다.

3 **2**에 우유와 녹인 버터를 넣고 섞는다.

4 **3**에 코코넛파우더를 마지막으로 넣어 혼합한다.

5 미리 만들어 놓은 파이쉘 반죽에 **4**를 넣어 150~160℃로 예열한 오븐에서 50분 정도 굽는다.

TIP 파이쉘 반죽 – p.326 어니언 키쉬 참조

Clafoutis

클라푸티

지름 24cm의 원형 타르트 팬 **온도** 170℃ **시간** 50분

재료 및 분량

중력분 (측량 후 체에 칠 것)	90g
소금	약간
달걀	3개
설탕	60g
우유	250㎖
생크림	2T
바닐라에센스	1t
녹인 버터	80g
블랙체리	500g
코냑	1/2C

만드는 법

1 중력분을 체에 친 후 소금을 넣고 섞는다.

2 달걀은 잘 풀어준 후 설탕을 넣고 휘스크(whisk)를 이용하여 잠시 젓는다.

3 **2**에 **1**을 넣고 섞은 후, 우유를 조금씩 넣으면서 저어 부드러운 반죽을 만든다.

4 **3**에 생크림과 바닐라에센스를 넣고 섞는다.

5 녹인 버터에 **4**를 조금씩 넣고 잘 섞은 후 실온에서 1시간 휴지시킨다.

6 블랙체리는 코냑을 살살 뿌려 재워둔다.

7 24cm의 원형 타르트 팬에 버터를 칠하고 밀가루를 뿌린 후, 왁스페이퍼를 팬 바닥 모양에 맞게 잘라 깐다.

8 **7**의 팬에 **6**의 체리를 넣고 바닥에 고르게 놓는다.

9 **8**에 **5**의 반죽을 부어 170℃로 예열한 오븐에서 25~30분 정도 구워낸 후, 가장자리 부분이 올라오면 손으로 눌러 정리하고 5분 정도 더 구워 식혀서 냉장보관한다.

TIP 블랙체리 대신 우리나라의 기호에 맞게 말린 자두(prune), 설탕물에 졸인 대추, 곶감, 밤, 삶은 고구마 등을 넣을 수 있다.

Pecan Pie

피칸 파이

지름 24cm의 원형 파이 팬 | 온도 170℃ | 시간 45분

재료 및 분량

파이쉘 반죽

중력분	1½C
소금	약간
버터	75g(5T)
달걀노른자	1개
우유	50㎖(3T)

파이 속재료(filling)

달걀 5개 + 달걀흰자 1개

설탕	1/2C
물엿	150g(1/2C)
물	40㎖
계핏가루	1t
바닐라에센스	1t
피칸 또는 호두	100g

만드는 법

1 중력분을 체에 친 후 소금을 넣고 섞는다.

2 1에 버터를 넣고 포크나 으깨는 기구를 이용하여 부슬부슬한 가루(crumble)로 만든다.

3 2에 달걀노른자와 우유를 넣고 살살 손으로 반죽한다.

4 완성한 반죽은 3mm 두께로 밀어 팬에 공기가 들어가는 부분이 없게 잘 밀착시켜 놓은 후, 옆 가장자리는 모양을 만들고 나머지 부분은 포크로 찍어 구멍을 내준다.

5 피칸을 제외한 나머지 속재료를 모두 섞은 후, 피칸을 나중에 넣고 다시 섞는다.

6 완성한 속재료를 4의 파이쉘 반죽에 넣고 170℃로 예열한 오븐에서 45분 정도 굽는다.

TIP 피칸이나 호두를 다져서 넣어도 좋다.

Muffin

머핀_Apple, Orange, Carrot Muffin

머핀틀 또는 **머핀용 은박컵** **온도** 180~190℃ **시간** 20~25분

Apple Muffin

Orange Muffin

Carrot Muffin

재료 및 분량

A 사과 머핀(Apple Muffin)

박력분 2C, 베이킹파우더 3t, 버터 8T, 사과(diced) 2C, 달걀 2개, 우유 1/2C, 계핏가루 2t, 호두(다진 것) 4T, 설탕 1/2C, 소금 1/2t, 건포도 1T

토핑 크럼블(crumble) 2/3C, 레몬필 2T, 설탕 2T

B 오렌지 머핀(Orange muffin)

식용유 1/2C, 설탕 2/3C, 소금 1/2t, 달걀 3개, 박력분 2C, 베이킹파우더 1/2t, 베이킹소다 1/2t, 오렌지 1개, 설탕 2T, 술(쾡트로-오렌지향의 술), 우유 1/2C, 건포도 3T

C 당근 머핀(Carrot muffin)

박력분 480g, 베이킹파우더 1t, 베이킹소다 1t, 계핏가루 2t, 식용유 240g, 흑설탕 240g, 소금 1/2t, 달걀 3개, 당근(갈은 것) 480g, 우유 1/2~1C, 건포도 60g, 호두(갈은 것) 60g

만드는 법

A 사과 머핀 만들기

1 박력분과 베이킹파우더는 섞어서 체에 친 후, 버터를 넣고 포크를 이용하여 덩어리가 없게 잘게 부숴가며 가루(crumble)를 만든다. 토핑용 크럼블 2/3컵을 따로 담아둔다.
2 사과, 달걀, 우유, 계핏가루, 호두, 설탕, 소금, 건포도를 모두 섞은 후, **1**에 넣고 반죽한다.
3 머핀틀에 머핀용 종이를 깔고 **2**의 반죽을 2/3 정도 채운 후 토핑용 재료 섞은 것을 위에 뿌린다. 180~190℃로 예열한 오븐에서 20~25분 정도 굽는다.

B 오렌지 머핀 만들기

1 식용유에 설탕, 소금을 넣고 섞은 후, 달걀을 한 개씩 넣고 잘 섞는다.
2 박력분, 베이킹파우더, 베이킹소다를 함께 섞어 체에 친다.
3 오렌지는 반으로 잘라 즙을 짠 후, 껍질은 흰 부분을 제거하여 오렌지색 부분만 잘게 다진다. 오렌지 과즙에 술과 설탕을 넣어 조린다.
4 **1**에 **2**를 넣어 가볍게 섞고 **3**의 오렌지 제스트와 과즙 조린 것을 혼합한 후, 반죽의 농도를 보면서 우유를 넣어 반죽이 약간 흐르는 정도로 만든다. 반죽에 건포도를 넣고 섞는다.
5 머핀틀에 컵을 깔고 반죽을 2/3 정도 담은 후, 180℃로 예열한 오븐에서 25분 정도 굽는다.

C 당근 머핀 만들기

1 박력분, 베이킹파우더, 베이킹소다, 계핏가루를 섞어 체에 친다.
2 식용유에 흑설탕과 소금을 넣고 잘 섞은 후, 달걀을 한 개씩 넣어가며 저어 반죽을 만든다. 반죽에 당근 갈은 것을 넣고 잘 섞는다.
3 **2**에 **1**을 넣어 가볍게 섞고 우유로 반죽 농도를 맞춘 후, 건포도와 호두를 넣고 섞는다.
4 머핀틀에 머핀용 종이를 깔고 **3**의 반죽을 2/3 정도 채운 후 180~190℃로 예열한 오븐에서 20~25분 정도 굽는다.

Bouchee

부셰

평철판 | 온도 170℃ | 시간 10분

재료 및 분량(30개)

반죽

달걀	8개
설탕(a)	100g
설탕(b)	180g
박력분	225g
슈거파우더	

크림

생크림	250g
설탕	1T
물엿	1T
레몬즙	1t
술(트리플 섹)	1½T

만드는 법

1 달걀은 흰자와 노른자를 분리하여 노른자에 설탕(a)을 넣고 크림색이 날 때까지 휘핑한다.

2 흰자는 설탕(b)을 넣으며 프렌치 머랭을 만든다.

3 **1**에 **2**의 머랭을 반 정도 넣고 나무주걱으로 섞은 후, 체에 친 박력분을 넣어 가볍게 섞는다.

4 **3**에 나머지 머랭 반을 넣고 거품이 꺼지지 않도록 주걱으로 퍼 올리면서 골고루 섞는다.

5 팬에 실리콘패드를 깔고 **4**의 반죽을 짤주머니에 넣어 6cm 직경의 원형으로 짜 올린 후, 슈거파우더를 윗면이 완전히 덮이도록 뿌린다.

6 210℃로 예열한 오븐에서 5분 정도 구워 색이 나면 170℃로 온도를 내려 10분 정도 더 굽는다.

7 볼에 크림 재료를 모두 넣고 100% 거품을 낸 후 냉장고에 넣어둔다.

8 구워서 식힌 부셰의 평평한 면에 **7**의 크림을 1cm 정도의 두께로 짜서 얹은 후, 다른 한 개를 마주 덮어 완성한다.

스콘

평철판 | 온도 180℃ | 시간 15분

재료 및 분량

버터	125g
슈거파우더	125g
달걀노른자	2개
달걀 2개 + 우유	1C
소금	1/8t
박력분	500g
베이킹파우더	2t
말린 과일	1/4C
건포도	1/4C
다진 호두	1/4C

만드는 법

1 버터와 슈거파우더를 섞은 후 달걀노른자, 달걀 2개 + 우유, 소금을 넣고 섞는다.

2 박력분과 베이킹파우더를 섞어 체에 쳐서 **1**에 넣고 가볍게 섞는다.

3 **2**의 반죽에 말린 과일, 건포도, 다진 호두 등을 넣어 30분 정도 냉장보관한다.

4 **3**의 반죽을 2.5cm 정도의 두께로 밀어 편 후, 원형 커터기로 찍어 팬 위에 놓고 달걀물을 칠한다.

5 180℃로 예열한 오븐에서 15분 정도 굽는다.

Coffee Brownie

커피 브라우니

17×17cm의 정사각형 팬 | **온도** 180℃ | **시간** 20분

재료 및 분량

다크커버처	100g
버터	60g
달걀	1개
흑설탕	50g
설탕	40g
소금	약간
에스프레소	1샷(30㎖)
박력분	80g
베이킹파우더	1/3t
럼주	1T

만드는 법

1. 냄비에 버터를 넣고 약불에서 중탕하여 녹인다. 잘게 부순 다크커버처를 넣고 살살 저어가며 녹인 후, 실온에서 식힌다.
2. 물기 없는 볼에 달걀, 흑설탕, 설탕, 소금을 넣고 크림색이 날 때까지 휘핑한다.
3. **2**에 **1**의 녹인 다크커버처와 에스프레소를 넣고 윤기 나도록 섞는다.
4. 박력분과 베이킹파우더를 체에 친 후, **3**에 넣고 덩어리가 없도록 가볍게 섞다가 럼주를 넣고 다시 잘 섞는다.
5. 준비된 팬에 반죽을 붓고 윗면을 편편하게 한 후 180℃로 예열한 오븐에서 15~20분 정도 굽는다.
6. 브라우니의 가운데 부분을 꼬챙이로 찔러보아 묻어나오지 않으면 오븐에서 꺼낸다.
7. 완전히 식힌 후, 5~6cm 크기의 사각형으로 잘라 서빙한다.

Financier

피낭시에

피낭시에 팬 | 온도 190℃ | 시간 10~15분

재료 및 분량

버터	200g
설탕	180g
아몬드파우더	50g
중력분	55g
달걀흰자	4개
아몬드 슬라이스	
호두(다진 것)	

만드는 법

1 버터를 갈색이 날 때까지 태워 맑은 갈색의 기름 부분만 따라내어 식혀 놓는다(nut brown).

2 설탕, 아몬드파우더, 중력분을 혼합하여 체에 치고 달걀흰자를 넣어 살짝 섞은 다음 **1**의 버터를 넣어 반죽을 만든다.

3 직사각형 피낭시에 몰드에 버터를 바르고 반죽이 3/4 정도 채워지도록 짤주머니로 짜서 넣는다.

4 반죽 위에 아몬드 슬라이스나 호두 다진 것을 뿌려 190℃로 예열한 오븐에서 10~15분 정도 굽는다.

Puff Pastry : Eclairs, Salambos and Teardrops

퍼프 페이스트리

평철판 **온도** 180℃ **시간** 15분

재료 및 분량

A 슈(pate a choux)

재료	분량
물	1/2C
우유	1/2C
버터	125g
소금	약간
중력분	150g
달걀	4~5개

B 페이스트리 크림(pastry cream)

재료	분량
우유	1/2C
바닐라빈	1/2개
설탕	40g + 20g
달걀노른자	1개
박력분	20g
옥수수전분	20g
우유	2T
버터	60g

C 글레이즈(glaze)

폰던트(fondant) + 시럽(syrup) + 럼(rum)

만드는 법

A 슈 만들기

1 물과 우유를 섞은 후 버터와 소금을 넣고 버터가 녹을 때까지 끓인다.

2 중력분은 체에 쳐서 **1**이 끓어오르면 넣고 불을 약하게 한 후, 덩어리가 없도록 나무주걱으로 많이 저으면서 익힌다. 밀가루의 날 냄새가 없어지면 불을 끄고 다시 60회 정도 저어 뜨거운 김이 나가도록 한다.

3 **2**의 반죽이 어느 정도 식으면 달걀을 하나씩 넣으면서 저어준다.

4 완성된 정도는 나무주걱에서 반죽을 떨어뜨려서 주걱에 삼각형 모양의 반죽이 흘러내려 남을 정도로 맞추어 달걀을 넣어주면 된다.

5 **4**의 완성된 반죽을 직경 1cm의 원형 팁를 끼운 짤주머니에 넣는다. 팬에 실리콘패드를 깐 후 반죽을 팬닝한다.

에클레어는 어슷하게 두께 1.5cm, 길이 8cm 정도로 길게 짜고, 살람보는 직경 2cm, 길이 4cm 정도의 타원형으로, 티어 드롭은 직경 2.5cm의 원형으로 짜서 윗면에 달걀물을 바르고 포크의 뒷면에 물을 묻힌 후 무늬를 내준다.

6 180℃로 예열한 오븐에서 15분 정도 구워낸다. 구울 때는 오븐의 문을 열어봐서는 안 되고 어느 정도 색이 나면 오븐의 온도를 낮추고 약간 드라이시킨 후 제품을 꺼낸다.

B 페이스트리 크림 만들기(p.320 과일 타르트 참조)

C 글레이즈 만들기

1 시판되는 혼당을 중탕하여 체온(36.5~37℃) 정도까지 온도를 맞춘다(입술을 이용하여 온도 측정 가능).

2 너무 되직하면 차가운 시럽을 넣어 농도를 조절하고 럼을 넣어 좋은 향이 나도록 한다. (주걱으로 떨어뜨렸을 때 주르륵 흐르다가 뚝뚝 떨어지는 약간 걸쭉한 상태로 맞춤)

■ 완성품 만들기

1 에클레어는 양끝으로 두 군데에 구멍을 내어 페이스트리 크림(B)에 커피 원액 섞은 것을 0.5cm의 작은 원형팁을 끼운 짤주머니에 넣고 짜서 넣는다. 윗면을 커피 폰던트나 초콜릿 시럽에 묻혀 잠시 두었다가 칼등을 이용하여 원하는 두께만큼 여유를 두고 긁어 낸 후 끝부분은 자르듯이 하여 처리한다.

2 살람보와 티어 드롭은 밑면에 구멍을 내어 페이스트리 크림을 넣고 윗면에 슈거파우더를 뿌리거나 식용색소로 색을 낸 폰던트를 묻히고 색색의 구슬로 장식한다.

TIP 옆면으로 크림을 넣어주고 평평한 밑면에 글레이즈를 바르는 것이 더 쉽고 깨끗하게 마무리된다.

Note

슈의 종류

A 캐로린(carorines) : 작은 에클레어 형태

- 페이스트리 크림에 초콜릿을 넣어서 섞는다.
- 글레이즈(glaze) + 코코아가루 또는 커피 원액을 섞어서 평평한 바닥면에 코팅한다.

B 크림 퍼프(cream puff) : 가장 보편적인 슈

- 페이스트리 크림에 그랑 마니에르를 넣어서 섞는다.
- 글레이즈와 녹색 식용색소를 섞어서 윗면에 코팅하고 가운데 부분에 초콜릿 알갱이를 묻혀 준다.

C 티어 드롭(tear drops) : 눈물방울 모양으로 짜서 구워낸 슈

- 페이스트리 크림에 키쉬(kirsh)를 넣어 섞는다.
- 폰던트(fondant) + 시럽으로 윗면을 코팅(하얗게 코팅됨)한다.

D 살람보(salambos) : 캐로린보다 짧고 통통하게 짜서 타원형으로 구워낸 슈

- 페이스트리 크림에 아프리코트향(apricot essence)을 넣어 섞는다.
- 설탕을 캐러멜화하여 윗면을 코팅한 후, 기름 바른 작업대에 바로 올려 굳힌다.

Marble Pound Cake

마블 파운드 케이크

25×9.5×8.5cm의 마블 파운드 팬 2개 **온도** 200℃ **시간** 35~40분

재료 및 분량
(파운드 팬 2개 분량)

재료	분량
무염버터	420g
설탕(a)	270g
달걀	17개
설탕(b)	150g
바닐라에센스	3g
박력분	330g
옥수수전분	84g
베이킹파우더	6g
코코아파우더	24g

만드는 법

1. 달걀은 흰자와 노른자를 분리하여 사용한다.
2. 버터를 실온에서 크림화한 후 설탕(a)을 넣고 휘핑한다. 달걀노른자를 조금씩 넣어 혼합한다.
3. 달걀흰자는 휘핑하면서 설탕(b)을 넣어 머랭을 만든다. 이때 바닐라에센스도 넣어준다.
4. 머랭의 1/3을 **2**의 반죽에 섞은 후 박력분, 옥수수전분, 베이킹파우더를 체에 쳐서 넣고 나머지 머랭을 넣어 나무주걱으로 반죽한다.
5. 반죽의 1/4에 코코아파우더를 넣어 코코아 반죽을 만든다.
6. 흰 반죽을 1/2로 나누어 파운드 팬에 담은 후 코코아 반죽을 담고 다시 흰 반죽을 채운다. 젓가락으로 저어 코코아 반죽이 표면에 노출되지 않고 내부에서 섞여 대리석 모양이 되도록 한다.
7. 200℃로 예열한 오븐에서 15분 정도 굽다가 180℃로 온도를 낮추고 25분 정도 더 굽는다.

Warm Black Chocolate Cake

웜 블랙 초콜릿 케이크

지름 24cm의 원형 파이렉스 팬 | 온도 160℃ | 시간 30분

재료 및 분량

버터	150g
초콜릿(bittersweet)	170g
달걀	200g(약 4개)
설탕	160g(3/4C)
박력분	75g
코코아파우더	1/4C
슈거파우더	1/4C

만드는 법

1 냄비에 버터를 중탕하여 녹인 후, 초콜릿을 넣고 온도를 너무 높지 않게 조절하면서 녹인다.

2 달걀을 풀은 후 설탕을 넣고 약 10분 정도 거품을 내어 **1**에 섞는다.

3 체에 친 박력분을 **2**에 섞는다.

4 버터를 바른 원형 파이렉스 팬에 **3**의 반죽을 부어 160℃로 예열한 오븐에서 30분 정도 굽는다.

5 윗면에 코코아파우더를 뿌리고 슈거파우더로 장식하여 서빙한다.

TIP 굽는 시간을 늘리거나 줄임으로써 케이크의 익는 정도를 조절하여 기호에 따라 즐길 수 있는 케이크이다. 부드러운 것을 좋아하면 표면만 익히고 안쪽 부분은 일부가 초콜릿 시럽처럼 흐르는 상태로 구워도 좋다.

Cheese Cake

치즈 케이크

직경 18cm의 원형 케이크 팬 또는 **24cm의 원형 파이렉스 파이 팬** **온도** 160~170℃ **시간** 50분

재료 및 분량

다이제스티브 쿠키 (갈은 것)	1½C
설탕	3T
녹인 버터	1/4C
크림치즈	230g(1통)
달걀	3개
우유	3T
생크림	1C
슈거파우더	7T
옥수수전분	3T
제철 과일(장식용)	
글레이즈	

만드는 법

1 달걀은 흰자와 노른자를 분리하여 사용한다.

2 다이제스티브 쿠키를 프로세서(커터기)로 갈아 설탕과 녹인 버터를 넣고 섞은 후, 팬에 꾹꾹 눌러 펴서 케이크 바닥을 만든다.

3 크림치즈는 핸드믹서로 부드러운 크림 상태가 되도록 휘핑한 후, 달걀노른자를 1개씩 섞고 우유와 생크림을 넣어 섞는다.

4 다른 볼에 달걀흰자를 넣고 깨끗하게 씻어 물기를 제거한 핸드믹서로 거품을 일으키다가 슈거파우더와 옥수수전분을 조금씩 넣어가며 100% 단단한 거품을 만든다.

5 **3**에 **4**를 1/3씩 나누어 넣어가며 거품이 가라앉지 않도록 저어준다.

6 **2**의 팬에 **5**의 반죽을 붓고 위를 편편하게 한 후 160~170℃로 예열한 오븐에서 50분 정도 구워 식힌다. 냉장고에 넣어 3시간 이상 두었다가 윗면에 글레이즈를 바르고 과일로 장식하여 서빙한다.

TIP 달걀흰자를 거품낼 때 주석산(cream of tartar)을 1t 정도 넣으면 더 안정된 거품을 만들 수 있다.

Vinnese Gugelhopf

구겔호프

직경 16cm의 구겔호프 팬 3개 **온도** 190~205℃ **시간** 45분

재료 및 분량

따뜻한 우유	150㎖
설탕(a)	1T
드라이이스트	15g
강력분	500g
버터	150g
설탕(b)	150g
달걀	5개
소금	약간
휘핑크림	125㎖
건포도	75g
럼	3T
레몬껍질(갈은 것)	1T
슈거파우더	1/4C

만드는 법

1 따뜻한 우유에 설탕(a)을 섞고 드라이이스트를 넣어 표면에 부글부글 거품이 생길 때까지 5분 정도 둔다.

2 강력분은 체에 쳐서 큰 볼에 담는다.

3 다른 중간 정도의 볼에 녹인 버터, 설탕(b), 달걀노른자, 소금, 휘핑크림을 넣고 거품을 내서 크림을 만든다.

4 **1**과 건포도, 럼, 레몬껍질 갈은 것을 혼합한다.

5 달걀흰자는 100% 거품을 낸다.

6 **2**에 **3**과 **4**를 넣어 반죽하여 뭉쳐지면 **5**를 넣고 믹싱한다.

7 구겔호프 팬에 붓을 이용하여 얇게 버터를 바르고 **6**의 반죽을 2/3 정도 채운 후, 윗면이 마르지 않도록 덮개를 덮고 따뜻한 곳에서 15분 정도 발효시킨다.

8 205℃로 예열한 오븐에서 15분 정도 굽고, 190℃로 온도를 낮춰 45분 정도 더 구운 후, 꼬챙이로 찔러 보아 묻어나지 않으면 꺼내어 식힌다. 구겔호프 윗면에 슈거파우더를 뿌려 서빙한다.

Bohemian

보헤미안

평철판 | 온도 170℃ | 시간 25분

재료 및 분량(8개)

반죽

재료	분량
우유	70g
설탕(a)	1T
드라이이스트	7g
달걀	2개
강력분	250g
버터	50g
설탕(b)	30g
개량제	5g
소금	5g

토핑용 크림

재료	분량
크림치즈	300g
달걀흰자	1개
아몬드파우더	500g
설탕(c)	100g
건포도	50g
계핏가루	1/4t
럼	1T

장식

재료	분량
과일통조림 (황도, 파인애플, 체리 등)	1/3C
아몬드 슬라이스	20g
호두(다진 것)	30g
나빠쥬	1/4C
폰던트	1/4C

만드는 법

1 따뜻한 우유에 설탕(a)을 섞고 드라이이스트를 넣어 표면에 부글부글 거품이 생길 때까지 5분 정도 둔다.

2 달걀은 풀어 놓는다.

3 체에 친 강력분에 버터, 설탕(b), 개량제, 소금을 넣고 믹싱한 후, **1**과 **2**를 붓고 반죽이 매끈해질 때까지 믹싱한다.

4 반죽이 매끈해지면 볼에 담고 랩이나 젖은 행주를 씌워서 따뜻한 곳에서 40분 정도 1차 발효시킨다.

5 발효된 반죽을 주물러서 가스를 빼고 8개로 나누어 손바닥 위에 놓고 다른 손으로 감싸쥐듯이 오므려서 빙빙 돌려 둥글리기 한다.

6 작업대 위에 놓고 덮개를 덮어 15분 정도 2차 발효시킨다.

7 2차 발효된 반죽을 밀대로 밀어 공기를 뺀 후 동그랗고 납작하게 만든다.

8 볼에 크림치즈를 넣고 부드럽게 한 후 달걀흰자, 아몬드파우더, 설탕(c)을 넣고 섞는다. 여기에 건포도, 계핏가루, 럼을 넣고 섞어 토핑용 크림을 만든다.

9 위에 얹을 과일통조림을 잘게 썰어둔다.

10 **7**의 반죽을 팬에 놓고 **8**의 크림을 바른 후, **9**의 과일 썬 것을 얹고 아몬드 슬라이스와 호두를 뿌린다. 윗면이 마르지 않도록 덮개를 덮고 따뜻한 곳에서 30분 정도 3차 발효시킨다.

11 발효가 되면 달걀물을 발라 170℃로 예열한 오븐에서 25분 정도 구운 후, 색이 나면 오븐에서 꺼내어 나빠쥬(살구잼과 물을 넣고 끓인 것)를 바르고 위에 폰던트(슈거파우더 : 물 = 2 : 1의 비율로 섞어 끓인 것)를 지그재그로 뿌려 완성한다.

조프트

평철판 | 온도 160℃ | 시간 25~30분

재료 및 분량(3 loaf)

반죽

재료	분량
우유	150g
설탕(a)	1T
드라이이스트	15g
달걀	2개
강력분	500g
버터	60g
설탕(b)	50g
소금	8g

속재료(filling)

재료	분량
아몬드파우더	100g
케이크파우더 (체에 내린 카스텔라)	200g
설탕(c)	200g
계핏가루	3g
달걀흰자	2개
건포도	50g
호두 다진 것	1/2C
물(농도 조절용)	

장식

아몬드 슬라이스, 호두 다진 것

재료	분량
나빠쥬	1/4C
폰던트	1/4C

만드는 법

1. 따뜻한 우유에 설탕(a)을 섞고 드라이이스트를 넣어 표면에 부글부글 거품이 생길 때까지 5분 정도 둔다.
2. 달걀은 풀어 놓는다.
3. 체에 친 강력분에 버터, 설탕(b), 소금을 넣고 믹싱한 후, **1**과 **2**를 붓고 반죽이 매끈해질 때까지 믹싱한다.
4. 반죽이 매끈해지면 볼에 담고 랩이나 젖은 행주를 씌워서 따뜻한 곳에서 40분 정도 1차 발효시킨다.
5. 발효된 반죽을 주물러서 가스를 빼고 3등분한 후, 양손으로 원을 그리듯이 빙빙 돌려서 둥글리기 한다.
6. 작업대 위에 놓고 덮개를 씌워서 30분 정도 2차 발효시킨다.
7. **필링 만들기** 볼에 아몬드파우더, 케이크파우더, 설탕(c), 계핏가루, 달걀흰자, 건포도, 호두 다진 것을 모두 담아 섞고 물을 약간 넣어 농도를 맞춘다.
8. **6**의 2차 발효시킨 반죽을 도마에 놓고 밀대로 2cm 두께의 직사각형으로 밀어 편 후, **7**의 filling을 스패튤러로 얇게 펴 바르고 반죽을 돌돌 말아 10분 정도 휴지시킨다.
9. **8**의 반죽을 세로로 길게 반을 갈라 두 줄을 교차시켜 머리를 땋듯이 꼬은 후, 솔로 달걀물을 바른다.
10. **9**를 팬에 놓고 덮개를 덮어 따뜻한 곳에서 40분 정도 3차 발효시킨다.
11. 발효가 되면 달걀물을 다시 발라 아몬드 슬라이스와 호두 다진 것을 뿌리고 160℃로 예열한 오븐에서 25~30분 정도 굽는다.
12. 색이 나면 오븐에서 꺼내어 나빠쥬(살구잼과 물을 넣고 끓인 것)를 바르고 위에 폰던트(슈거파우더 : 물 = 2 : 1의 비율로 섞어 끓인 것)를 지그재그로 뿌려 완성한다.

TIP 손으로 반죽할 경우 먼저 재료를 모두 넣고 대충 덩어리가 뭉쳐지도록 손으로 버물버물 버무린 다음 밀가루를 약간 뿌린 작업대 위에 반죽을 놓고 빙빙 돌리면서 손으로 밀듯이 눌러 치댄다. 반죽이 매끈해질 때까지 30분 정도 치댄다.

Cheese Roll

치즈 롤

평철판 **온도** 170℃ **시간** 15~20분

재료 및 분량(10개)

강력분	550g
생이스트	25g
개량제(S-500)	10g
몰트(맥아)	7g
충전용 치즈 (고열에 녹지 않는 경질치즈의 일종)	300g
소금 12g + 물 300g	

만드는 법

1 강력분은 체에 치고 생이스트와 함께 손으로 비벼 섞은 다음 개량제, 몰트와 소금을 넣은 물을 넣고 반죽한다. 겉면이 매끈하게 될 때까지 믹싱하여 덮개를 덮고 따뜻한 곳에서 40분 정도 발효시킨다.

2 **1**의 반죽이 2배 정도 부풀면 가스를 빼주고 두께 1cm의 직사각형으로 밀어 편 후, 스프레이로 물을 뿌리고 충전용 치즈를 골고루 얹어 원통형으로 단단히 말아준다. 이때 원통 굵기가 일정하게 6cm 정도가 되도록 만든다.

3 **2**를 2.5cm 두께로 잘라 팬에 놓고 다시 따뜻한 곳에서 30분 정도 2차 발효시킨다.

4 2차 발효가 완성되어 반죽에 윤기가 나면 170℃로 예열한 오븐에서 15~20분 정도 굽는다.

Panettone

파네토네

직경 10cm, 높이 12cm의 파네토네 팬 6개 | 온도 170℃ | 시간 25분

재료 및 분량

반죽

강력분	800g
설탕	160g
소금	12.8g
이스트	64g
이스트 푸드	8g
달걀	400g
물	48g
버터	240g

충전물

호두	80g
건포도	160g
당절임 밤	80g
오렌지 마멀레이드	80g
토핑버터	100g

만드는 법

1 버터를 제외한 모든 재료를 믹싱볼에 넣고 믹싱한 후 클린업 단계에서 버터를 넣는다. 최종단계(부드럽고 매끄러우며 신장성이 최대인 단계)에서 호두, 건포도, 당절임 밤, 오렌지 마멀레이드를 넣고 저속으로 믹싱한다.

2 27~28℃, 75~80%에서 60분간 1차 발효시킨다.

3 반죽을 350g씩 분할한 후 둥글리기 한다.

4 **3**의 반죽을 파네토네 틀에 넣는다.

5 35~38℃, 80~85%에서 40분간 2차 발효시킨다.

6 굽기 전에 가위로 반죽의 윗면을 십자로 터트린 후 짤주머니로 토핑버터를 짜서 얹는다.

7 170℃로 예열한 오븐에서 25분 정도 굽는다.

Kuchenteig

쿠헨타이크

햄버거 판 **온도** 180℃ **시간** 20~25분

재료 및 분량

반죽

우유	80g
물	60g
설탕(a)	1T
드라이이스트	7g
달걀	1개
강력분	340g
버터	60g
설탕(b)	40g
분유	25g
개량제	3g
소금	7g

토핑

양파(diced)	150g
완두콩	80g
옥수수(통조림)	100g
햄	50g

마요네즈

후추 약간

햄버거 번 굽는 틀

만드는 법

1 우유와 물을 섞고 뜨끈하게 데워 설탕(a)을 섞고 드라이이스트를 넣어 표면에 부글부글 거품이 생길 때까지 5분 정도 둔다.

2 달걀은 풀어 놓는다.

3 강력분에 버터, 설탕(b), 분유, 개량제, 소금을 넣고 가볍게 섞은 후, **1**과 **2**를 붓고 반죽이 매끈해질 때까지 믹싱한다.

4 반죽이 매끈해지면 볼에 담고 랩이나 젖은 행주를 씌워서 따뜻한 곳에서 40분 정도 1차 발효시킨다. 반죽이 두 배로 부풀고 손가락으로 찔러 보았을 때 구멍이 약간 오므라드는 정도면 발효가 완성된 것이다.

5 **4**의 반죽을 주물러 가스를 빼고 50g 정도로 분할하여 손바닥 위에 놓고 다른 손으로 감싸쥐듯이 오므려서 빙빙 돌려 동그랗게 만든다(둥글리기).

6 덮개를 덮고 15분 정도 두었다가 밀대로 가스를 뺀 후, 둥글게 밀고 틀에 담아 30분 정도 2차 발효시킨다.

7 반죽이 틀 높이 위로 부풀어 오르면 달걀물을 바르고 포크로 가운데를 두세 군데 찔러서 가스를 약간 빼준다.

8 토핑용 재료를 모두 섞어 버무리고 **7**의 반죽 위에 가장자리만 약간 남기고 얹어 180℃로 예열한 오븐에서 20~25분 정도 굽는다.

TIP 가정용 오븐에서 발효시킬 때는 오븐을 100℃(warm)로 해놓고 반죽을 넣기 전에 오븐 안에 분무기로 물을 많이 뿌린 후, 반죽을 넣고 오븐의 문을 약간 열어 놓는다. 중간중간 분무기로 오븐 안에 물을 뿌리면서 발효시킨다.

Floating Island

플로팅 아일랜드

큰 유리볼

재료 및 분량

A 스위스 머랭

달걀흰자	180g
설탕(a)	180g
바닐라빈	1/2개

B 포칭 시럽

우유	500㎖
물	500㎖
설탕(b)	50g

C 바닐라 커스터드 소스

우유	2C
바닐라빈	1줄기
(바닐라에센스	1t)
설탕(c)	25g + 50g
달걀노른자	5~7개

D 골드 캐러멜

설탕(d)	150g
물	1/2C
뜨거운 물	3T

만드는 법

A 스위스 머랭 만들기

1 달걀흰자, 설탕(a), 바닐라빈을 넣어 섞은 후, 44~45℃로 중탕 가열하면서 저어준다.

2 믹싱 기계에서 단단한 상태까지 100% 휘핑한다.

TIP 바닐라빈이 없으면 바닐라에센스를 사용한다.

B 포칭 시럽 만들기

1 큰 볼에 우유, 물, 설탕(b)을 넣어 섞고 따뜻한 정도로 가열한다.

2 온도가 너무 뜨겁거나 차지 않게 주의한다.

C 바닐라 커스터드 소스 만들기

1 바닐라빈의 반을 갈라서 속을 칼로 긁어 우유에 넣고 껍질도 함께 넣어 끓이면서 설탕(c) 25g을 넣는다.

2 다른 팬에 나머지 설탕(c) 50g과 달걀노른자를 넣고 너무 과하게 젓지 않도록 주의하면서 연한 노란색이 되도록 섞는다.

3 **1**과 **2**를 섞어 끓어오르지 않도록 주의하면서 나무주걱으로 계속 젓는다. 약한 불로 85℃ 정도가 되도록 가열한다.

4 소스를 젓던 나무주걱을 올려서 손가락으로 선을 그었을 때 소스가 흐르지 않고 선이 그대로 유지되면 완성된 것이다.

5 완성되면 얼음물에 담그고 계속 저으며 식힌다.

D 골드 캐러멜 만들기

1 두꺼운 팬에 설탕(d)과 물을 넣고 젓지 않으면서 끓인다.

2 설탕물이 끓어오르면 팬을 돌려 섞어주면서 옅은 황금색이 될 때까지 끓이다가 불을 끄고 뜨거운 물을 넣어 색을 고정시킨다.

완성품 만들기

1 스위스 머랭(A)을 아이스크림 스쿱으로 하나씩 떠서 포칭 시럽(B)에 넣어 따뜻하게 담가(simmering) 놓도록 한다. 한 번씩 뒤집어 수분이 들어가 팽창(swell up)되도록 익힌다.

2 팬 위에 그물 랙(rack)을 놓고 행주를 깐 후, 구멍수저로 **1**의 머랭을 건져 놓는다. 칼로 잘랐을 때 단면이 매끈하고 손이나 칼에 묻어나지 않아야 한다(floating island).

3 둥근 사기 볼 형태의 그릇에 바닐라 커스터드 소스(C)를 담은 후, **1**의 플로팅 아일랜드를 소스 위에 둥둥 뜨도록 하여 수북히 담고 골드 캐러멜(D)을 스푼으로 위에 빙빙 돌려가며 황금실처럼 뿌려 완성한다.

TIP 설탕물이 묻은 팬의 가장자리를 물에 적신 붓으로 닦으며 끓이면 가장자리가 타는 것을 방지할 수 있다.

TIP 캐러멜은 미리 만들어 놓으면 식으면서 결정화되므로 서빙하기 직전에 만들어 낸다.

TIP 아이스크림 스쿱으로 머랭을 뜰 때 물에 담구면서 한 스쿱씩 떠 넣으면 동글동글하고 깨끗한 모양이 된다.

supplement

부록

제과 · 제빵용
기기 및 기구

제과용 기기 및 기구

1. 기기

1) 반죽기(믹서, mixer)

반죽기에 밀가루와 그 외 재료를 넣고 훅(hook)을 사용하여 글루텐을 형성시키거나, 휘퍼(whipper)기를 사용하여 공기를 포집시켜 부피를 형성할 때 사용한다.

① 수직형 반죽기(버티컬 믹서, vertical mixer)

작은 동네 소규모 제과점에서 사용하며 빵 반죽과 제과 반죽을 만들 때 사용하고, 눈과 소리로써 반죽 상태를 알 수 있다.

② 수평형 반죽기(horizontal mixer)

믹서의 회전축 방향이 수평으로, 상당 양의 반죽을 만들 때 사용하며 대량 생산에 적합하다. 단일 품목의 주문 생산에 편리하게 사용할 수 있다.

③ 나선형 반죽기(스파이럴 믹서, spiral mixer)

제빵 전용 믹서로, S형 훅이 고정되어 있으며 저속으로 프랑스빵, 독일빵 등 단단한 반죽을 만들면 힘이 좋은 반죽을 얻을 수 있으나, 식빵용 반죽에 고속을 너무 사용하면 지나친 반죽이 되기 쉽기 때문에 주의를 요하는 반죽기이다.

④ 에어 반죽기(air mixer)

제과용으로만 사용하는 반죽기로 일정한 기포를 형성시킨다. 모든 재료를 한꺼번에 넣고 믹싱하는 1단계법의 기계 공기에 의해 비중, 온도 자동 조절로 대량 생산에 적합하다.

⑤ 반죽기에 사용하는 기구

– **믹싱볼**(mixing bowl) : 원형으로, 빵 반죽을 할 때 사용한다.

– **부속기구** : 재료를 골고루 섞어 글루텐을 형성하거나 공기 포집을 하여 부피를 형성할 때 사용한다.

- 훅(hook) : 반죽용 반죽 날개로, 강력분을 사용할 때 글루텐을 형성시킨다.
- 휘퍼(whipper) : 교반 및 혼합용 달걀이나 생크림 거품을 낼 때 공기를 넣어 부피를 형성할 때 사용한다.
- 비터(beater) : 유지, 크림 상태의 물질을 교반하고 유연한 반죽을 만들며, 데블스 푸드 케이크를 만들 때 사용한다. 비터, 버터 비터, 하프 비터로 구분한다.

*** **클리어런스**

믹서 볼과 훅의 간격을 말하며, 물리적 성질에 따라 1회 반죽할 때 반죽의 단단함이 달라진다. 클리어런스가 너무 좁으면 믹싱 시간은 단축되지만 글루텐이 파괴되어 끈기가 약해져서 달라붙게 되며, 너무 넓으면 반죽의 믹싱과 늘어나는 작용이 약하기 때문에 믹싱 시간이 길어지고 신장성이 없는 반죽이 된다.

---

2) 파이 롤러(pie roller)

페이스트리, 파이, 타르트 깔개 반죽, 케이크 도넛, 스위트 롤 등을 만들 때 사용되며 롤러의 두께를 조절하여 반죽을 얇게 또는 두껍게 밀어 펴는 기계이다. 밀대를 이용하는 것보다 일정한 두께와 간격을 만들 수 있어 편리하고, 균일한 제품을 생산할 수 있다. 초보자도 쉽게 만들 수 있다는 장점이 있다.

*** **파이 롤러 사용 시 주의사항**

❶ 페이스트리일 경우 반죽과 유지의 경도가 같아야 한다.
❷ 반죽이 달라붙는 것을 막기 위한 덧가루는 많이 사용하지 않도록 주의한다.
❸ 반죽에 유지를 먼저 감싼 뒤 손 밀대로 살짝 반죽을 밀어 준 다음 기계를 사용한다.

---

3) 오븐(oven)

최종 제품이 나오는 마지막 공정으로 전기 오븐을 사용하며, 철판이 들어가는 수로 2매 3단 또는 3매 3단과 4매 3단을 주로 사용하고 있다. 공장 설비 중 제품의 생산능력을 나타내는 기준으로 오븐 내 매입 철판 수로 계산하며, 철판 수가 많을수록 생산 시간을 단축시킬 수 있다.

① 데크 오븐(deck oven)

윈도 베이커리(소규모 제과점, 동네 제과점)에서 주로 사용하며 편리하다. 제품 반죽을 넣는 입구와 제품을 꺼내는 출구가 같으며(서랍식형 오븐) 윗불과 아랫불을 간단하게 조절할 수 있고 사용이 간편한 반면 앞쪽, 뒤쪽, 옆쪽의 색이 고르지 못할 수 있으므로 앞뒤 자리를 바꾸어주며 굽는다.

② 로터리 오븐(rotary oven)

구울 팬을 선반에 끼워 놓고 오븐에 넣어 랙(철판을 나란히 끼워 넣을 수 있는 선반)이 회전하며 굽는 오븐이다. 열전달이 고르게 되며 동시에 많은 양을 구울 수 있다.

③ 터널 오븐(tunnel oven)

단일 품목을 대량 생산하는 공장에서 많이 사용한다. 제품을 구울 때 들어가는 입구와 나오는 출구가 다른 형태로, 굽는 단계에 따라 정밀하게 윗불과 아랫불을 쉽게 조절할 수 있어 일정한 색을 만들 수 있다. 그러나 넓은 바닥 공간이 있어야 하며, 입구와 출구가 열려 있어 열 손실이 많다는 단점이 있다.

④ 컨벡션 오븐(convection oven)

내부에 송풍기(fan)가 부착되어 있어, 공기를 데워서 오븐 뒤쪽의 팬으로 순환시켜 굽는 오븐이다. 오븐 온도가 윗불과 아랫불 없이 한 개를 맞추기 때문에 편리하며, 하드 계열의 빵과 쿠키를 만들 때 사용되고, 일정한 제품과 색을 만들 수 있다는 장점이 있다.

⑤ 릴 오븐(reel oven)

구움대를 물레방아처럼 회전시키면서 굽는 방식의 오븐으로, 열 분포가 균일하다.

4) 튀김기(fryer)

자동 온도 조절 장치를 통해 수동 또는 자동으로 튀기는 기계로, 희망하는 온도를 설정할 수 있다.

2. 기구

1) 팬(pan)

다양한 케이크, 과자, 빵의 모양을 만들기 위한 틀이다. 과자를 담아 발효와 굽기를 할 때 사용하며 평철판, 원형팬, 사각팬 등 다양한 팬이 있다.

2) 스패튤러(spatula)

케이크에 크림을 아이싱할 때 사용한다.

3) 온도계(thermometer)

반죽의 최종 온도를 측정할 때 사용하는 도구로 디지털 온도계, 비접촉식 온도계 등이 있다.

4) 짤주머니(pastry bag)

크림이나 드롭 쿠키, 슈 등의 반죽을 담아 짜는 주머니이다.

5) 붓(brush)

과도한 덧가루를 털어내거나, 달걀물 칠을 하거나, 팬에 이형제를 바르거나 칠할 때 사용한다.

6) 모양깍지(pipint tube)

반죽과 크림을 모양낼 때 사용하며 원형, 별형, 장미형 등 여러 가지 모양이 있다.

7) 회전대(돌림판, turn table)

케이크 등을 일정한 둥근 모양으로 만드는 아이싱을 할 때 사용한다.

8) 디포지터(depositor)

시럽, 소스, 가나슈, 크림 또는 묽은 반죽을 자동으로 일정량씩 흘러나오도록 하여 모양을 짜주는 기구이다.

9) 스크래퍼(scraper)

반죽을 분할하고 한데 모으며 작업대에 눌러 붙은 반죽을 긁어 낼 때 사용하는 도구이다.

10) 작업 테이블(work table)

작업대는 주방의 가운데에 위치해야 여러 방향의 동선이 짧아서 작업하기가 편리하다. 초콜릿 작업을 할 때에는 낮은 온도를 유지해야 하므로 대리석을 사용하여 작업을 하면 편리하다.

11) 저울(scale)

① 전자 저울(electronic scale)

재료 계량이나 반죽을 분할할 때 사용한다. 1g 단위로 정확하게 계량하는 저울이며, 영점 또는 용기를 눌러 사용하면 계산 없이 정확하고 신속하게 계량할 수 있다.

② 부등비 저울(weight scale)

재료 계량이나 반죽을 분할할 때 사용한다. 저울추의 무게로 계산하여 사용하기 때문에 불편하다는 단점이 있으나 고장이 잘 나지 않는 장점도 있다.

12) 스쿱(scoop)

재료 계량 시 가루 재료(밀가루, 설탕)를 떠낼 때 사용한다.

13) 디핑 포크(dipping fork)

초콜릿을 만들 때나 작은 크기를 코팅할 때 사용한다. 삼지창형과 원형, 달팽이형이 있다.

14) 동 그릇(copper bowl)

온도가 높아도 타지 않으며, 일정한 상태로 시럽을 끓일 때, 즉 설탕 공예 및 설탕 시럽을 만들 때 사용된다.

15) 기타

제과를 편리하게 만들기 위해서 사용되는 도르래 칼, 랙, 스테인리스 볼, 가루통, 가루체, 밀대, 식힘망, 계량컵, 도넛 틀, 카스텔라 틀 등 여러 가지 도구들이 있다.

다음은 일반적으로 많이 사용하는 제과제빵용 기기 및 기구들이다.
(사진은 '우정공업'에서 제공한 것임)

각종 판(sheet)

평철판(bread sheet)

타공판(perforated baking sheet)

바게트 판(tray for French bread)

브리오슈 판(brioche sheet)

햄버거 판(burger sheet)

머핀 판(muffin sheet)

피낭시에 판(financier sheet)

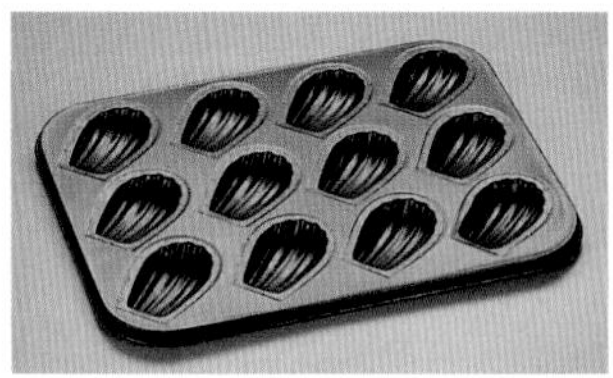
마들렌 판(madeleine sheet)

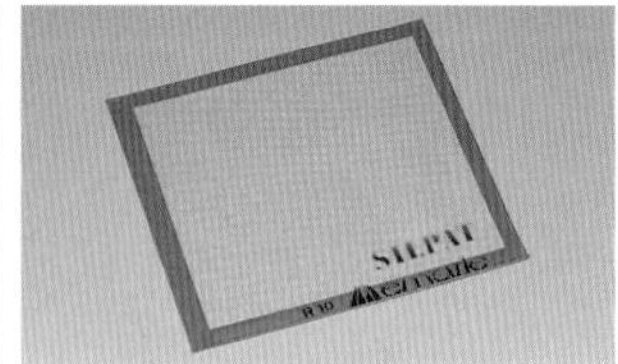
실리콘 매드(Silicon mat)

각종 팬(pan)

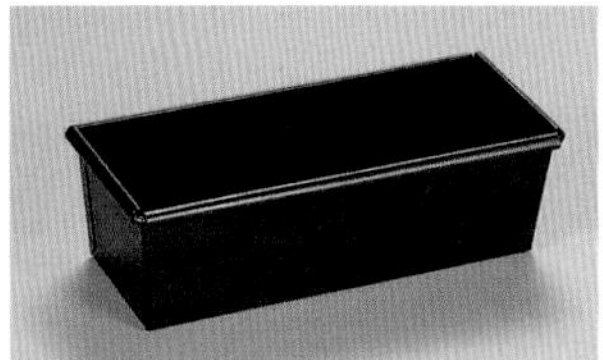
식빵 팬(bread pan)

풀먼 식빵 팬(pullman bread pan)

파운드 케이크 팬(pound cake pan)

원형 케이크 팬(round cake pan)

정사각 케이크 팬(square cake pan)

시퐁 케이크 팬(chiffon cake pan)

각종 팬(pan)

엔젤 케이크 팬(angel cake pan)

구겔호프 팬(gugelhopf pan)

원형 타르트 팬(round tart pan)

원형 주름 파이 팬
(round fluted division pie pan)

피자 팬(pizza pan)

파네토네 팬(panettone pan)

채반(grate)

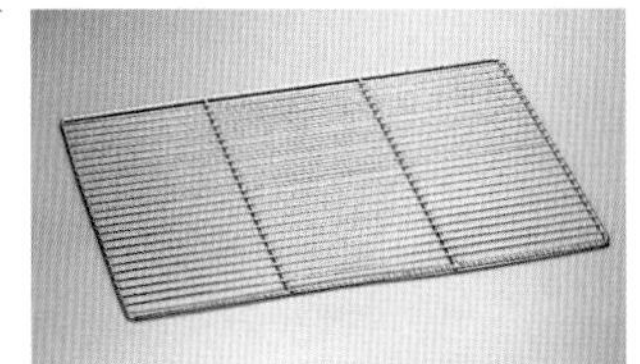
사각 채반(rectangular grate)

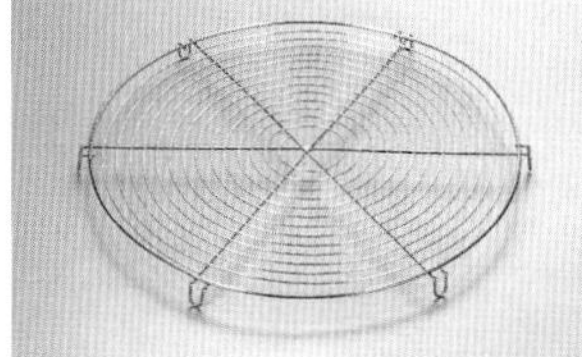
원형 채반(round grate)

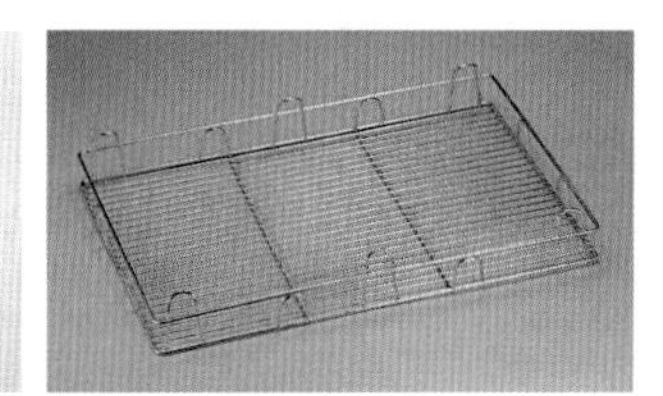
빵채반(bread grate)

형틀(mould)

카스텔라 틀(baking frame for castella) I

카스텔라 틀(castella mould) II

푸딩 틀(pudding mould)

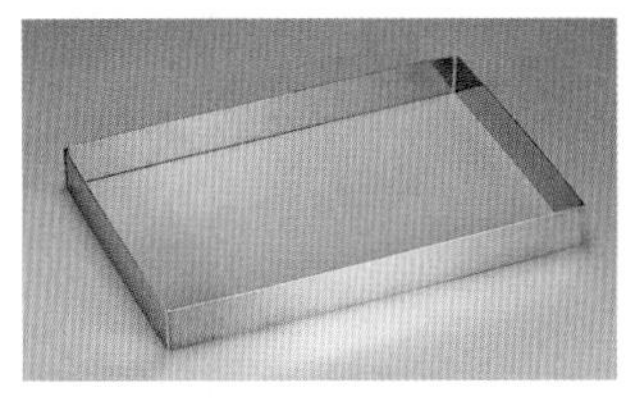
사각 무스 틀(square mousse mould)

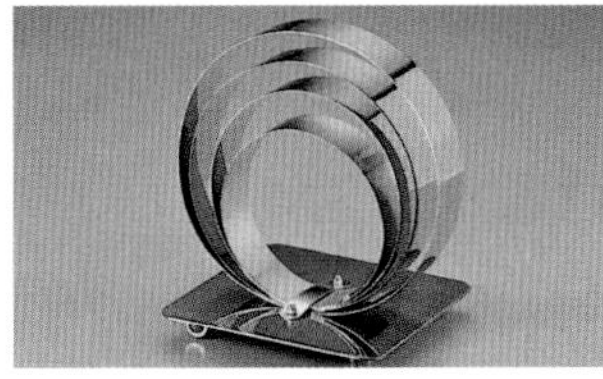
원형 무스 틀(round mousse mould)

미니 타르트 틀(mini tart mould)

소도구
(bakery tools)

스테인리스 볼(stainless steel bowl)

가루용 스쿱(scoop)

계량도구(measuring cup, spoon)

소도구 (bakery tools)

계량컵(measuring cup)

돌림판(turntable)

가루체(flour sieve)

건지개 또는 체(omnipotence skimmer)

가정용 저울(home scale)

전자 저울(electronic scale)

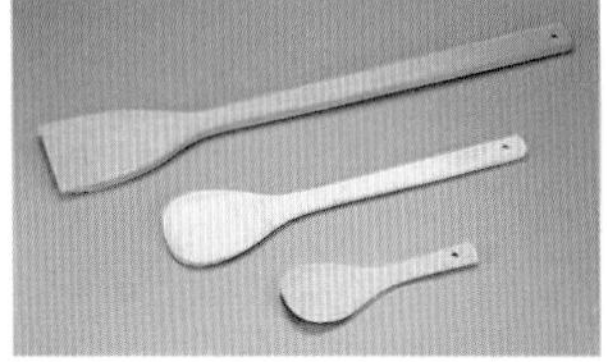

나무 주걱(wood blending spoon)

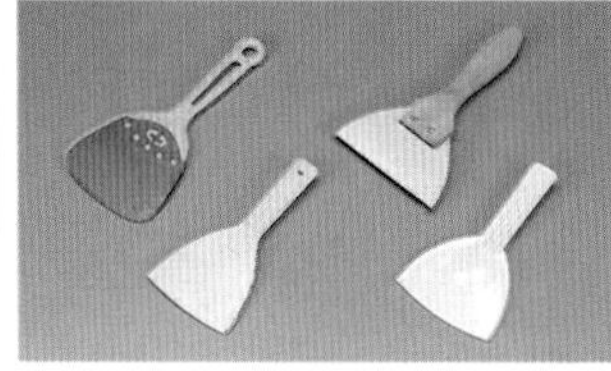

고무 주걱(spatula)

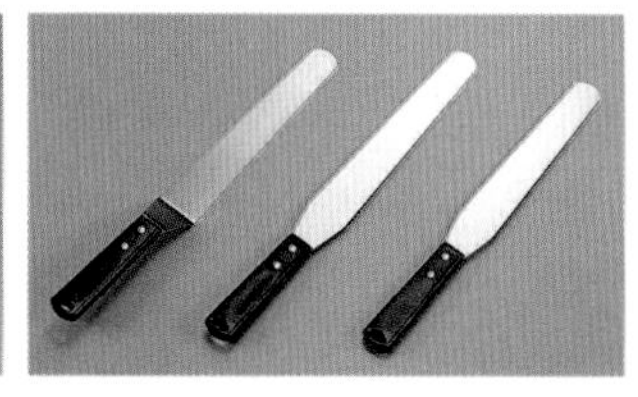

스패튤러(spatula)–바르기용

스패튤러(spatula)–꺼내기용

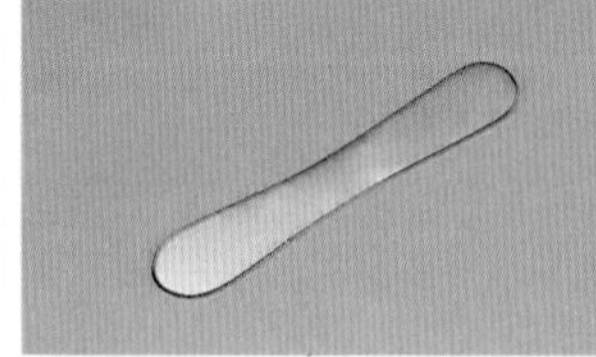

앙금 헤라(sediment spatula)

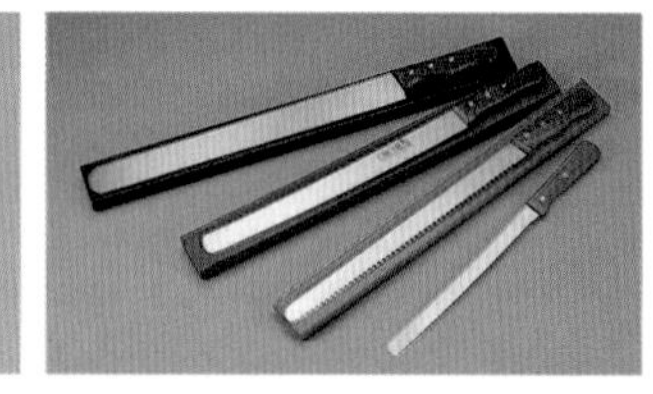

빵칼(bread knife)

롤러(roller)

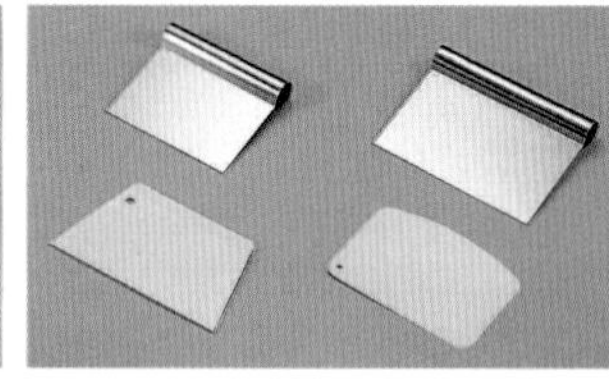

스크레이퍼(scraper)

삼각 칼(triangle comb)

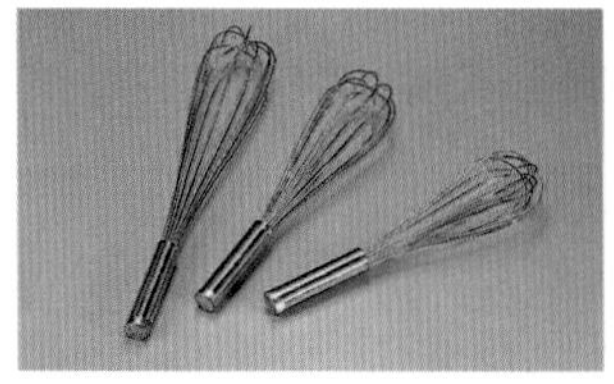

거품기(whisk)

짤주머니(pastry bag)

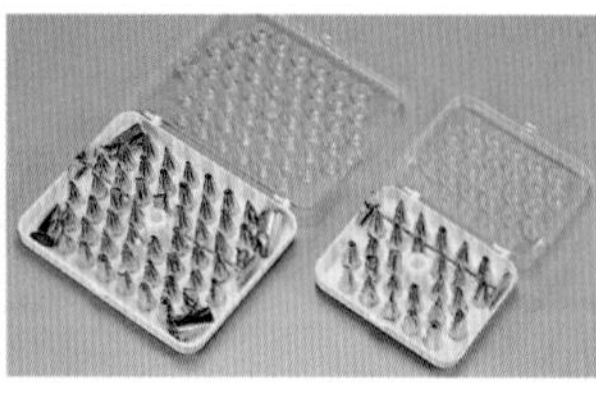

모양깍지(tips)

소도구
(bakery tools)

쿠키 커터(cookie cutter) Ⅰ

쿠키 커터(cookie cutter) Ⅱ

링 도넛 커터(ring doughnut cutter)

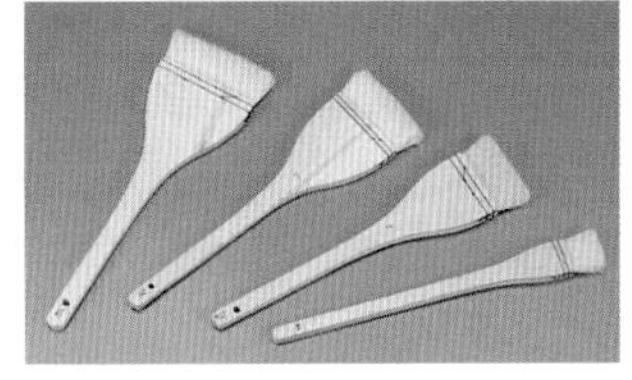
붓(brush)

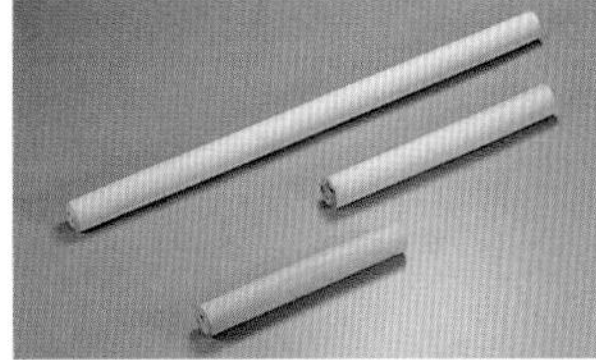
밀대(rolling pin)

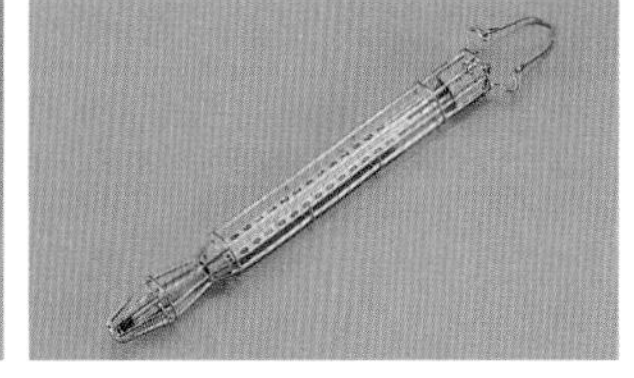
템퍼링 온도계(tempering thermometer)

기기
(machinery)

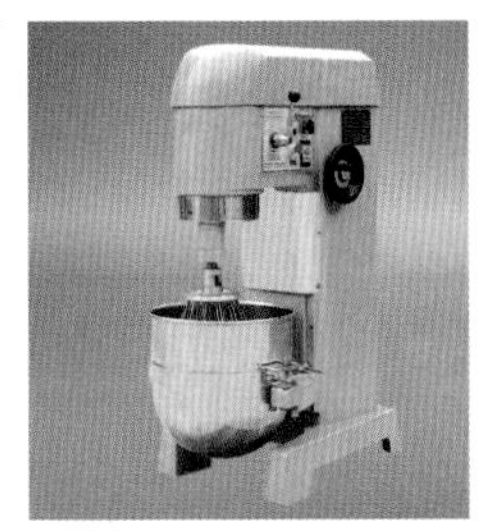
버티컬 믹서(vertical mixer)

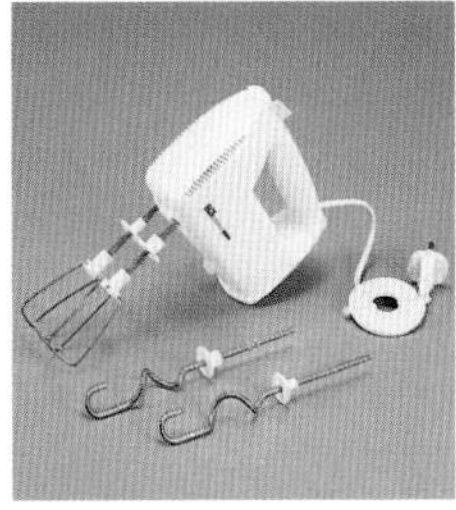
핸드 믹서(hand mixer)

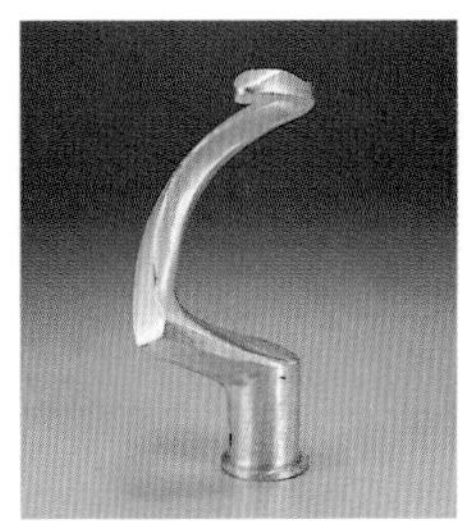
훅(hook)

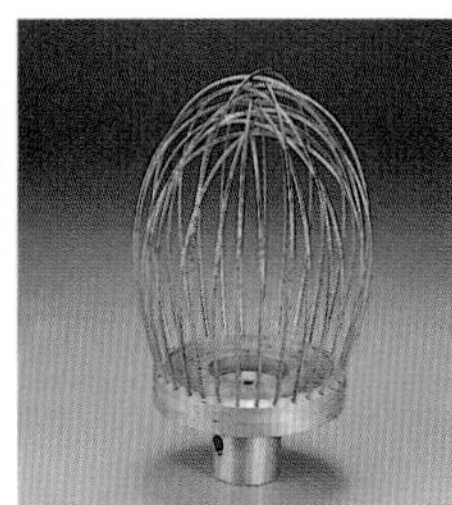
휘퍼(whipper)

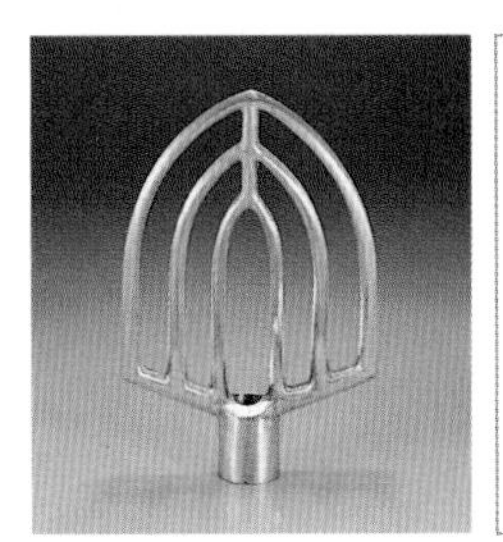
비터
(beater)

데크 오븐
(conventional deck oven)

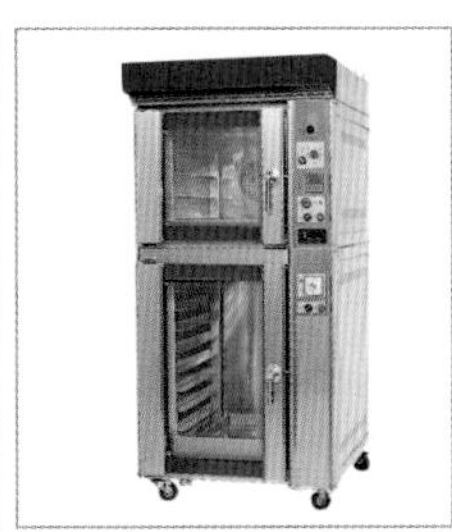
컨벡션 오븐
(convection oven)

발효기
(proofer)

재료 보관통
(ingredient storage box)

서랍식 랙
(drawer rack)

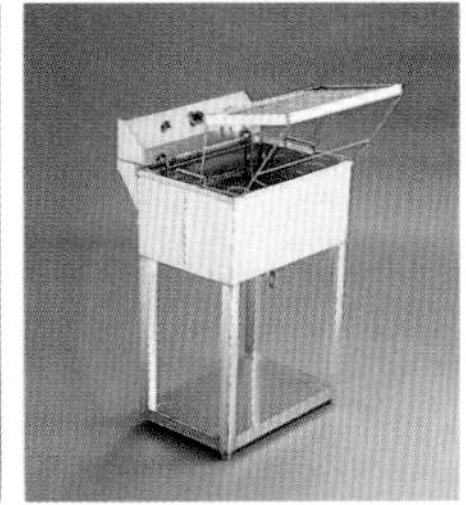
도넛 튀김기
(doughnut fryer)

초콜릿 템퍼링기
(chocolate tempering machine)

참고문헌

제과제빵기능사 오명석 외, 에듀윌, 2017

제과제빵기능사 김창석, 크라운출판사, 2018

제과제빵기능사 (주)에듀웨이 R&D 연구소, 에듀웨이, 2018

제과제빵기능사 국가자격시험연구회, 책과상상, 2017

제과제빵기능사 이론 및 실기 안호기 외, 교문사, 2014

제과제빵기능사필기 영진정보연구소, ㈜영진닷컴, 2015

프랑스 빵의 기초 일본도쿄 르 꼬르동 블루 교수진, 쿠켄, 2010

프랑스 과자의 기초 1·2 르 꼬르동 블루 도쿄학교 교수진, 쿠켄, 2010

The Natural Baker Inman Henrietta, Jacqui Small, 2018

The L.A. Cookbook Steingold Alison Clare, Rizzoli Intl Pubns, 2018

Larousse des Desserts Pierre Herme, Book Story, 2018

The Sullivan Street Bakery Cookbook Lahey Jim, W. W. Norton & Company, 2017

Modern French Pastry Wakerhauser Cheryl, Page Street Pub Co., 2017

Haute Patisserie Relais Desserts, De La Martiniere Jeunesse, 2017

Eclairs Adam Christophe, Robert Rose, 2017

A New Way to Bake: Classic Recipes Updated with Better-For-You Ingredients from the Modern Pantry Martha Stewart Living, Clarkson Potter Publishers, 2017

香り高い焼き菓子大人のBAKE 洋酒, スパイス, ハーブ, 鹽を效かせた 荻田尙子, 誠文堂新光社, 2017

Le cordon bleu de la patisserie Ecole Le Cordon Bleu, Le Cordon Bleu, 2016

Laduree Macarons Hachette Livre, Hachette Livre, 2014

Le Cordon Bleu The Chocolate Bible Le Cordon Bleu, Midpoint Trade Books Inc., 2013

ㅅ

ㅇ

저자 소개

백재은
부천대학교 식품영양과 교수

주나미
숙명여자대학교 식품영양학과 교수

정희선
숙명여자대학교 전통식생활문화전공 교수

정현아
대구한의대학교 식품영양학전공 교수

기능사를 위한
배우기 쉬운 **제과·제빵**
이론과 실기

2018년 7월 26일 초판 인쇄 | 2018년 7월 31일 초판 발행

지은이 백재은·주나미·정희선·정현아 | **펴낸이** 류원식 | **펴낸곳** **교문사**

편집부장 모은영 | **책임진행** 성혜진 | **디자인** 신나리 | **본문편집** 우은영
제작 김선형 | **홍보** 이솔아 | **영업** 이진석·정용섭·진경민 | **출력·인쇄** 동화인쇄 | **제본** 한진제본

주소 (10881)경기도 파주시 문발로 116 | **전화** 031-955-6111 | **팩스** 031-955-0955
홈페이지 www.gyomoon.com | **E-mail** genie@gyomoon.com
등록 1960. 10. 28. 제406-2006-000035호 | **ISBN** 978-89-363-1754-6(93590) | **값** 25,800원